万水 ANSYS 技术丛书

基于 ANSYS 的复合材料有限元分析和应用

李占营　阚　川　张承承　编著

中国水利水电出版社
www.waterpub.com.cn
·北京·

内 容 提 要

ANSYS 是国际上先进的大型通用有限元计算分析软件之一，具有强健的计算功能和模拟性能。本书是基于 ANSYS 软件 18.0 版本进行复合材料有限元分析与应用的入门指南和工程分析教程。全书通过相关例题和讨论，系统地介绍了 ANSYS 软件在复合材料方面的主要功能和应用方法。包括：基础知识、快速入门、用户手册、复杂复合材料建模技术、应用案例、专题技术。

本书是应用 ANSYS 有限元软件进行复合材料力学分析和结构计算的必备工具书，可供从事复合材料工程设计和有限元分析的科研人员和工程师等阅读和参考。

本书配有练习源文件，读者可以从中国水利水电出版社网站以及万水书苑下载，网址为：http://www.waterpub.com.cn/softdown/或 http://www.wsbookshow.com。

图书在版编目（CIP）数据

基于ANSYS的复合材料有限元分析和应用 / 李占营，阚川，张承承编著. -- 北京 : 中国水利水电出版社，2017.8
（万水ANSYS技术丛书）
ISBN 978-7-5170-5576-1

Ⅰ. ①基… Ⅱ. ①李… ②阚… ③张… Ⅲ. ①复合材料－有限元分析－应用软件 Ⅳ. ①TB33-39

中国版本图书馆CIP数据核字(2017)第162864号

责任编辑：杨元泓　　加工编辑：孙 丹　　封面设计：李 佳

书　名	万水 ANSYS 技术丛书 **基于 ANSYS 的复合材料有限元分析和应用** JIYU ANSYS DE FUHE CAILIAO YOUXIANYUAN FENXI HE YINGYONG
作　者	李占营　阚　川　张承承　编著
出版发行	中国水利水电出版社 （北京市海淀区玉渊潭南路1号D座　100038） 网址：www.waterpub.com.cn E-mail：mchannel@263.net（万水） 　　　　sales@waterpub.com.cn 电话：（010）68367658（营销中心）、82562819（万水）
经　售	全国各地新华书店和相关出版物销售网点
排　版	北京万水电子信息有限公司
印　刷	三河市鑫金马印装有限公司
规　格	184mm×260mm　16开本　18.75印张　460千字
版　次	2017年8月第1版　2017年8月第1次印刷
印　数	0001—4000 册
定　价	56.00元

凡购买我社图书，如有缺页、倒页、脱页的，本社营销中心负责调换
版权所有·侵权必究

序

我国正处于从中国制造到中国创造的转型期,经济环境充满挑战。由于 80%的成本在产品研发阶段确定,如何在产品研发阶段提高产品附加值成为制造企业关注的焦点。

在当今世界,不借助数字建模来优化和测试产品,新产品的设计将无从着手。因此越来越多的企业认识到工程仿真的重要性,并在不断加强应用水平。工程仿真已在航空、汽车、能源、电子、医疗保健、建筑和消费品等行业得到广泛应用。大量研究及工程案例证实,使用工程仿真技术已经成为不可阻挡的趋势。

工程仿真是一件复杂的工作,工程师不但要有工程实践经验,同时要对多种不同的工业软件了解掌握。与发达国家相比,我国仿真应用成熟度还有较大差距。仿真人才缺乏是制约行业发展的重要原因,这也意味着有技能、有经验的仿真工程师在未来将具有广阔的职业前景。

ANSYS 作为世界领先的工程仿真软件供应商,为全球各行业提供能完全集成多物理场仿真软件工具的通用平台。对有意从事仿真行业的读者来说,选择业内领先、应用广泛、前景广阔、覆盖面广的 ANSYS 产品作为仿真工具,无疑将成为您职业发展的重要助力。

为满足读者的仿真学习需求,ANSYS 与中国水利水电出版社合作,联合国内多个领域仿真行业实战专家,出版了本系列丛书,包括 ANSYS 核心产品系列、ANSYS 工程行业应用系列和 ANSYS 高级仿真技术系列,读者可以根据自己的需求选择阅读。

作为工程仿真软件行业的领导者,我们坚信,培养用户走向成功,是仿真驱动产品设计、设计创新驱动行业进步的关键。

ANSYS 大中华区总经理

2015 年 4 月

前　　言

复合材料是一大类新型材料，其强度高、刚度大、质量轻，并具有抗疲劳、减振、耐高温、可设计等一系列优点。近 50 年来，在航空航天、能源、交通、建筑、机械、信息、生物、医学和体育等工程和部门日益得到广泛的应用。随着各种新型复合材料的开发和应用，复合材料力学已形成独立的学科体系并蓬勃发展。国内外不少高等院校已将"复合材料力学"列为力学专业及相关的理工科专业本科生和研究生的必修和选修课。

作者多年来从事 ANSYS 软件应用工程师的工作，与不同行业的复合材料技术人员进行接触。如今在参考 ANSYS 最新复合材料相关资料的基础上，编写了这本《基于 ANSYS 的复合材料有限元分析和应用》。ANSYS 是国际上先进的大型通用有限元计算分析软件之一，具有强健的计算功能和模拟性能。本书是基于 ANSYS 软件 18.0 版本进行复合材料有限元分析与应用的入门指南和工程分析教程。全书通过相关例题和讨论，系统地介绍了 ANSYS 软件在复合材料方面的主要功能和应用方法。包括：基础知识、快速入门、用户手册、复杂复合材料建模技术、应用案例、专题技术。

本书是应用 ANSYS 有限元软件进行复合材料力学分析和结构计算的必备工具书，可供从事复合材料工程设计和有限元分析的科研人员和工程师等阅读和参考。

在本书出版之际，感谢北京航空航天大学能源与动力工程学院的阚川、张承承、陈立强、闫成、曲震、刘浩、刘玉、柳恺骋、张涛、吴勇军、崔伟、吴静、廖祐明、韩乐、侯文松、顾毅、刘华伟、王文在本书编写过程中的辛勤工作。

由于时间仓促，作者水平有限，书中不足之处在所难免，恳请广大读者批评指正，作者联系方式为：zhanying.li@qq.com。

编 者
2017 年 5 月

目　　录

序
前言

第1章　基础知识 1
　1.1　复合材料概论 1
　　1.1.1　复合材料及其种类 1
　　1.1.2　复合材料的基本构造形式 5
　　1.1.3　复合材料的制造方法 6
　　1.1.4　复合材料的力学分析方法 7
　　1.1.5　复合材料的力学性能 8
　　1.1.6　复合材料的各种应用 9
　　1.1.7　复合材料创新设计方法 11
　1.2　ANSYS软件 13
　　1.2.1　Workbench仿真平台 13
　　1.2.2　Mechanical模块 16
　1.3　ACP模块 21
　　1.3.1　模块功能 22
　　1.3.2　安装及学习 27
　　1.3.3　应用案例 28

第2章　快速入门 30
　2.1　图形用户界面 30
　　2.1.1　主菜单Menu 30
　　2.1.2　特征树Tree View 31
　　2.1.3　场景Scene 32
　　2.1.4　工具栏Toolbar 32
　　2.1.5　Shell视图 32
　　2.1.6　History历史视图 32
　　2.1.7　Logger视图 32
　2.2　独立运行模式 32
　2.3　老版本ACP项目的迁移 34
　2.4　Workbench典型工作流程 34
　　2.4.1　基本工作流程 34
　　2.4.2　多工况/分析类型的工作流程 36

　　2.4.3　不同模型共享复合材料定义分析流程 36
　　2.4.4　实体单元建模工作流程 37
　　2.4.5　多流程装配工作流程 37
　2.5　入门练习 39
　　2.5.1　练习1 39
　　2.5.2　练习2 62

第3章　用户手册 72
　3.1　详细功能 72
　　3.1.1　模型Model 72
　　3.1.2　材料数据 74
　　3.1.3　单元和节点集 78
　　3.1.4　几何Geometry 78
　　3.1.5　坐标系Rosettes 81
　　3.1.6　速查表Look-up 82
　　3.1.7　选择规则Selection Rules 83
　　3.1.8　方向选择集（OSS） 89
　　3.1.9　铺层组Modeling Groups 91
　　3.1.10　分析铺层组Analysis Modeling Groups 100
　　3.1.11　采样点Sampling Points 100
　　3.1.12　切面Section Cuts 101
　　3.1.13　传感器Sensors 103
　　3.1.14　实体模型（Solid Models） 104
　　3.1.15　铺层图Lay-up Plots 114
　　3.1.16　失效准则定义Definitions 116
　　3.1.17　结果集Solutions 116
　　3.1.18　场景Scenes 118
　　3.1.19　视图Views 118
　　3.1.20　铺层表Ply Book 118
　　3.1.21　参数Parameters 118

3.1.22 材料库 Material Databank ……… 121
3.2 后处理 ……………………………………… 121
  3.2.1 失效准则 ………………………… 121
  3.2.2 失效模式指标 …………………… 122
  3.2.3 主应力和主应变 ………………… 122
  3.2.4 复合材料实体单元后处理 ……… 122
3.3 第三方软件数据交互 …………………… 123
  3.3.1 HDF5 复合材料 CAE 格式 ……… 123
  3.3.2 Mechanical APDL 文件格式 …… 123
  3.3.3 Mechanical APDL 复合材料模型
        的转换 ………………………… 124
  3.3.4 Excel 的表格数据格式 …………… 124
  3.3.5 CSV 格式 ………………………… 124
  3.3.6 ESAComp ………………………… 125
  3.3.7 LS-Dyna …………………………… 125
  3.3.8 BECAS …………………………… 125

第4章 复杂复合材料建模技术 …………… 126
4.1 T 型接头建模 …………………………… 126
4.2 局部加强建模 …………………………… 128
4.3 铺层渐变和错层 ………………………… 129
4.4 变厚度芯材 ……………………………… 130
4.5 可制造性分析 …………………………… 132
4.6 铺层表 …………………………………… 133
4.7 实体单元模型建立 ……………………… 135
4.8 复合材料可视化 ………………………… 136
4.9 复合材料失效准则 ……………………… 137
4.10 ACP 模块中的单元选择 ……………… 137

第5章 应用案例 …………………………… 139
5.1 冲浪板静强度分析 ……………………… 139
  5.1.1 案例简介 ………………………… 139
  5.1.2 案例实现 ………………………… 140
5.2 采用 Edge Wise 坐标系定义螺旋结构
    纤维方向 ………………………………… 160
  5.2.1 案例简介 ………………………… 160
  5.2.2 案例实现 ………………………… 161
5.3 T 型接头铺层定义练习 ………………… 166
  5.3.1 案例简介 ………………………… 166
  5.3.2 案例实现 ………………………… 167

5.4 规则使用练习 …………………………… 178
  5.4.1 案例简介 ………………………… 178
  5.4.2 案例实现 ………………………… 179
5.5 铺敷性分析练习 ………………………… 185
  5.5.1 案例简介 ………………………… 185
  5.5.2 案例实现 ………………………… 186
5.6 复合材料实体模型装配体练习 ………… 190
  5.6.1 案例简介 ………………………… 190
  5.6.2 案例实现 ………………………… 191
5.7 复合材料压力容器实体建模练习 ……… 201
  5.7.1 案例简介 ………………………… 201
  5.7.2 案例实现 ………………………… 202
5.8 高级复合材料实体建模练习 …………… 209
  5.8.1 案例简介 ………………………… 209
  5.8.2 案例实现 ………………………… 209
5.9 复合材料搭接接头脱胶（Debonding）
    模拟 ……………………………………… 215
  5.9.1 案例简介 ………………………… 215
  5.9.2 案例实现 ………………………… 215

第6章 专题技术 …………………………… 226
6.1 复合材料模型参数化 …………………… 226
  6.1.1 案例简介 ………………………… 226
  6.1.2 案例实现 ………………………… 226
6.2 分层和脱胶模拟 ………………………… 234
  6.2.1 理论及技术路线 ………………… 234
  6.2.2 应用案例 ………………………… 235
6.3 整体结构局部细化分析——
    子模型技术 ……………………………… 242
  6.3.1 案例简介 ………………………… 242
  6.3.2 案例实现 ………………………… 242
6.4 复合材料转子动力学分析 ……………… 250
  6.4.1 案例简介 ………………………… 250
  6.4.2 案例实现 ………………………… 251
6.5 渐进损伤模拟技术 ……………………… 261
  6.5.1 理论及技术路线 ………………… 261
  6.5.2 应用案例 ………………………… 261
6.6 温度相关复合材料属性 ………………… 266
  6.6.1 案例简介 ………………………… 266

  6.6.2 案例实现 …………………………… 266

6.7 温度、剪力和退化相关复合材料属性 … 271
  6.7.1 案例简介 …………………………… 271
  6.7.2 案例实现 …………………………… 272

6.8 ACP 模块中的脚本应用 ………………… 275
  6.8.1 案例简介 …………………………… 275
  6.8.2 案例实现 …………………………… 275

附录 A 英美制单位与标准国际单位的换算关系 ………………………………… 280

附录 B 波音 787（梦幻飞机）简介 ……… 282

术语 …………………………………………… 286

参考文献 ……………………………………… 292

1 基础知识

本章从复合材料概论、ANSYS 软件、ACP 模块三个方面对 ANSYS 复合材料解决方案的相关内容进行讲解。具体如下：复合材料概论将介绍复合材料的基础知识；ANSYS 软件部分将介绍 ANSYS Workbench 仿真平台，以及 Mechanical 模块的求解功能；ACP 模块部分将介绍 ACP 模块的功能、软件安装以及学习方法。

1.1 复合材料概论

1.1.1 复合材料及其种类

复合材料是由两种或多种不同性质的材料用物理和化学方法在宏观尺度上组成的具有新性能的材料。一般复合材料的性能优于其组分材料的性能，并且有些性能是原来组分材料所没有的，复合材料改善了组分材料的刚度、强度、热学等性能。

人类使用复合材料的历史已经很久了。中国古代使用的土坯砖是由黏土和麦秆两种材料组成的，麦秆起增强黏土的作用。古代的宝剑是用复合浇铸技术得到的包层金属复合材料，它具有锋利、韧性好、耐腐蚀的优点。现在的胶合板、钢筋混凝土、夹布橡胶轮胎、玻璃钢等都属于复合材料。

复合材料从应用的性质可分为功能复合材料和结构复合材料两大类。功能复合材料主要具有特殊的功能。例如：导电复合材料，它是用聚合物与各种导电物质通过分散、层压或形成表面导电膜等方法构成的复合材料；烧蚀材料，它由各种无机纤维增强树脂或非金属基体构成，可用于高速飞行器头部热防护；摩阻复合材料，它是用石棉等纤维和树脂或非金属制成的有高摩擦系数的复合材料，用于航空器、汽车等运转部件的制动、控速等机构。

本书 ANSYS ACP 模块主要研究结构复合材料，它由基体材料和增强材料两种组分组成。基体用各种树脂或金属、非金属材料；增强材料采用各种纤维或颗粒等材料。其中增强材料在复合材料中起主要作用，提供强度和刚度，基本控制其性能。基体材料起配合作用，它支持和固定纤维材料，传递纤维间的载荷，保护纤维，防止磨损或腐蚀，改善复合材料的某些性能。复合材料的力学性能比一般金属材料复杂得多，主要有不均匀、不连续、各向异性等，因此逐步发展成为复合材料特有的力学理论,称为复合材料力学,它是固体力学学科中的一个新分支。

1. 复合材料的种类

根据复合材料中增强材料的几何形状,复合材料可分为三大类:①颗粒复合材料,由颗粒增强材料和基体组成;②层合复合材料,由多种片状材料层合而成;③纤维增强复合材料,由纤维和基体组成。

本书 ACP 模块主要应用于研究纤维增强复合材料和层合复合材料构件。

(1) 颗粒复合材料。

它由悬浮在一种基体材料的一种或多种颗粒材料组成。颗粒可以是金属,也可以是非金属。

1) 非金属颗粒在非金属基体中的复合材料。最典型的例子是混凝土,它是由砂石、水泥和水粘合在一起,经化学反应而变成坚固的结构材料,如加入钢筋又做成钢筋混凝土。还有用云母粉悬浮在玻璃或塑料中形成的复合材料。

2) 金属颗粒在非金属基体中的复合材料。例如,固体火箭推进剂是由铝粉和高氯酸盐氧化剂无机微粒放在如聚氨酯的有机粘结剂中组成的,微粒约占 75%,粘结剂约占 25%。为了能有稳定的燃烧反应,复合材料必须均匀和不裂。火箭推力与燃烧表面积成比例,为增加表面积,固体推进剂制成星形或轮形内孔,并研究其内应力。

3) 非金属在金属基体中的复合材料。氧化物和碳化物微粒悬浮在金属基体中得到金属陶瓷,用于耐腐蚀的工具制造和高温应用;碳化钨在钴基体中的金属陶瓷用于高硬度零件制造,如拉丝模具;碳化铬在钴基体中的金属陶瓷有很高的耐磨性和耐腐蚀性,适用于制造阀门。

(2) 层合复合材料。

它至少由两层不同材料复合而成,其增强性能有强度、刚度、耐磨损、耐腐蚀等。层合复合材料有以下几种。

1) 双金属片。它由两种不同热膨胀系数的金属片层合而成,当温度变化时,双金属片产生弯曲变形,可用于温度测量和控制。

2) 涂覆金属。将一种金属涂覆在另一种金属上,得到优良的性能。例如用 10%的铜涂覆铝丝作为铜丝的替代物,铝丝价廉而质轻,但难于连接,导热性差;铜丝价贵而较重,但导热性好,易于连接。涂铜铝丝比纯铜丝价廉而性能好。

3) 夹层玻璃。这是为了用一种材料包含另一种材料。普通玻璃透光性好但易脆裂,聚乙烯醇缩丁醛塑料韧性好但易被划损,夹层玻璃是两层玻璃夹包一层聚乙烯醇缩丁醛塑料,具有良好的性能。

(3) 纤维增强复合材料。

各种长纤维比块状的同样材料的强度高得多。例如,普通平板玻璃在几十兆帕的应力下就会破裂,而商用玻璃纤维的强度可达 3000MPa~5000MPa,实验室研制的玻璃纤维强度已接近 7000MPa,这是因为纤维与块状玻璃的结构不同,纤维内部缺陷和位错比块状材料少得多。

纤维增强复合材料按纤维种类分为玻璃纤维(其增强复合材料俗称玻璃钢)、硼纤维、碳纤维、碳化硅纤维、氧化铝纤维和芳纶纤维等。

纤维增强复合材料按基体材料可分为各种树脂基体、各种金属基体、陶瓷基体和碳(石墨)基体几种。

纤维增强复合材料按纤维形状、尺寸可分为连续纤维、短纤维、纤维布增强复合材料等。

（4）以上两种或三种混合的增强复合材料。

例如，两种或更多种纤维增强一种基体的复合材料。玻璃纤维与碳纤维增强树脂称为混杂纤维复合材料，这已在很多工程中得到广泛应用。

2. 几种常用纤维

（1）玻璃纤维。

它是最早使用的一种增强材料，在飞行器结构中常用 E 型玻璃和 S 型玻璃两个品种。玻璃纤维的直径为 5～20μm，它强度高、延伸率较大，可制成织物；但弹性模量较低，约为 $7×10^4$MPa，与铝接近。一般硅酸盐玻璃纤维可用到 450℃，石英和高硅氧玻璃纤维可耐 1000℃以上高温。玻璃纤维的线膨胀系数约为 $4.8×10^{-6}℃^{-1}$。玻璃纤维由拉丝炉拉出单丝，集束成原丝，经纺丝加工成无捻纱、各种纤维布、带、绳等。

（2）硼纤维。

它是由硼蒸气在钨丝上沉积而制成的纤维（属复相材料，钨丝为芯，表面为硼）。由于钨丝直径较大，硼纤维不能做成织物，成本较高。20 世纪 60 年代初硼纤维由美国研制成功并应用于某些飞行器。

（3）碳纤维。

它是用各种有机纤维经加热碳化制成。主要以聚丙烯腈或沥青为原料，纤维经加热氧化、碳化、石墨化处理而制成。碳纤维可分为高强度、高模量、极高模量等几种，后两种需经 2500℃～3000℃石墨化处理，又称为石墨纤维。由于碳纤维制造工艺较简单，价格比硼纤维偏移得多，因此成为最重要的先进纤维材料。其密度比玻璃纤维小，模量比玻璃纤维高好几倍。因此碳纤维增强复合材料已应用于宇航、航空等工业部门。碳纤维的应力－应变关系为一条直线，纤维断裂前是弹性体，高模量碳纤维的最大延伸率为 0.35%，高强度碳纤维的延伸率可达 1.5%。碳纤维的直径一般为 6～10μm。碳纤维的热膨胀系数与其他纤维不同，具有各向异性，沿纤维方向 $α_1=(-0.7～0.9)×10^{-6}℃^{-1}$，而垂直于纤维方向 $α_2=(22～32)×10^{-6}℃^{-1}$。

（4）芳纶纤维。

它是新的有机纤维，属聚芳酰胺，国外牌号为 Kevlar。有三种产品：K-29 用于绳索电缆；K-49 用于复合材料制造；K-149 强度更高，可用于航天容器等。芳纶纤维性能优良，单丝强度可达 3850MPa，比玻璃纤维约高 45%；弹性模量介于玻璃纤维和硼纤维之间，为碳纤维的一半；热膨胀系数沿纤维方向 $α_1=-2×10^{-6}℃^{-1}$，而垂直于纤维方向 $α_2=5×10^{-6}$。

芳纶纤维的制造工艺与碳纤维和玻璃纤维都不同，它采用液晶纺丝工艺。液晶在宏观上属液体，微观上有晶体性质。芳纶纤维的聚对苯撑对苯二甲酰胺（PPTA）在溶液中呈一定取向状态，为一维有序紧密排列，它在外界剪切力作用下，易沿力方向取向而成纤维。纺丝采用干喷湿纺工艺：采用高浓度、高温度 PPTA 液晶溶液在较高喷丝速度下喷丝进入低温凝固液浴，经纺丝管形成丝束，绕到绕丝辊上，经洗涤，在张力下于热辊上干燥，最后在惰性气体中高温处理得芳纶纤维。

（5）碳化硅纤维及氧化铝纤维。

它们属于陶瓷纤维。碳化硅纤维有两种形式，一种是采用与硼纤维相似的工艺，在钨丝上沉积碳化硅（SiC）形成复相纤维；另一种是 20 世纪 70 年代日本研制的连续碳化硅纤维，它用二甲基二氯硅烷经聚合纺丝成有机硅纤维，再高温处理转换成单相碳化硅纤维。碳化硅纤维具有抗氧化、耐腐蚀和耐高温等优点，它与金属相容性好，可制成金属基复合材料，用它增强的陶瓷基复合材料制成的发动机,工作温度可达1200℃以上。

氧化铝纤维的制法有多种,其一是采用三乙基铝、三丙基铝、三丁基铝等原料制造聚铝氧烷,加入添加剂调成粘液喷丝,形成 $\varphi 100\mu m$ 的纤维,再经1200℃加热制成氧化铝纤维。

各种主要纤维材料的基本性能列在表1-1中,某些性能数据供参考,表中还列出钢、铝、钛等金属丝的性能供对比用。

表1-1 各种主要纤维材料与金属丝基本性能

材料		直径/μm	熔点/℃	相对密度 γ	拉伸强度 σ_b/10MPa	模量 E/10^5MPa	热膨胀系数 α/10^{-6}℃$^{-1}$	伸长率 δ/%	比强度 (σ_b/γ)/10MPa	比模量 (E/γ)/10^5MPa
玻璃纤维	E	10	700	2.55	350	0.74	5	4.8	137	0.29
	S	10	840	2.49	490	0.84	2.9	5.7	197	0.34
硼纤维		100	2300	2.65	350	4.1	4.5	0.5~0.8	132	1.55
		140		2.49	364				146	1.65
碳纤维	普通		3650	1.75	250~300				143~171	
	高强	6			350~700	2.25~2.28			200~400	1.29~1.30
	高模	6			240~350	3.5~5.8	-0.6	1.5~2.4	137~200	2.0~2.34
	极高模	6			75~250	4.60~6.70	-1.4	0.5~0.7	43~143	2.63~2.83
芳纶纤维	K-49 III	10		1.47	283	1.34	-3.6	2.5	193	0.91
	K-49 IV	10			304	0.85		4.0	207	0.58
碳化硅纤维	复相	100	2690	3.28	254	4.3	3.8		77.4	1.31
	单相	8~12		2.8	250~450	1.8~3.0			89~161	0.64~1.1
氧化铝纤维			2080	3.7	138~172	3.79			37~46	1.02
钢丝			1350	7.8	42	2.1	11~17		5.4	0.27
铝丝			660	2.7	63	0.74	22		23	0.27
钛丝				4.7	196	1.17	9		41.7	0.25

3. 几种常用基体

(1)树脂基体。

它分为热固性树脂和热塑性树脂两大类。热固性树脂常用的有环氧、酚醛和不饱和树脂等,它们最早应用于复合材料。环氧树脂应用最广泛,其主要优点是粘结力强,与增强纤维表面浸润性好,固化收缩小,有较高耐热性,固化成型方便。酚醛树脂耐高温性好,吸水性小,电绝缘性好,价格低廉。聚酯树脂工艺性好,可室温固化,价格低廉,但固化时收缩大,耐热性低。它们固化后都不能软化。

热塑性树脂有聚乙烯、聚苯乙烯、聚酰胺(又称尼龙)、聚碳酸酯、聚丙烯树脂等。它们加热到转变温度时会重新软化,易于制成模压复合材料。

几种常用树脂性能列于表 1-2 中，供参考和比较。

表 1-2 几种树脂的性能

序号	名称	相对密度 γ	拉伸强度 σ_b/10MPa	伸长率 δ/%	模量 /10^3MPa	抗压强度 /MPa	抗弯强度 /MPa
1	环氧	1.1～1.3	60～95	5	3～4	90～110	100
2	酚醛	1.3	42～64	1.5～2.0	3.2	88～110	78～120
3	聚酯	1.1～1.4	42～71	5	2.1～4.5	92～190	60～120
4	聚酰胺 PA	1.1	70	60	2.8	90	100
5	聚乙烯		23	60	8.4	20～25	25～29
6	聚丙烯 PP	0.9	35～40	200	1.4	56	42～56
7	聚苯乙烯 PS		59	2.0	2.8	98	77
8	聚碳酸酯 PC	1.2	63	60～100	2.2	70	100

（2）金属基体。

它主要用于耐高温或其他特殊需要的场合，具有耐 300℃以上高温、表面抗侵蚀、导电导热不透气等优点。基体材料有铝、铝合金、镍、钛合金、镁、铜等，目前应用较多的是铝，一般有碳纤维铝基、氧化铝晶须镍基、硼纤维铝基、碳化硅纤维钛基等复合材料。

（3）陶瓷基体。

它耐高温、化学稳定性好，具有高模量和高抗压强度，但有脆性，耐冲击性差，为此用纤维增强制成的复合材料，可改善抗冲击性并已试用于发动机部分零件。纤维增强陶瓷基复合材料，例如单向碳纤维增强无定形二氧化硅复合材料，碳纤维含量 50%，室温弯曲模量为 1.55×10^5MPa，800℃时为 1.05×10^5MPa。还有多向碳纤维增强无定形石英复合材料，耐高温，可供远程火箭头锥作烧蚀材料。

（4）碳素基体。

它主要用于碳纤维增强碳基体复合材料，这种材料又称碳/碳复合材料。以纤维和基体的不同分为三种：碳纤维增强碳、石墨纤维增强碳、石墨纤维增强石墨。

1.1.2　复合材料的基本构造形式

如前所述，本书只讨论纤维增强复合材料，它一般可分为以下几种构造形式。

1. 单层复合材料（又称单层板）

单层复合材料中，纤维按一个方向整齐排列或由双向交织纤维平面排列（有时是曲面，例如在壳体中），其中纤维方向称为纵向，用"1"表示；垂直于纤维方向（有时有交织纤维，含量较少或一样多）称为横向，用"2"表示；沿单层材料厚度方向用"3"表示，1、2、3 轴称为材料主轴。单层复合材料是不均匀材料，虽然纤维和基体可能都是各向同性材料，但由于纤维排列有方向性，或交织纤维在两个方向含量不同，因此单层材料一般是各向异性的。

单层板中纤维起增强和主要承载作用，基体起支撑纤维、保护纤维，并在纤维间起分配和传递载荷作用，载荷传递的机理是在基体中产生剪应力，通常把单层材料的应力－应变关系看作是线弹性的。

2. 叠层复合材料（又称层合板）

叠层材料由上述单层板按照规定的纤维方向和次序，铺放成叠层形式并进行粘合，经加热固化处理而成。层合板由多层单层板构成，各层单层板的纤维方向一般不同。每层的纤维方向与叠层材料总坐标轴 x—y 方向不一定相同，我们用 θ 角（1 轴与 x 轴夹角，由 x 轴逆时针方向到 1 轴的夹角为正）表示。如四层单层材料组成的层合板，为了表明铺设方式可用下列顺序表示法：α/0°/90°/α。

其他层合板铺层表示举例如下：

60°/-60°/0°/0°/-60°/60°，可表示为$(\pm 60°/0°)_s$，这里 s 表示对称，"±"号表示两层正负角交错。

45°/90°/0°/0°/90°/45°，还可表示为$(45°/90°/0°)_s$，这里 s 表示铺层上下对称。

层合板也是各向异性的不均匀材料，但比单层板复杂得多，因此对它进行力学分析计算将更加复杂化。叠层材料可以根据结构元件的受载要求，设计各单层材料的铺层方向和顺序。

3. 短纤维复合材料

以上两种构造形式一般是连续纤维增强的复合材料，但是由于工程的需要以及为了提高生产效率，还有短纤维复合材料的构造形式。这里又分为两种：①随机取向的短切纤维复合材料，由基体与短纤维搅拌均匀模压而成的单层复合材料；②单向短纤维复合材料，复合材料中短切纤维呈单向整齐排列，它具有正交各向异性。

1.1.3 复合材料的制造方法

由于用不同纤维和不同基体制造复合材料的方法差别很大，这里介绍几种典型复合材料制造的例子。

1. 玻璃纤维环氧复合材料

将环氧树脂浸渍玻璃纤维经烘干形成半成品材料——预浸料，再通过不同成型方法得到各种制品，其中有手糊方法、喷射成型方法、缠绕方法、层压方法等。例如层压成型方法是将若干层浸胶布层叠起来送入热压机，在一定温度和压力下压制成板材。缠绕方法是经浸胶的连续玻璃纤维布带按一定规律缠绕到芯模上，然后用热压罐法固化制成一定形状的制品。其优点是按设计要求可得到等强度结构，工艺能够实现机械化、自动化，产品质量好。

2. 碳纤维增强环氧复合材料

将碳纤维排整齐，通过滚轮进入环氧树脂溶液池中，浸渍后经加热装置烘干成半成品——预浸料片，按设计要求裁成不同角度的单层板，铺设成多层复合板，经热压机在一定温度和压力下压成层合板材。

3. 碳纤维增强金属基复合材料

一般制造方法有扩散结合法、熔融金属渗透法、连续铸造法、等离子喷涂法等。例如，扩散结合法是在高温下，加静压力将金属箔或薄片与碳纤维束交替重叠，加热加压成复合材料；等离子喷涂法是在惰性气体保护下，等离子弧向排列整齐纤维束喷射熔融金属微粒，金属粒子与纤维结合紧密，纤维与基体界面接触好（并无化学反应）而制成金属基复合材料。

4. 单向短纤维复合材料

将短切纤维悬浮在甘油中不断搅拌，加压迫使悬浮物经过一个收敛渠道，纤维走向与流向相同，将含纤维液膜沉积到一细眼筛上，快速过滤去掉甘油，这样形成了定向纤维毡，然后再加树脂并模压成单向短纤维复合材料板。

1.1.4 复合材料的力学分析方法

对于复合材料的力学分析和研究大致可分为材料力学和结构力学两大部分，习惯上把复合材料的材料力学部分称为复合材料力学，而把复合材料结构（如板、壳结构）的力学部分称为复合材料结构力学，有时这两部分也统称为复合材料力学。复合材料的材料力学部分按采用力学模型的精细程度可分为细观力学和宏观力学两部分。下面分别说明这三种力学分析方法的基本特点。

1. 细观力学

它从细观角度分析组分材料之间的相互作用来研究复合材料的物理力学性能。它以纤维和基体为基本单元，把纤维和基体分别看成是各向同性的均匀材料，根据材料纤维的几何形状和布置形式、纤维和基体的力学性能、纤维和基体之间的相互作用（有时应考虑纤维和基体之间界面的作用）等条件，来分析复合材料的宏观物理力学性能。这种分析方法比较精细但相当复杂，目前还只能分析单层材料在简单应力状态下的一些基本力学性质，例如材料主轴方向的弹性常数及强度。此外，由于实际复合材料纤维形状、尺寸不完全规则和排列不完全均匀，制造工艺上的差异和材料内部存在空隙、缺陷等，细观力学分析方法还不能完全考虑材料的实际状况，需进一步研究。以细观力学分析复合材料性质，在复合材料力学的学科范围内是不可缺少的重要组成部分，它对研究材料的破坏机理、提高复合材料性能、进行复合材料和结构设计将起到很大作用。

ANSYS Mechanical 可以建立复合材料细观模型，进行相关的研究，但本书对这方面不做探讨。

2. 宏观力学

它从材料是均匀的假定出发，只从复合材料的平均表观性能检验组分材料的作用来研究复合材料的宏观力学性能。它把单层复合材料看成均匀的各向异性材料，不考虑纤维和基体的具体区别，用其平均力学性能表示单层材料的刚度、强度特性，可以较容易地分析单层和叠层材料的各种力学性质，所得结果较符合实际。

宏观力学的基础是预知单层材料的宏观力学性能，如弹性常数、强度等，这些数据来自实验测定或细观力学分析。由于实验测定方法较简便可靠，工程应用往往采用它。在复合材料力学学科范围内，宏观力学占很大比重。

ANSYS ACP 模块，即本书的核心内容即面向复合材料宏观力学应用。

3. 复合材料结构力学

它从更粗略的角度来分析复合材料结构的力学性能，把叠层材料作为分析问题的起点，叠层复合材料的力学性能可由上述宏观力学方法求出，或者可用实验方法直接求出。它借助现有均匀各向同性材料结构力学的分析方法，对各种形状的结构元件（如板、壳）进行力学分析，其中有层合板和壳结构的弯曲、屈曲与振动问题，以及疲劳、断裂、损伤、开孔强度等问题。

ANSYS Mechanical 可以进行复合材料结构力学维度的相关研究。

总之，复合材料的力学理论作为固体力学的一个新的学科分支，是近几十年来发展形成的，它涉及根据复合材料的制造工艺、性能测试和结构设计等进行力学分析。随着新复合材料的不断发展和广泛应用，复合材料力学理论也将不断发展。

1.1.5 复合材料的力学性能

1. 纤维增强复合材料的主要力学性能

复合材料与常规的金属材料相比具有优良的力学性能，不同的纤维和基体材料组成的复合材料的性能也很不相同。表1-3列出几种目前较成熟的复合材料的主要力学性能，为了对比，表中还列出几种常用金属材料的性能数据。

表1-3 几种复合材料的力学性能

材料	相对密度 γ	纵向拉伸强度 σ_b/10MPa	纵向拉伸模量 E/10^5MPa	比强度 (σ_b/γ)/10MPa	比模量 (E/γ)/10^5MPa
玻璃/环氧	1.80	137	0.45	76.1	0.25
高强碳/环氧	1.50	133	1.55	88.7	1.03
高模碳/环氧	1.69	63.6	3.02	37.6	1.79
K-49/环氧	1.38	131	0.78	94.9	0.57
铝合金	2.71	29.6	0.70	10.9	0.26
钛合金	4.43	10.6	1.13	23.9	0.26
钢（高强）	7.83	134	2.05	17.1	0.26

主要的力学性能比较常常采用比强度和比模量值，它们表示在重量相当的情形下材料的承载能力和刚度，其值愈大，表示性能愈好。但是这两个值是根据材料受单向拉伸时的强度和伸长确定的，实际上结构受载条件和破坏形式是多种多样的，这时的力学性能不能完全用比强度和比模量来衡量，因此这两个值只是粗略的定性性能指标。

玻璃纤维增强复合材料的特点是比强度高、耐腐蚀、电绝缘、易制造、成本低，很早就开始应用，现在其应用还很广泛，缺点是比模量较低。

碳纤维复合材料有很高的比强度和比模量，耐高温、耐疲劳、热稳定性好，但成本较高，现已逐步扩大应用，已成为主要的先进复合材料。

芳纶纤维增强复合材料是一种新的复合材料，它有较高的比强度和比模量，成本比玻璃钢高，但比碳纤维复合材料低，正发展成较广泛应用的材料。

现在已制成各种混杂纤维增强复合材料，它具有比单一复合材料更好的力学性能，并已在各种工程中广泛应用。

2. 复合材料的优点

（1）比强度高。尤其是高强度碳纤维、芳纶纤维复合材料。

（2）比模量高。除玻璃纤维环氧复合材料外，其余复合材料的比模量都比金属高很多，特别是高模量碳纤维复合材料。

（3）材料具有可设计性。这是复合材料与金属材料的很大不同点，复合材料的性能除了取决于纤维和基体材料本身的性能外，还取决于纤维的含量和铺设方式。因此，我们可以根据载荷条件和结构构件形状，将复合材料内纤维设计成适当含量并合理铺设，以便用最少的材料满足设计要求，最有效地发挥材料的作用。

（4）制造工艺简单，成本较低。复合材料构件一般不需要很多复杂的机械加工设备，生产工序较少，它可以制造形状复杂的薄壁结构，消耗材料和工时较少。

（5）某些复合材料热稳定性好。如碳纤维和芳纶纤维具有负的热膨胀系数，因此，当与具有正热膨胀系数的基体材料适当组合时，可制成热膨胀系数极小的复合材料，当环境温度变化时，结构只有极小的热应力和热变形。

（6）高温性能好。通常铝合金可用于200℃～250℃，温度更高时其弹性模量和强度将降低很多。而碳纤维增强铝复合材料能在400℃下长期工作，力学性能稳定；碳纤维增强陶瓷复合材料能在1200℃～1400℃下工作；碳/碳复合材料能承受近3000℃的高温。

此外，各种复合材料还具有不同的优良性能，如抗疲劳性、抗冲击性、透电磁波性、减振阻尼性和耐腐蚀性等。

3．复合材料的缺点

（1）材料各向异性严重。垂直于纤维方向的性能主要取决于基体材料的性能和基体与纤维间的结合能力。一般垂直于纤维方向的力学性能较低，特别是层间剪切强度很低。

（2）材料性能分散度较大，质量控制和检测比较困难，但随着加工工艺的改进和检测技术的发展，材料质量可提高。性能分散性在逐渐减小。

（3）材料成本较高。目前硼纤维复合材料最贵，碳纤维复合材料比金属成本较高，玻璃纤维复合材料成本较低。

（4）有些复合材料韧性较差，机械连接较困难。

以上缺点除各向异性是固有的外，有些可以设法改进，提高性能，降低成本。总之，复合材料的优点远多于缺点，因此具有广泛的使用领域和巨大的发展前景。

1.1.6　复合材料的各种应用

20世纪40年代初，由于航空工业和其他工业的需要，在设计和制造高性能复合材料方面有很大的进展。玻璃钢最早于1942年在美国生产并应用于军用飞机雷达天线罩，它必须承受飞行时的空气动力载荷，耐气候变化，在使用温度范围内制品尺寸稳定，同时特别要求能透过雷达波。铝材可满足强度要求，但不能透过雷达波，陶瓷材料则相反，而玻璃纤维复合材料两方面都能满足要求，因此在飞机制造方面得到应用。后来又逐步应用于其他方面，由于玻璃钢弹性模量不够高，不能满足飞行器刚度的高要求，20世纪60年代美、英等国先后研制成硼纤维、碳纤维、石墨纤维、芳纶纤维等增强的先进复合材料，并很快在航空航天领域得到应用。

我国从20世纪50年代以来发展了复合材料工业并开展各种应用，下面分几方面介绍复合材料在国内外的应用情况。

1．航空航天工程中的应用

航空方面，国内外已应用于飞机机身、机翼、驾驶舱、螺旋桨、雷达罩、机翼表面整流装置、直升机旋翼桨叶等。其中除单一复合材料外，还大量应用混杂复合材料，如碳纤维和玻璃纤维混杂复合材料、碳纤维和芳纶纤维复合材料等。例如，1981年美国Leav Fan飞机公司制成全复合材料飞机，空载重量1816kg，航速640km/h，飞行高度12000m，高空飞行3680km，所用燃料降低80%。

航天方面，要将航天飞行器送入地球轨道，必须超越第一宇宙速度7.91km/s。按牛顿第二定律，物体得到的加速度与所受的力成正比，与其质量成反比，即既要增加火箭发动机的推力又要减轻飞行器结构的重量，而减重必须用先进复合材料。国外的航天飞机，硼/铝复合材料用于中间机身桁架构件，硼/环氧增强钛合金用于桁架构件，石墨/环氧用于仪表舱门，玻璃纤维缠绕压力容器用于头部等。国内也广泛使用了先进复合材料，如战略导弹端头热防护复合材料，CZ-2E 铝蜂窝结构整流罩，碳/环氧卫星接口支架，混杂复合材料固体火箭发动机壳体，复合材料卫星天线、摄像机支架、蒙皮。

2. 船舶工程中的应用

美国制造的玻璃钢船舶至 1972 年总数已达 50 多万艘，玻璃钢制深水潜艇潜水深度可达 4500m。英国用玻璃钢制造的最大扫雷艇威尔逊号长达 47m。日本制造的快速游艇外板用碳纤维复合材料，外壳和甲板用 CF/GF 混杂夹芯结构，用混杂复合材料制造的高速舰艇当受到巨大波浪冲击时可产生较大变形以吸收冲击能，除去力后又可复原，它在破坏前永久变形很小，在大变形下保持弹性。

3. 建筑工程中的应用

复合材料在建筑工程中有广泛应用。例如大型体育场馆、厂房、超市等需要屋顶采光，可用短玻璃纤维或玻璃布增强树脂复合材料制成薄壳结构，透光柔和、五光十色，又拆装方便、成本较低。还可用于建筑内外表面装饰板、通风、落水管、卫生设备等，经久耐用、耐腐蚀、轻量美观。近年来，混杂复合材料用于各种建筑，例如工字梁用碳纤维复合材料作梁翼表面，用短玻璃纤维复合材料作腹板，通过优化设计，其刚度比全玻璃纤维复合材料有明显提高。另外，已有复合材料用于多处公路桥梁。

4. 兵器工业中的应用

兵器工业的典型应用之一是坦克装甲。中子弹是一种强核辐射的微型氢弹，主要用于对付坦克，其杀伤力主要靠中子流和 γ 射线。γ 射线在 10～12cm 厚的重金属钢装甲中可削弱 90%；中子流的杀伤力比 γ 射线强 5 倍，对快中子只能削弱 20%～30%，如在装甲钢内层采用芳纶纤维增强树脂基复合材料，可大大降低中子流的辐射穿透强度，减少对乘员的杀伤力。此外，它也是抗穿甲弹的优良材料。另外，纤维增强复合材料可应用于炮弹箱、打靶用炮弹弹壳、枪支的枪托、手枪把等。混杂复合材料以其优良的抗冲击性能用于防弹背心、防弹头盔等制品。

5. 化学工程中的应用

化工和石油工程中设备的腐蚀是重要问题，采用复合材料替代金属可避免腐蚀、延长寿命，化工设备中采用纤维增强树脂基复合材料，如储罐，其重量轻、维修容易、使用寿命长。美国各大石油公司的公路加油站已采用玻璃钢制造汽油储罐，最大的储罐容量达到 3000m^3。我国和日本、欧洲各国都有类似储罐的生产和应用。石油化工管道也有用玻璃钢制造的。纤维增强树脂复合材料已用于制造火车罐车，罐体上的托架和人孔等全部在缠绕中固定，一次整体成型。此外，化工部门还用石墨复合材料制成管板式冷凝器、蒸发器、吸收塔和离心泵等。

6. 车辆制造工业中的应用

汽车工业是复合材料应用很活跃的领域，复合材料可用作汽车的车身、驱动轴、保险杠、底盘、板簧、发动机等上百个部件。例如，美国福特汽车公司用 CF/GF 混杂复合材料制造的小轿车，传动轴仅重 5.3kg，比钢制件轻 4.3kg，用于载重汽车的传动轴重 37kg，比钢制件轻 16kg。而且传动轴刚度大、自振频率高、重量轻、减振性好，适合高速行驶。用复合材料制成汽车板簧，可提高冲击韧性，又降低了成本。混杂复合材料制成汽车车身壳体可减轻车体重量、提高速度、节省燃料。汽车发动机采用复合材料可降低振动和噪声，提高寿命和车速，增强运输能力。

火车方面，玻璃钢复合材料应用于铁路客车、货车、冷藏车上，如机车车身、客货车厢门窗、座椅、卧铺床板、卫生设备等。

7. 电器设备中的应用

强电设备，大型电机上的绝缘材料采用复合材料，使其厚度减小、耐热性提高、力学性能好，又易维修。大型发电机用玻璃钢护环比用无磁钢价格便宜、性能好又工艺简单。大型变压器线圈绝缘筒、衬套都由 GF/KF 增强酚醛有机硅树脂复合材料制成。熔断器管和绝缘管用玻璃钢制造，强度高、绝缘性好、重量轻又成本低。

电子设备，各种仪器线路板用纤维增强树脂复合材料制成，其强度高、耐热、绝缘性好。电路上的机械传动齿轮用碳纤维/酚醛复合材料制成，电子设备外壳用 CF/GF 混杂复合材料制成，能透过或反射电波，又有除静电作用。采用粉末冶金技术生产接点，用高熔点材料与银复合集电材料，将铜与石墨烧结成复合电刷集电材料，采用铝覆铜线和电解银粉分散于树脂中制成导电复合材料。

家用电器，纤维增强模压块状或片状塑料应用于电器本体、绝缘件和结构件，例如玻璃纤维/聚丙烯复合材料用于电扇、空调、洗衣机、台灯等；玻璃纤维/尼龙复合材料用于洗衣机皮带轮、耐热电器壳体；玻璃纤维聚碳酸酯复合材料应用于电动工具和照相机的壳体等。

8. 机械工程中的应用

通用机械，混杂复合材料应用于风机叶片和滑轮叶片等，例如大直径风力发电机叶片用 CF/GF 混杂纤维和硬泡沫塑料制成，要求刚度和强度好，有良好的气动外形和较高的固有频率，可通过改变混杂纤维比例和排列方式调节刚度而提高固有频率。

模具方面，复合材料模具具有尺寸稳定性好（热膨胀系数小），易保证成形产品的精度和质量。CF 纤维有导电性，可自身发热，提高固化均匀性和速度，模具制作工时短，刚性好又质轻等。

9. 体育器械中的应用

各种体育器械对材料的性能要求大不相同，必须考虑强度、刚度、动态性能、尺寸和重量限制等。复合材料和混杂复合材料容易满足各种性能要求。用复合材料制成的体育运动器械有滑雪板、网球拍、棒球棒、高尔夫球棍、钓鱼竿、钉鞋、头盔、羽毛球拍、乒乓球拍、赛艇、自行车等。

10. 医学领域中的应用

医学领域中应用复合材料已逐渐扩大并收到良好效果，如假肢、人造骨骼、关节等。另外，用碳纤维、玻璃纤维、芳纶纤维混杂复合材料制成用于诊断癌肿瘤位置时 X 射线发生器的悬臂式支架，除满足刚度要求外，还能满足最大放射性衰减的要求。还有复合材料制造的 X 光底片暗盒和床板等。

1.1.7 复合材料创新设计方法

这里将参考文献中提供的一些新的设计方法进行整理，以期对复合材料工程师和产品设计师在复合材料应用方面有所帮助。

很多现行的结构设计方案导致制造费用高昂，这限制了先进复合材料在不受资助构件上的应用。很多复合材料结构设计特有的问题在目前的部件计划和研究工作中没有得到足够的重视。早期的复合材料发展计划采用与金属结构类似的结构布局设计。因此这些设计表现出很多并不期望的特性（例如，细节零件数量过多、工装和装配工艺复杂等），其优点仅仅是减轻了结构的重量。设计、材料、工装设计以及制造方法都必须尽可能考虑采用成本相对较低的工艺方法，如纤维丝（或带）缠绕或树脂转移成形（RTM）技术，还有可以在要求的高温高压下单阶段固化，但不影响结构整体性的工艺方法。

为了在先进的飞机结构上最大限度地发挥先进复合材料减重效果和降低成本的潜力，在发现新型结构设计方法的过程中必须考虑到材料类型和制造方法,在满足下列目标时可以达到这个目的：发展先进的复合材料新型设计方法降低全寿命费用成本；寻求有实用价值的机体结构制造和生产方法；考虑低成本制造、模具、装配和修理方法。

为了在复合材料结构技术方面有所突破，新型设计概念非常关键。通常新型设计方法可以分为两类：理想或完美的设计，目前不可能（远期目标）；现实或实用的设计，可能需要进一步研发（近期目标）。

新型复合材料设计中的典型概念包括：纤维方向概念、模块化概念、整体化概念。这仅是新型复合材料设计概念多种可能中的很少一部分，而且仅仅是概念，在实际应用之前还需要更加细致的研究工作。

必须牢记，复合材料的设计原理与传统金属结构设计完全不同，传统金属结构设计使用机械连接紧固件将很多构件装配在一起。对于复合材料结构，紧固件的减少是非常关键的，不仅能增加结构效率（消除了复合材料的应力集中效应）和减轻结构重量，而且可以节省装配费用。这些新型的设计概念应该作为复合材料工程师从事实际复合材料结构设计工作的指导原则，最终实现减重高于50%和节省成本高于25%的目标。

在复合材料层合结构中，纤维是主要承担载荷的材料，应该高效利用，避免纤维中断或终止。纤维方向概念通过几个方面来实现：定向纤维的高效利用，即0°、45°、-45°和90°等；集中和分散的概念；纤维直穿（格栅壁板）的概念等。

定性纤维高效利用方面，由于纤维是主要承载材料，因此对于复合材料结构设计，保持纤维（也就是传力路径）在机械连接对接处连续而不是被打断是非常重要的。对接导致结构效率降低，如简谐、铆钉孔效应（削弱层合板强度）、油箱密封问题等。

集中的概念是指将层合板所有或部分纤维集中到一个或几个接头或耳片上，承担非常高的集中载荷。相应地，分散的概念是指将嵌入式或整体耳轴或接头的集中载荷均匀地分散或分布到层合板中，以缓解应力集中的影响。

纤维直穿（格栅壁板）方面，从结构的观点来看，复合材料格栅面板结构中的纤维应该尽可能保持直线以保证力学强度。正交格栅和类似的各向同性格栅由正交在一起的纵向和横向格栅强组成，它们形成的格栅系统为面板提供强度和刚度，使得面板可以承担轴向和横向载荷。

模块化概念是指整体化类型的结构，在此概念中，最终组装的仅是少数几个主要部件，而不是像传统金属结构那样将很多小零件用大量紧固件机械连接。为了取得成功，模块化概念可能需要复杂或特殊的模具。

采用模块化概念生产时，创新和奇特的模具是必需的。因此，这种类型的结构构件数量的减少必须与高昂的模具费用平衡考虑，但增加的模具费用仅是总成本的一部分，总成本被数以百计的产品所分担。模块化的设计概念已经被应用于全复合材料小型飞机。

整体化设计概念对于减轻重量和节省费用具有重要意义。

1.2 ANSYS 软件

ANSYS 提供广泛的工程仿真解决方案，这些方案可以对产品设计过程的任何物理场进行虚拟仿真。全球诸多单位和组织都采用 ANSYS 作为产品设计仿真的主要工具。

ANSYS 软件是融结构、流体、电场、磁场、声场分析于一体的大型通用仿真分析软件，由美国 ANSYS 公司开发。近年来，ANSYS 的仿真解决方案逐渐丰富，由多物理场仿真扩展到了嵌入式开发以及系统级仿真等领域。

ANSYS Workbench 是 ANSYS 公司全新的协同仿真平台，整合了企业的 UG、Pro/E、CATIA 等 CAD 设计软件，与 ANSYS、CFX 和 Fluent 等分析软件，并且形成了方便、易用、开放的通用软件平台。该架构为不同仿真领域提供了统一的前后处理和多学科优化技术。具体包括：基于草图的建模、CAD 几何模型修复、CAD/CAE 双向参数驱动、自动定义接触和装配、方便定义流固耦合交界面，参数化分析（几何、材料、载荷、结果等数据参数化）和优化设计等独一无二的最新 CAE 技术。

多物理场耦合为 ANSYS 产品的重要特色。以流固耦合为例，多物理场耦合问题主要有两种解决方案：一是单一代码耦合，即求解器求解同一套方程；二是两个代码间耦合，例如结构、流体求解器分别进行求解，在交界面上进行载荷的传递。对于单一代码方案，这一技术能够解决一些问题，如简单几何、声固耦合、薄膜流体作用。这一技术有两方面的限制：工程问题复杂流场域求解和 NS 方程极大简化。对于两个代码间耦合，能够解决单一代码的弊端，但同时也引入了新的问题，即两个代码间软件数据接口问题。目前市场上仅有 ANSYS Workbench 能够不借助第三方工具，实现多个代码之间的耦合。

开放性是 ANSYS 产品的另一重要特色。ANSYS Workbench 为企业仿真平台建设提供了坚实的技术基础。在该架构内，可以方便地利用 ACT 技术，将自研软件和其他商业软件整合成统一的仿真平台。例如，ANSYS nCode DesignLife，即 ANSYS 公司集成英国 HBM 公司行业领先的疲劳耐久性仿真软件 nSoft 的产品，以流程图的形式集成了高级 CAE 分析与信号处理工具，包括 CAD 几何接口、ANSYS Workbench 材料库选取材料、自动网格划分、各种初始参数输入、结构力学计算以及结果数据自动传递到 ANSYS nCode DesignLife 模块进行疲劳寿命计算及优化。

1.2.1 Workbench 仿真平台

自 1997 年开始，经过 5 年的潜心开发，至 2002 年 ANSYS 在 7.0 版本发布的时候正式推出了 ANSYS Workbench Environment（AWE）这一"ANSYS 下一代前后处理和软件集成环境"。一直到 2007 年的 ANSYS 11.0 版本，这 10 年时间使"第一代 ANSYS Workbench"大大提升了 ANSYS 软件的易用性和集成性、客户化定制开发的方便性，深获客户喜爱。

作为业界最领先的工程仿真技术集成平台，Workbench 在 2009 年发布的 ANSYS 12.0 版本中，在继承"第一代 Workbench"的各种优势特征的基础上发生了革命性的变化，可视为"第二代 Workbench"（Workbench 2.0），其最大变化是提供了全新的"项目视图（Project Schematic View）"功能，将整个仿真流程更加紧密地组合在一起，通过简单的拖拽操作即可完成复杂的多物理场分析流程。Workbench 所提供的 CAD 双向参数链接互动、项目数据自动更新机制、全面的参数管理、无缝集成的优化设计工具等，使 ANSYS 在"仿真驱动产品设计（Simulation Driven Product Development，SDPD）"方面达到了前所未有的高度。

在 ANSYS 12.0 版本中，ANSYS 对 Workbench 架构进行了重新设计，全新的"项目视图（Project Schematic View）"功能改变了用户使用 Workbench 仿真环境的方式。在一个类似"流程图"的图表中，仿真项目（Projects）中的各项任务以相互连接的图形化方式清晰地表达出来，使用户可以非常容易地理解项目的工程意图、数据关系、分析过程的状态等。

这一新的项目视图系统使用起来非常简单（如图 1-1 所示）：直接从左边的工具栏（Toolbox）中将所需的分析系统拖拽到右边的项目视图窗口中即可。工具栏（Toolbox）中的"分析系统（Analysis System）"部分，包含了各种已预置好的"分析类型"（如显式动力分析、FLUENT 流体分析、结构模态分析、结构随机振动分析等），每一分析类型都包含完成该分析所需的完整过程（如材料定义、几何创建、网格生成、求解设置、求解、后处理等过程），按其顺序一步步往下执行即可完成该特定分析任务。也可从工具栏中的 Component Systems 里选取各个独立的程序系统，自己"组装"成一个分析流程。一旦选择或定制好分析流程后，Workbench 平台能自动管理流程中任何步骤发生的变化（如几何尺寸变化、载荷变化等），自动执行流程中所需的应用程序以自动更新整个仿真项目，极大减少了更改设计所需的时间循环。

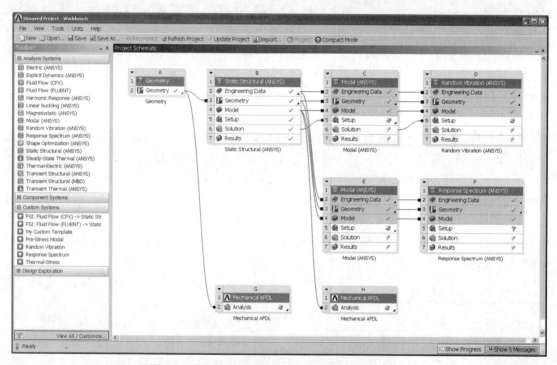

图 1-1　全新的项目视图（Project Schematic View）

1. 拖拽方式完成多物理场分析流程（Drag-and-Drop Multiphysics）

Workbench 仿真流程具有良好的可定制性，只需要通过鼠标拖拽操作，即可非常容易地创建复杂的、含多个物理场的耦合分析流程，在各物理场之间所需的数据传输也自动的就能定义好。如图 1-2 所示。

ANSYS Workbench 平台在流体和结构分析之间自动创建数据连接以共享几何模型，使数据保存更轻量化,并更容易地分析几何改变对流体和结构二者产生的影响。同时,从流体分析中将压力载荷传递到结构分析中的过程也是完全自动的。

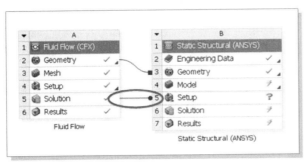 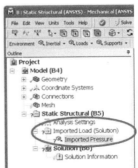

图 1-2 拖拽方式创建多物理场分析流程

工具栏中预置的"分析系统(Analysis System)"使用起来非常方便,因为它包含了所选分析类型所需的所有任务节点及相关应用程序。Workbench 项目视图的设计是非常柔性的,用户可以非常方便地对分析流程进行自定义,把 Component Systems 中的各工具当成"砖头",按照任务需要进行"装配"。

2. 项目级仿真参数管理

ANSYS Workbench 环境中的应用程序都是支持参数变量的,包括 CAD 几何尺寸参数、材料特性参数、边界条件参数以及计算结果参数等。在仿真流程各环节中定义的参数都是直接在项目窗口中进行管理,因而非常容易研究多个参数变量的变化。如图 1-3 所示,在项目窗口中,可以很方便地通过参数匹配形成一系列"设计点",然后一次性地自动进行多个设计点的计算分析以完成 What-If 研究。

利用 ANSYS Design Xplorer 模块(简称 DX),可以更加全面地拓展 Workbench 参数分析能力的优势。DX 提供了实验设计(DOE)、目标驱动优化设计(Goal-Driven Optimization)、最小/最大搜索(Min/Max Search)以及六西格玛分析(Six Sigma Analysis)等能力,所有这些参数分析能力都适用于集成在 Workbench 中的所有应用程序、所有物理场、所有求解器,包括 ANSYS 参数化设计语言(APDL)。

3. ANSYS Workbench 集成的分析系统

在 ANSYS Workbench 架构下集成了如下 ANSYS 软件产品:

(1)通用工具和功能:ANSYS CAD 接口;ANSYS DesignModeler 参数化建模模块;ANSYS Meshing 通用多物理场网格划分模块;ANSYS ICEM CFD 专业网格划分模块;ANSYS DesignXplorer 参数优化模块;FE Modeler 有限元模型转换模块。

(2)计算流体力学求解器:ANSYS CFX;ANSYS FLUENT。

(3)结构力学求解器:ANSYS Mechanical 通用隐式有限元求解器;ANSYS Explicit STR、ANSYS AUTODYN、ANSYS LS-DYNA 显式动力学求解器。

(4)电磁场求解器:ANSYS Maxwell 低频电磁场求解器;ANSYS HFSS 高频电磁场求解器。

(5)其他专业工具及求解器:ANSYS BladeModeler、ANSYS TurboGrid、ANSYS Vista TF 等。

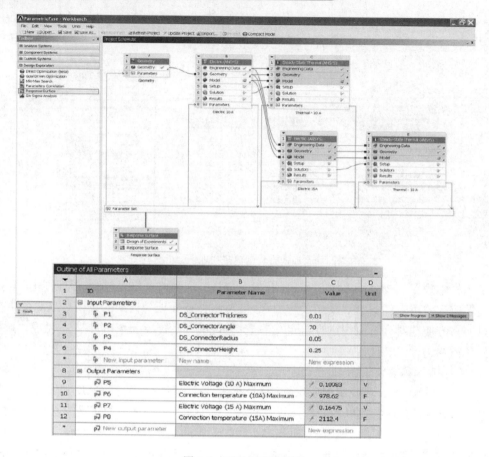

图 1-3 项目级参数管理

1.2.2 Mechanical 模块

作为 ANSYS 的核心产品之一，ANSYS Mechanical 是顶级的通用结构力学仿真分析系统，在全球拥有广大的用户群体，是世界范围应用最为广泛的结构 CAE 软件。它除了提供全面的结构、热、压电、声学以及耦合场等分析功能外，还创造性地实现了与 ANSYS 新一代计算流体动力学分析程序 Fluent、CFX 的双向流固耦合计算。

ANSYS Mechanical 主要功能如下。

1. 非线性分析功能
- 几何非线性

大变形、大应变、大转动，旋转软化等。
- 材料非线性
  - 20 种弹塑性模型
  - 125 种组合蠕变模型
  - 11 种超弹性模型
  - 7 种粘塑性模型
  - 4 种粘弹性模型

- 多线性弹性模型
- D-P 准则
- 混凝土模型
- 垫片材料
- 形状记忆合金
- 铸铁材料
- 压电材料
- 材料阻尼
- Gurson 塑性失效材料模型
- VCCT
- 材料曲线拟合
- 单元非线性
  - 实体单元
  - 实体壳单元
  - 梁/管单元
  - 壳/膜单元
  - 杆/索单元
  - 弹簧阻尼元
  - 接触单元
  - 表面效应单元
  - 质量单元
  - 垫片单元
  - 加强筋单元
  - 焊接单元
  - 粘接单元
  - 轴承单元
  - 耦合场单元
  - 静压流体单元
  - 螺栓预紧单元
- 接触非线性
  - 接触单元
    - 点对点
    - 线对线或梁对梁
    - 点对面
    - 边对面或梁对面
    - 面对面
    - 柔对柔
    - 刚对柔
    - 多点约束（MPC）

- 接触分析特点
  - ◆ 高阶接触单元
  - ◆ 静摩擦与动摩擦
  - ◆ 动摩擦系数与速度、压力、频率相关
  - ◆ 各向异性摩擦
  - ◆ 自接触
  - ◆ 焊点连接（可考虑焊点刚度和几何尺度影响）
  - ◆ 多场耦合接触（电接触、热接触、磁接触）
  - ◆ 自动探测接触对
  - ◆ 基于投影面接触
  - ◆ 非线性自适应网格技术
  - ◆ 螺栓螺纹快速分析方法
  - ◆ 接触磨损分析

2. 动力学分析
- 模态分析
  - 自然模态
  - 预应力模态
  - 阻尼复模态
  - 循环模态
  - 模态综合法
- 瞬态分析
  - 非线性全瞬态
  - 线性模态叠加法
- 谐响应分析
- 响应谱分析
  - 单点谱
  - 多点谱
- 随机振动
- 线性摄动分析
- 转子动力学
  - 临界转速
  - 不平衡响应
  - 稳定性
  - 2D 或平面单元的陀螺效应
- 多刚体、多柔体动力学

3. 叠层复合材料
- 非线性叠层壳单元
- 高阶叠层实体单元
- 单元特征

- 初应力
- 层间剪应力
- 温度相关的材料属性
- 应力梯度跟踪
- 中面偏置
- 多种失效准则及组合
  - 图形化
  - 图形化定义材料截面
  - 3D 方式查看板壳结果
  - 逐层查看纤维排布
  - 逐层查看结果

4．屈曲分析
- 线性屈曲分析
- 非线性屈曲分析
- 后屈曲分析
- 循环对称屈曲分析

5．断裂力学分析
- 应力强度因子计算
- J 积分计算
- 能量释放率计算
- 基于 VCCT 的裂纹生长计算

6．热分析
- 稳态、瞬态
- 传导、对流、辐射
- 相变（热焓）
- 流体单元
- 非线性
  - 材料特性与温度相关
  - 表面热交换系数与温度相关
  - 面面接触传热
  - 单元生死
- 温度传递到结构、电、电磁和流场分析

7．耦合场分析
- 直接耦合场单元
  - 压电
  - 压电电阻效应
  - 压热效应（热弹性阻尼）
  - 科里奥利效应
  - 电弹性（焦耳热、珀耳帖、塞贝克和汤姆森效应）

- ➢ 热―结构
  - ➢ 热―电―结构
- 顺序耦合求解
  - ➢ 静电―结构
  - ➢ 静电―结构―流体
  - ➢ 热―结构
  - ➢ 热―电
  - ➢ 热―电―结构
  - ➢ 热―电―流体
  - ➢ 热―流体
  - ➢ 电磁―热
  - ➢ 电磁―结构
  - ➢ 电磁―流体
  - ➢ 电磁―热―结构
  - ➢ 流体―结构相互作用（FSI）

8. 声学
- 模态、简谐和瞬态分析
- 流动介质
- 声振耦合分析

9. 求解器
- 迭代求解器
- 分布式预条件共轭梯度（DPCG）
- 分布式雅可比共轭梯度（DJCG）
- 稀疏矩阵直接求解器
- 分布式稀疏矩阵求解器
- 特征值
  - ➢ 分块 Lanczos 法
  - ➢ 子空间法
  - ➢ 凝聚法
  - ➢ QR 阻尼法（阻尼特征值）
  - ➢ 非对称法
  - ➢ LANPCG
- 超节点法（SNODE）
  - ➢ VT 求解加速技术
  - ➢ 减少迭代的次数
  - ➢ 对于初次求解可以加快 2 至 5 倍
  - ➢ 对于参数的改变（如尺寸、材料、载荷等）可以加快 3 至 10 倍

10. 高性能并行求解器
- 分布式并行求解器

> 自动将大型问题拆分为多个子域,分发给分布式结构并行机群的不同 CPU(或节点)求解
> 支持不限 CPU 数量的共享式并行机或机群
> 求解效率与 CPU 个数呈线性提高
> 代数多重网格求解器
- GPU 求解技术
  > 使用高性能图形处理器加速求解
  > 支持 nVidia、Intel Xeon 显卡

1.3　ACP 模块

工程层合复合材料的定义比较复杂,包括铺层层数、材料、厚度和方向等的定义,尤其是复杂几何形状的复合材料产品如何准确定义其力学模型,是复合材料材料刚强度、稳定性和疲劳耐久性校核的一大障碍。

面对这些问题,ANSYS 提供以 ANSYS Workbench 仿真平台为支撑的复合材料解决方案。ANSYS ACP 模块是该解决方案的前后处理模块,与求解器结合实现复合材料产品的设计、制造和功能验证。ACP 提供了完善的复合材料产品分析功能。ACP 无缝集成到 ANSYS Workbench 仿真平台。复合材料产品的设计到最终产品信息都能够在 ACP 中实现。如图 1-4 所示是复合材料设计分析流程。

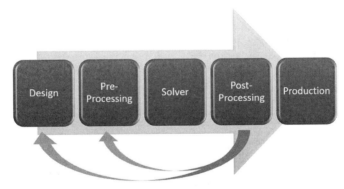

图 1-4　复合材料设计分析流程

复合材料产品模具几何是复合材料产品设计分析和生产的基础。前处理阶段基于模具几何、有限元网格、边界条件和复合材料定义实现产品的定义。求解之后,评估产品和铺层的设计效果。当产品性能不满足或者材料失效时,通过改变产品几何或铺层来改进设计,直到产品性能满足要求,材料不发生失效。

ACP 模块包含前处理和后处理两个子模块。在前处理模块,所有复合材料定义被新建并映射到有限元网格上。在后处理模块,导入求解的结果文件,进行产品的评估和可视化。如图 1-5 所示是使用 ACP 模块的复合材料设计分析流程。

ACP 模块仅完成复合材料产品的定义及后处理,求解功能为 ANSYS Mechanical 有限元求解器、LSDYNA 显式动力学求解器。通过与求解器的组合,实现复杂复合材料产品静强度、

刚度、固有振动特性、线性稳定性（屈曲）、非线性稳定性（几何大变形）、疲劳耐久性和冲击载荷作用下响应的模拟。

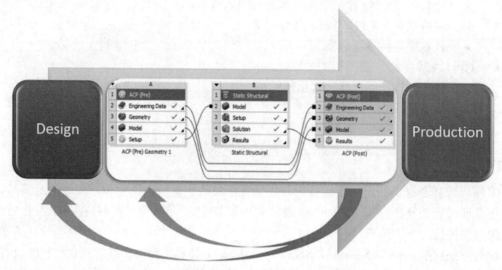

图 1-5　使用 ACP 模块的复合材料设计分析流程

1.3.1　模块功能

（1）ACP 与 ANSYS 其他模块实现数据无缝传递，如图 1-6 所示。

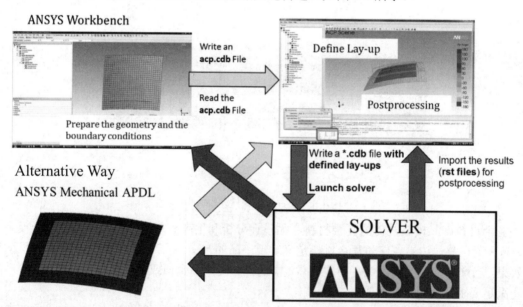

图 1-6　ACP 与 ANSYS 其他模块数据传递

（2）ACP 集成于 Workbench 环境，人性化的操作界面，如图 1-7 所示，有利于分析人员进行高效率的复合材料建模。

（3）ACP 提供了详细的复合材料—材料属性定义方式，如图 1-8 所示。

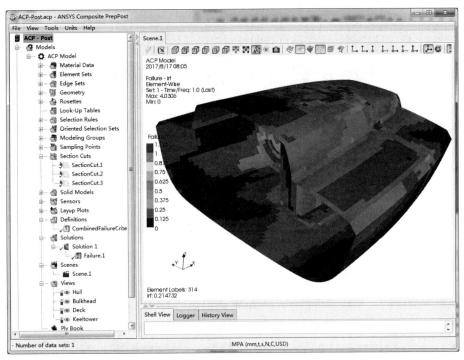

图 1-7 友好的操作界面

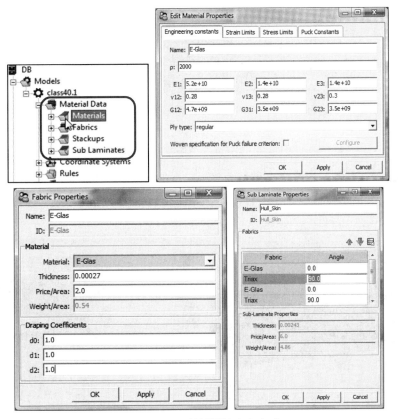

图 1-8 ACP 材料属性定义方式

（4）可以直观地定义复合材料铺层信息：铺层顺序、铺层材料属性、铺层厚度以及铺层方向角等，同时提供铺层截面信息的检查和校对功能，如图1-9所示。

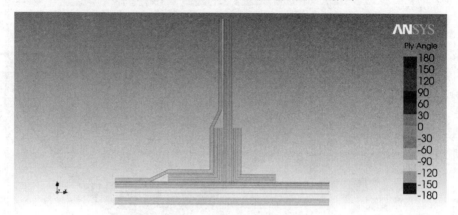

图1-9　铺层截面信息的检查和校对

（5）针对复杂的、形状多变的结构，ACP还提供了OES（Oriented Element Set）功能，如图1-10所示，可以精确方便地解决复合材料铺层方向角的问题。

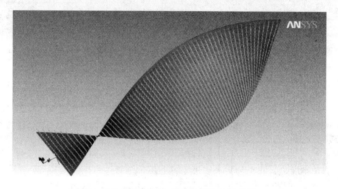

图1-10　The OES 复杂铺层方向定义

（6）针对层合壳单元不能精确模拟的复杂三维形状复合材料结构，ACP模块可以基于层合壳单元铺层定义信息拉伸成三维实体单元，如图1-11所示，解决复杂渐变铺层的三维建模问题。

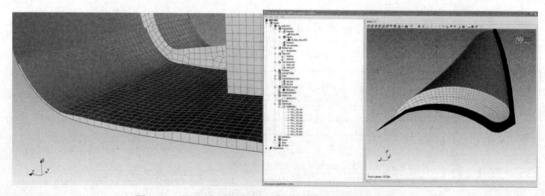

图1-11　根据铺层表生成复合材料实体单元有限元模型

（7）ACP 提供了丰富的复合材料失效分析方法和准则（如图 1-12 所示）：
- 计算每一层的危险系数（IRF）、安全系数（RF）和安全范围（MOS）
- 失效模式任意组合：
  - 最大应力准则、最大应变准则、Tsai-Hill 准则、Tsai-Wu 准则、Hashin 准则、Hoffman 准则、LaRC 准则和 Cuntze 准则
  - 二维和三维的 UD 及编织材料的 PUCK 准则
  - 三明治结构的内核失效和面板折皱失效
- 多工况组合

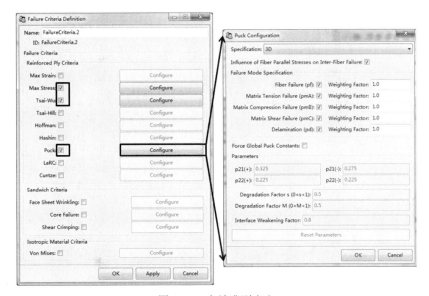

图 1-12　失效准则定义

（8）ACP 具有强大的结果后处理功能（如图 1-13 所示），可获得各种分析结果，如层间应力、应力、应变、最危险的失效区域等；分析结果既可以整体查看，也可针对每一层进行查看；同时分析人员也可以很方便地实现多方案的分析（如改变材料属性/几何尺寸等）。

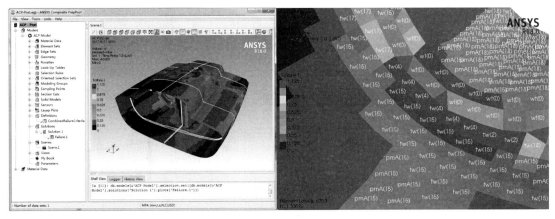

图 1-13　ACP 后处理功能

（9）ACP 支持与 ANSYS CFD 建立复合材料流固耦合分析流程（如图1-14所示），同时能够将铺层及失效参数（包括：层数、角度、厚度和安全系数等）作为优化设计变量，进行多学科参数优化设计。

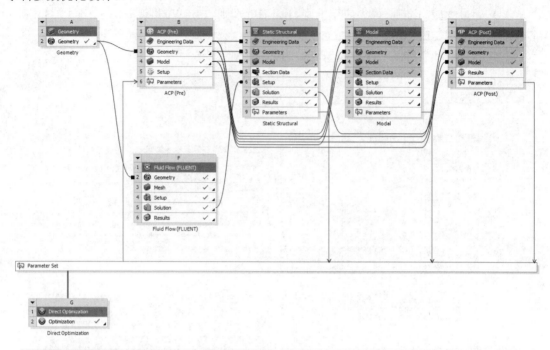

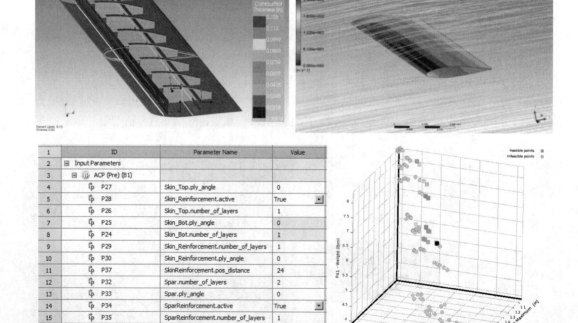

图1-14　建立复合材料流固耦合分析流程

（10）ACP 还提供了 Draping and flat-wrap 功能（如图 1-15 所示），针对分析结果可以对复合材料进行"覆盖－展开"操作，输出.dxf 文件给下料机，这将非常有利于复合材料的加工制造。

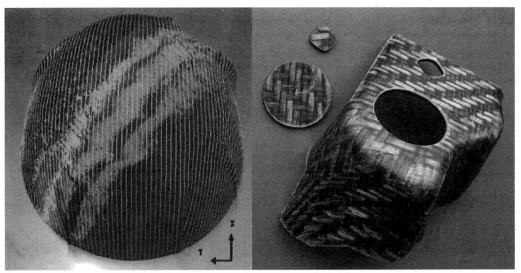

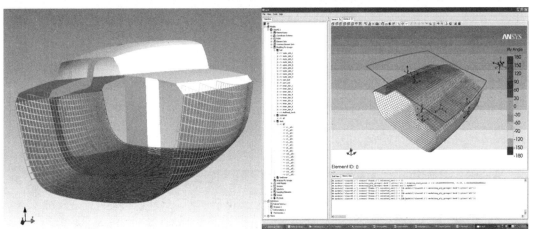

图 1-15　Draping and flat-wrap 功能

1.3.2　安装及学习

ANSYS ACP 模块在安装 18.0 版本的 ANSYS Mechanical 产品时自动安装，不需要单独安装（早期版本的 ANSYS ACP 模块需要单独的安装包）。

快速熟悉 ACP 模块功能的方法是完成本书中的 2.5 节入门练习。入门练习详细介绍了复合材料产品定义到分析的全过程。

第 3 章，"用户手册"中详细介绍了 ACP 的功能。

第 4 章，"复合材料建模技术"提供了工程中常见复合材料结构的建模方法。

第 5 章，"应用案例"为用户熟悉软件功能的基本练习。

第 6 章，"专题技术"是用户掌握了基础应用案例之后，可以根据实际项目需求进行选择性学习。

"附录"给出了英美制单位与标准国际单位的换算关系,以及波音787梦幻飞机简介(方便用户了解先进复合材料的最新工程应用)。

"术语"给出了复合材料和ANSYS软件的相关名称术语及其解释,方便用户查阅。

1.3.3 应用案例

如图1-16至图1-19为应用案例。

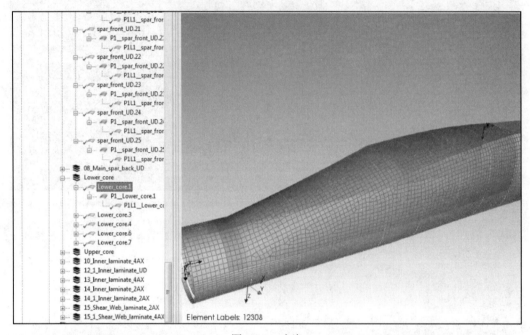

图1-16 叶片

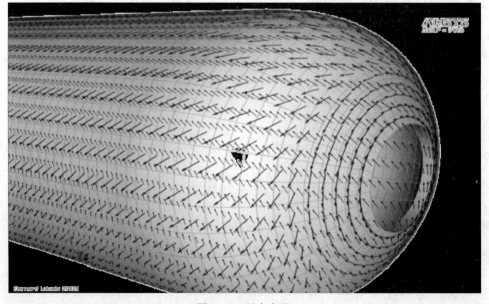

图1-17 压力容器

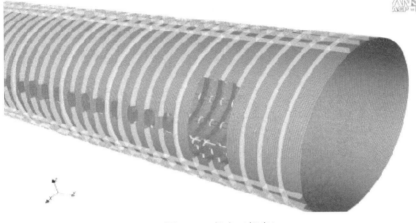

图 1-18 航空（机身）

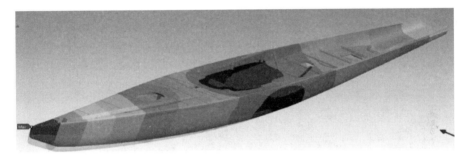

图 1-19 船舶

2 快速入门

2.1 图形用户界面

ACP 图形用户界面包含以下部分：主菜单、特征树（Tree View）、场景（Scene）、工具栏（Toolbar）、Shell 视图（Shell View）、历史视图（History View）和日志窗口（Logger），如图 2-1 所示。

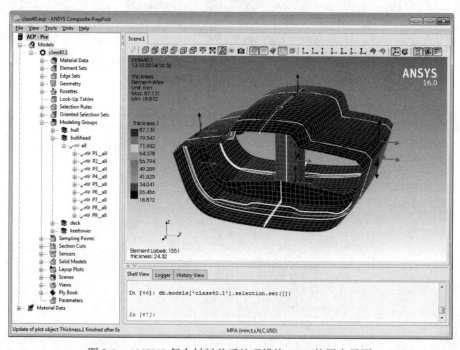

图 2-1 ANSYS 复合材料前后处理模块 ACP 的用户界面

2.1.1 主菜单 Menu

主菜单包含 4 个子菜单：
- File 子菜单在 Workbench 界面和 Stand Alone 独立启动界面是不同的。
- View 子菜单用于调整 ACP 模块的图形用户界面。

- Tools 子菜单用于调整 ACP 模块的全局设置。包括：日志、属性和场景设置。
- Units 子菜单用于改变当前 ACP 模块的单位制。注意：仅能在 ACP Pre 模块改变单位制，在求解器和后处理模块不能改变单位制。

2.1.2 特征树 Tree View

ACP 模块的特征树 Tree View 如图 2-2 所示。前处理模块 ACP-Pre 和后处理模块 ACP-Post 的特征树有细微区别。特征树的详细描述在本书第 3 章 "用户手册" 中。

特征树每一个节点通过状态符号来表示其当前状态。以坐标系 Rosette 为例，进行说明：表示坐标系被锁定，而且处于最新状态，这类坐标系是有 ANSYS Mechanical 界面定义的，在 ACP 中不能更改；表示坐标系被锁定，但不处于最新状态，即上游 ANSYS Mechanical 已经更改了坐标系，需要更新坐标系的定义；表示定义的坐标系是最新状态；表示坐标系处于隐藏状态；表示坐标系不是最新状态，可以使用工具栏中的 按钮或右键选择 Update 命令进行更新；符号表示对象被定义了，但是处于不激活的状态，在计算中不会考虑该对象。ACP 模块中的实体单元模块、铺层都可以处于不激活状态。

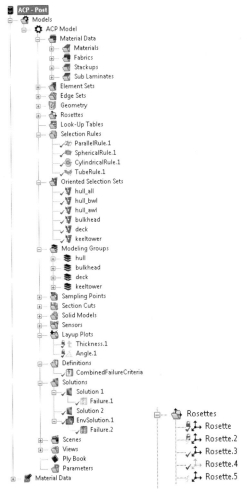

图 2-2 ACP 模块的特征树

2.1.3 场景 Scene

场景包含了模型和定义特征的三维表达。可以新建多个场景和切换场景。场景的视图可以用工具栏中的按钮进行控制。其中包括：

(1) ▣▣▣▣▣▣ 与坐标轴对齐的标准视图。
(2) ✥ 缩放到合适大小。
(3) ⛶ 全屏视图。
(4) ⚙ 激活或抑制独立视图。
(5) 📷 视图窗口抓图到图片文件。

2.1.4 工具栏 Toolbar

工具栏包括：更新按钮 ⟳；使用 Excel 编辑铺层按钮 🅇；网格显示按钮；方向可视化按钮；可制造性分析显示按钮；其他特征；后处理按钮。

2.1.5 Shell 视图

ACP 模块的所有操作可以通过 Python 代码实现，在 Shell 视图中输入 Python 代码实现想要的功能。

2.1.6 History 历史视图

当前进程所有操作会以 Python 代码的形式进行记录，这些记录可以在 History 窗口进行查看。

2.1.7 Logger 视图

%APP_DATA%\Ansys\v180\acp\ACP.log 文件的内容显示在 Logger 视图窗口。

2.2 独立运行模式

ACP 可以脱离 ANSYS Workbench 独立启动。

Windows 系统中 ACP 通过开始菜单 ANSYS 18.0\ACP 启动。Linux 系统中，ACP 通过 /ansys_inc/v180/ACP/ACP.sh 进行启动。

采用命令行形式启动 ACP 时，可以使用表 2-1 中的参数。

表 2-1 ACP 模块命令行参数

完整形式	短形式	描述
--version		显示程序版本号并退出
--help	-h	显示程序命令行选项并退出
--batch =BATCH_MODE	-b BATCH_MODE	批处理模式运行 ACP 模块： 0—批处理模式关闭； 1—Python 界面批处理模式； 2—图形用户界面批处理模式

续表

完整形式	短形式	描述
--debug	-d	打开调试模式输出选项
--num-threads =NUM_THREADS	-t NUM_THREADS	最大使用线程数。=0 时使用最多线程
--logfile=LOGFILE	-o LOGFILE	指定 log 文件
--mode=MODE	-m MODE	指定启动模块：'pre', 'shared', or 'post'
--workbench	-w	启动 Workbench 模式的 ACP
--port=PORT	-p PORT	指定远程访问服务端口号
[FILE]	[FILE]	指定运行文件名。如果是 ACP 项目文件，则打开文件。如果是 Python 脚本文件，则运行脚本

ACP 模块独立运行与在 Workbench 中运行的区别在于，一些由 Workbench 自动完成的功能需要手动完成。步骤如下：

（1）在 Workbench 或者 Mechanical APDL 中生成包含载荷和边界的 ANSYS 输入文件，格式为*.inp,*.dat,*.cdb。在 Mechanical APDL 界面使用 CDWRITE 命令写出.cdb 文件，即 cdwrite,db,file,cdb。在 Workbench 界面，在 Mechanical 模块中选择 Tools>Write Input File 命令写出文件。如图 2-3 所示。

（2）启动 ACP。

（3）导入 ANSYS 模型到 ACP 模块。选择 File>Import Pre-Processing Model 命令或者右击特征树中的 Models 对象，选择 Import Pre-Processing Model 命令。如图 2-4 所示。

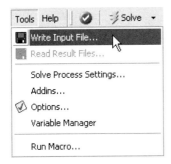

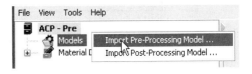

图 2-3　ANSYS Mechanical 模块写出求解器输入文件

图 2-4　ACP Pre 模块导入 Mechanical 求解器输入文件

（4）从数据库选择或者自定义复合材料属性。

（5）新建铺层表。

（6）如果 ANSYS 模型或者铺层定义改变，那么更新模型。

（7）发送复合材料产品模型到 ANSYS 求解器。

（8）通过单击特征树上的父节点，在 ACP Pre 和 ACP Post 模块间进行切换。如图 2-5 所示。

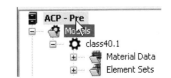

图 2-5　独立运行 ACP 模块前后处理功能切换

（9）导入计算结果。

（10）进行复合材料后处理。

（11）通过 File 下拉菜单或者右击 Models 节点，保存复合材料模型。

2.3 老版本 ACP 项目的迁移

14.0 到 18.0 版本之间的 ACP 模型都是兼容的。打开老版本的 ACP 项目时，需要对 ACP（Pre）流程的 Setup 执行 Clear Generated Data 操作。

2.4 Workbench 典型工作流程

在 Workbench 中，ACP 组件可以用于复合材料产品设计分析的基础工况到复杂工况。接下来给出 ACP 组件的典型工作流程，包括：基本工作流程；多工况/分析类型工作流程；不同模型共享复合材料定义分析流程；实体单元建模工作流程；多流程装配工作流程。

2.4.1 基本工作流程

基本工作流程采用 ACP 模块建立复合材料产品壳单元有限元模型。具体操作步骤如下：

（1）从 Analysis Systems 列表拖拽 ACP（Pre）组件到项目视图界面，之后完成 ACP（Pre）组件的各个子步。

（2）将 ACP 模块支持的 Mechanical 组件拖拽到项目视图中，例如 Static Structural 组件。

（3）新建 ACP（Pre）的 Setup 到 Static Structural 的 Model 的连接，并选择 Transfer Shell Composite Data 命令，实现 ACP 模块中定义的网格、几何、材料属性和复合材料定义传递到 Mechanical 模块。如图 2-6 所示。

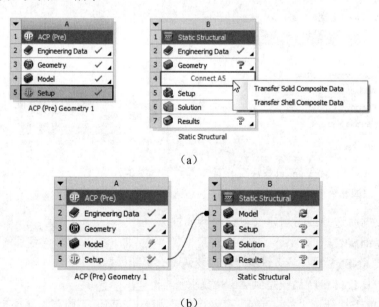

图 2-6 ACP 模块复合材料前处理流程建立

（4）双击 Static Structural 的 Model，进入 Mechanical 模块界面。特征树中增加了一个 Imported Plies 对象，其中铺层信息与 ACP 模块中的铺层一一对应。铺层信息包含三个层次：Modeling Ply> Production Ply> Analysis Ply。如图 2-7 所示。

（5）定义载荷和边界条件，进行求解。在这里，应注意与标准 Mechanical 模块特征树的区别：因为材料属性、网格数据由上游 ACP 模块导入，所以在 Mechanical 模块不能对其进行编辑。如果希望定义的载荷和边界不受上游网格变化的影响，那么建议将其定义到几何对象或者基于准则的命名选择集之上。

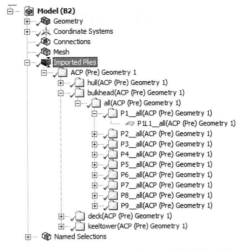

图 2-7 Mechanical 模块中的复合材料铺层信息

（6）查看结果。复合材料铺层的分析结果可以在 Mechanical 模块或者 ACP-Post 模块进行查看。在 Mechanical 模块查看结果，需要使用 Composite Failure Tool 功能。在 ACP-Post 模块进行结果查看，要通过将 ACP（Post）组件拖拽到 ACP（Pre）的 Model，然后连接 Static Structural 的 Solution 和 ACP（Post）的 Results，以建立分析流程。如图 2-8 所示。

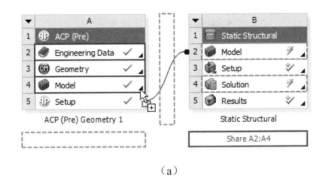

（a）

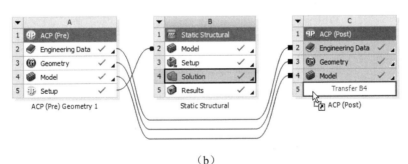

（b）

图 2-8 ACP 模块复合材料分析后处理流程建立

基于该分析流程，还可以拖拽 Eigenvalue Buckling 或者 Modal 到 Static Structural 的 Solution 上，实现复合材料产品的线性稳定性分析（特征值屈曲）或者预应力模态分析。如图 2-9 所示。

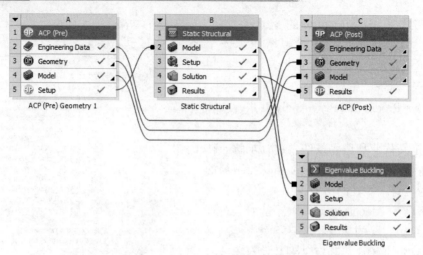

图 2-9　ACP 模块进行复合材料特征值屈曲分析

2.4.2　多工况/分析类型的工作流程

多工况/多分析类型的工作流程和基本工作流程相同，如图 2-10 所示。ACP 模块支持的复合材料分析类型包括：静力分析；瞬态动力学分析；稳态热分析；瞬态热分析；模态分析；谐响应分析；随机振动分析；响应谱分析；特征值屈曲分析。

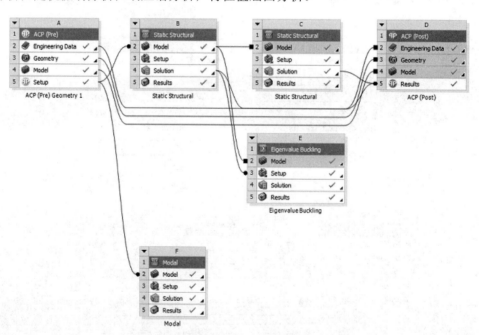

图 2-10　复合材料多工况/分析类型工作流程

2.4.3　不同模型共享复合材料定义分析流程

ACP（Pre）的 Setup 可以在多个模型之间共享，以实现基于同一复合材料铺层定义，研究不同几何的复合材料产品设计差异性。例如，如图 2-11 所示项目中 A 工作流程和 D 工作流程使用相同的复合材料铺层定义，但是二者的几何可以完全不同。注意：流程 A 和 D 必须有相同的命名选择集 Named Selections 定义。

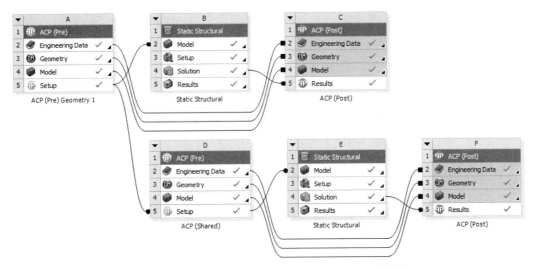

图 2-11　ACP 模块不同模型共享复合材料定义工作流程

2.4.4　实体单元建模工作流程

复合材料产品实体单元有限元模型建立流程与基本工作流程中壳单元工作流程只有一个区别，即在传递数据时需要选择 Transfer Solid Composite Data 选项，如图 2-12 所示。

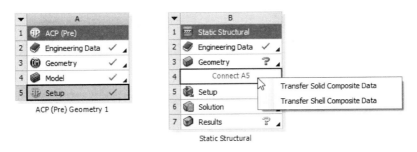

图 2-12　ACP 模块复合材料实体单元分析工作流程

2.4.5　多流程装配工作流程

Mechanical 模块的网格可以从不同的组件中导入，因此可以实现将不同 ACP 模块定义的复合材料壳模型、实体单元模型，以及其他模块建立的非复合材料壳模型、实体单元模型进行组合，得到产品的装配体模型。如图 2-13 所示。

不同的模型进行组合装配时，必须保证不同模型的单元和节点编号不冲突，否则装配模型将出现错误。模型的单元和节点编号可以通过 Mechanical 组件的 Model 属性进行控制。如图 2-14 所示。

新建装配模型的具体步骤如下：

（1）拖拽 ACP（Pre）到项目视图。

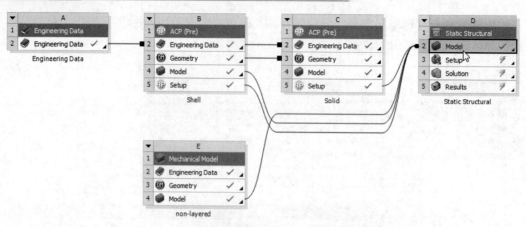

图 2-13 复合材料与其他 Mechanical 零部件装配工作流程

	A	B
1	Property	Value
2	General	
3	Component ID	Model 1
4	Directory Name	SYS-1
5	Notes	
6	Notes	
7	Used Licenses	
8	Last Update Used Licenses	ANSYS Multiphysics
9	System Information	
10	Physics	Structural
11	Analysis	Static Structural
12	Solver	Mechanical APDL
13	Mesh	
14	Save Mesh Data In Separate File	
15	General Model Assembly Properties	
16	Length Unit	m
17	Object Renaming	Based on System Name
18	Group Objects By Source	✓
19	Transfer Settings for non-layered (Component ID: Model 5)	
20	Number of Copies	0
21	Renumber Mesh Nodes and Elements Automatically	✓
22	Rigid Transform	
29	Transfer Settings for Shell (Component ID: Setup 3)	
30	Renumber Mesh Nodes and Elements Automatically	✓
31	Transfer Type	Shell
32	Transfer Settings for Solid (Component ID: Setup)	
33	Renumber Mesh Nodes and Elements Automatically	✓
34	Transfer Type	Solid

图 2-14 模型装配时单元和节点编号控制

（2）拖拽 Mechanical 模块的分析组件到项目视图，建立 ACP（Pre）到 Mechanical 模块 Model 的连接。

（3）根据需要添加其他的 ACP（Pre）组件。

（4）拖拽 Mechanical Model 组件到项目视图，建立非复合材料零件。建立该组件 Model 到下游 Mechanical 组件的 Model。

（5）双击下游 Mechanical 组件 Model，以进入装配模型界面。对于每一个上游的网格，将在特征树上分别建立 Geometry、Imported Plies 和 Named Selections 文件夹节点。如图 2-15 所示。

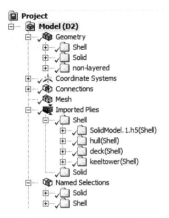

图 2-15　模型装配时 Mechanical 模块的特征树

（6）定义装配模型的载荷和约束，完成分析求解。

（7）对于复合材料工作流程建立相应的 ACP（Post）组件，对复合材料零件进行后处理。对于非复合材料零件，直接在装配模型对应的组件中进行后处理。

2.5　入门练习

2.5.1　练习 1

1．简介

练习的目标是：熟悉复合材料分析流程，包括由几何模型到后处理；建立复合材料夹层板，分析其在外载荷作用下的变形和应力。

复合材料层合板几何尺寸为 300mm×300mm 的矩形，如图 2-16 所示。边界条件是四边固定约束。载荷为 0.1MPa 压力。

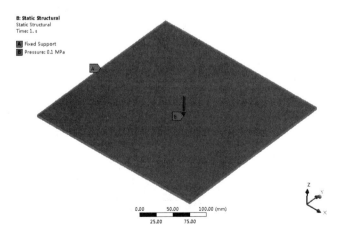

图 2-16　练习 1 模型

图 2-16 中矩形复合材料产品的铺层表如表 2-2 所示。T700 单向带的材料属性如表 2-3 所示。芯材的材料属性如表 2-4 所示。

表 2-2 复合材料铺层表

序号	铺层	铺层角度	铺层厚度（mm）
1	T700 单向带	-45	0.2
2	T700 单向带	45	0.2
3	T700 单向带	90	0.2
4	T700 单向带	-45	0.2
5	T700 单向带	45	0.2
6	芯材	0	15
7	T700 单向带	90	0.2
8	T700 单向带	90	0.2
9	T700 单向带	90	0.2

表 2-3 T700 单向带材料属性

属性名称	属性值	属性名称	属性值
弹性模量 X 方向（MPa）	1.15e5	X 方向拉伸强度（MPa）	1500
弹性模量 Y 方向（MPa）	6430	Y 方向拉伸强度（MPa）	30
弹性模量 Z 方向（MPa）	6430	Z 方向拉伸强度（MPa）	30
泊松比 XY 面	0.28	X 方向压缩强度（MPa）	-700
泊松比 YZ 面	0.34	Y 方向压缩强度（MPa）	-100
泊松比 XZ 面	0.28	Z 方向压缩强度（MPa）	-100
剪切模量 XY 面（MPa）	6000	XY 面剪切强度（MPa）	60
剪切模量 YZ 面（MPa）	6000	YZ 面剪切强度（MPa）	30
剪切模量 XZ 面（MPa）	6000	XZ 面剪切强度（MPa）	60

表 2-4 芯材材料属性

属性名称	属性值
弹性模量（MPa）	85
泊松比	0.3
X 方向拉伸强度（MPa）	1.6
Y 方向拉伸强度（MPa）	1.6
Z 方向拉伸强度（MPa）	1.6
X 方向压缩强度（MPa）	-1.1
Y 方向压缩强度（MPa）	-1.1

续表

属性名称	属性值
Z 方向压缩强度（MPa）	-1.1
XY 面剪切强度（MPa）	1.1
YZ 面剪切强度（MPa）	1.1
XZ 面剪切强度（MPa）	1.1

练习步骤包括：分析流程建立；材料属性添加；工具坐标系定义；方向选择集定义；铺层定义；载荷、边界条件及求解；结果后处理。在练习的最后增加了使用 Excel 快速编辑铺层表和 ACP 模块单位制的说明。

2. 分析流程建立

（1）打开一个新的 Workbench 项目，恢复存档文件 tutorial_1.wbpz 到练习目录。

（2）拖拽添加 Static Structural 组件到项目中，如图 2-17 所示。

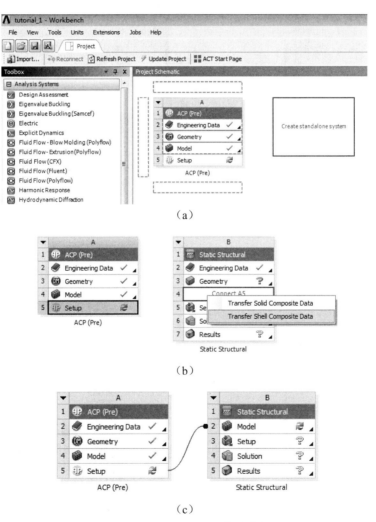

图 2-17　ACP（Pre）工作流建立

（3）拖拽添加 ACP（Post）组件到 ACP（Pre）组件上，如图 2-18（a）、(b) 所示。

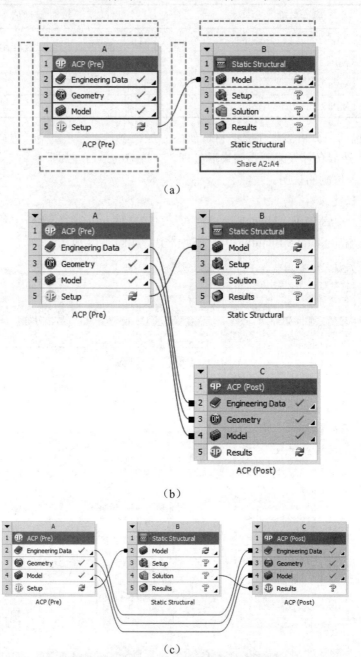

图 2-18　ACP（Post）工作流程建立

（4）连接 Static Structural 组件的 Solution 和 APC（Post）组件的 Result，如图 2-18（c）所示。

3. 材料属性添加（1）

双击 ACP（Pre）流程的 Engineering Data，进入 Engineering Data 模块，定义复合材料属性。

> Engineer Data 模块包含 4 个子窗口，分别是 Outline、Properties、Table 和 Chart。如果某个窗口隐藏了，可以通过 View 下拉菜单，选择 Reset Workspace 功能，重置 4 个窗口。Outline 子窗口用于显示项目中定义的所有材料属性，默认仅有 Structural Steel 一个材料属性。Properties 窗口用于显示在 Outline 窗口选定材料的所有属性。Table 和 Chart 窗口分别以表格和曲线的形式，查看在 Properties 窗口中选择的具体属性值。

（1）新建名称为 UD_T700 的单向带材料。在 Outline 窗口，单击 Click here to add a new material，输入 UD_T700 作为新添加材料的名称。在界面左侧工具箱 Toolbox 的 Physical Properties 下，拖放 Ply Type 到 Outline 窗口的 UD_T700 行上。类似地，将 Linear Elastic 下的 Orthotropic Elasticity，Strength 下的 Orthotropic Stress Limits 和 Tsai-Wu Constants 拖放到 UD_T700 行上。属性值按照图 2-19 进行设置。

Property	Value	Unit
Orthotropic Elasticity		
Young's Modulus X direction	1.15E+05	MPa
Young's Modulus Y direction	6430	MPa
Young's Modulus Z direction	6430	MPa
Poisson's Ratio XY	0.28	
Poisson's Ratio YZ	0.34	
Poisson's Ratio XZ	0.28	
Shear Modulus XY	6000	MPa
Shear Modulus YZ	6000	MPa
Shear Modulus XZ	6000	MPa
Orthotropic Stress Limits		
Tensile X direction	1500	MPa
Tensile Y direction	30	MPa
Tensile Z direction	30	MPa
Compressive X direction	-700	MPa
Compressive Y direction	-100	MPa
Compressive Z direction	-100	MPa
Shear XY	60	MPa
Shear YZ	30	MPa
Shear XZ	60	MPa
Tsai-Wu Constants		
Coupling Coefficient XY	-1	
Coupling Coefficient YZ	-1	
Coupling Coefficient XZ	-1	
Ply Type		
Type	Regular	

图 2-19 材料属性定义

（2）新建名称为 Corecell_A550 的芯材。

取消选中的 Filter Engineer Data 可以显示工具箱中的所有材料属性类型，如图 2-20 所示。

图 2-20 材料属性定义界面属性过滤功能

芯材属性值如图 2-21 所示。

	A	B	C	D	E
1	Property	Value	Unit		
2	☐ Isotropic Elasticity				
3	Derive from	Young's Modulus and Poisson's R...			
4	Young's Modulus	85	MPa		
5	Poisson's Ratio	0.3			
6	Bulk Modulus	70.833	MPa		
7	Shear Modulus	32.692	MPa		
8	☐ Orthotropic Stress Limits				
9	Tensile X direction	1.6	MPa		
10	Tensile Y direction	1.6	MPa		
11	Tensile Z direction	1.6	MPa		
12	Compressive X direction	-1.1	MPa		
13	Compressive Y direction	-1.1	MPa		
14	Compressive Z direction	-1.1	MPa		
15	Shear XY	1.1	MPa		
16	Shear YZ	1.1	MPa		
17	Shear XZ	1.1	MPa		
18	☐ Ply Type				
19	Type	Isotropic Homogeneous Core			

图 2-21 芯材属性值

（3）关闭 Engineering Data 模块，返回 Workbench 项目页。

4. 材料属性添加（2）

进入 ACP（Pre）模块，进一步定义材料属性。

（1）更新 A 流程（ACP（Pre））中的 Model，双击 Setup，弹出如图 2-22 所示的对话框，单击"是（Y）"按钮，进入 ACP 模块，如图 2-23 所示。注意：对话框的目的是提醒用户，上游的数据已经更新，是否要读入流程的当前节点。

（2）在特征树 Material Data 的 Fabric 节点，右击选择 Create Fabric 命令，如图 2-24 所示，新建两个 Fabric：0.2mm 厚的碳纤维单向带，命名为 UD_T700_200gsm；15mm 厚的泡沫芯，

命名为 Core。Fabrics 包含两个要素：材料（在 Engineering Data 中添加）和厚度。Fabrics 的类型在 Engineering Data 中已经确定，包含单向带、织物、芯材等。

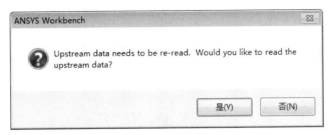

图 2-22　数据更新提示

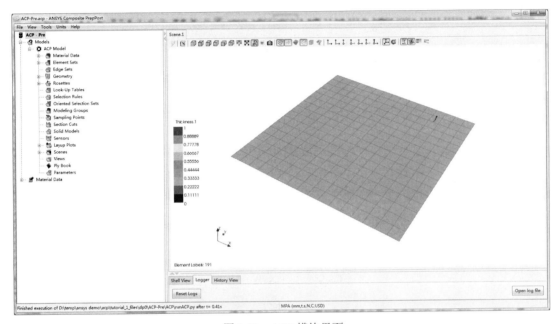

图 2-23　ACP 模块界面

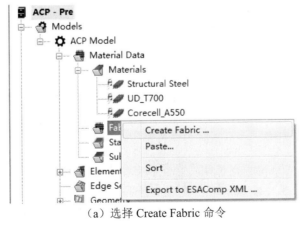

（a）选择 Create Fabric 命令

图 2-24　新建两个 Fabric

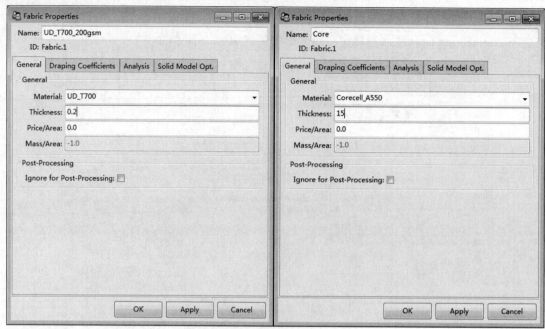

(b) 为 Fabric 命名

图 2-24　新建两个 Fabric（续图）

（3）更新模型。在 ACP 模块中新建或者更改一个对象时，均需要更新模型。特征树中未更新的节点通过黄色的闪电符号标识。更新的方法是右击选择 Update 选项或者使用工具栏上的黄色闪电按钮更新。如图 2-25 所示。

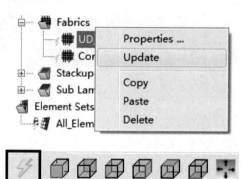

图 2-25　更新模型

（4）在特征树 Material Data 的 Stackups 节点，右击选择 Create Stackup 命令，新建 1 个 Stackup，命名为 Biax_Carbon_UD，如图 2-26 所示。其中：General 选项卡定义其组成；Analysis 选项卡用于图形显示其组成，并分析其力学性能。

 Stackup 可以用于定义多轴布，或者由供应商定制多个织物组合产品。通过使用 Stackup 可以减少在产品建模中需要铺敷的铺层数，这是因为在 ACP（Pre）中，整个 Stackup 在铺敷过程中作为一层来铺敷。

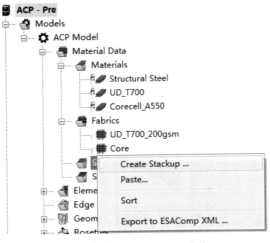

(a) 选择 Create Stackup 命令

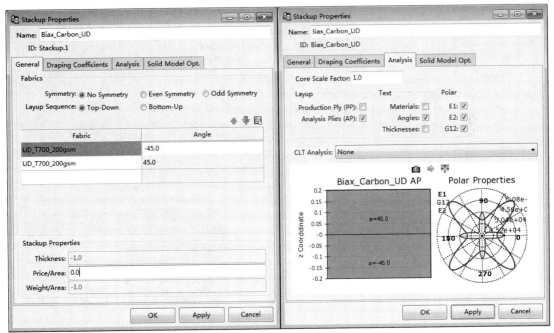

(b) 为 Stackup 命名

图 2-26 新建 1 个 Stackup

（5）在特征树 Material Data 的 Sub Laminates 节点，右击选择 Create Sub Laminate 命令，新建 1 个 Sub Laminate，命名为 SubLaminate。如图 2-27 所示。

5．单元集查看

查看特征树 Element Sets 下的单元集。默认的单元集和 Mechanical 界面中的 Name Selection 对应。也可以在 ACP（Pre）界面的 Element Sets 节点新建。如图 2-28 所示。

6．工具坐标系定义

材料的 0°纤维方向（或称为"参考方向"）在 ACP 模块中使用工具坐标系 Rosettes 来定义。工具坐标系的 X 轴为纤维的 0°方向。

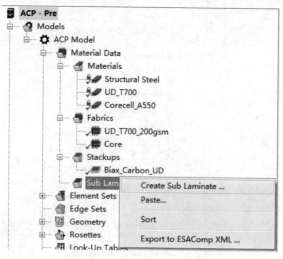

（a）选择 Create Sub Laminate 命令

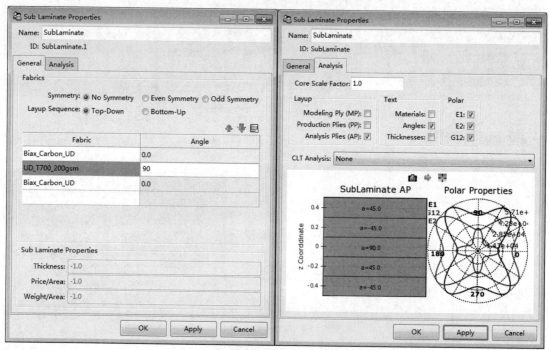

（b）为 Sub Laminate 命名

图 2-27　新建 1 个 Sub Laminate

单击特征树的 Rosettes 节点，右击选择 Create Rosette 命令，使用默认设置新建 1 个坐标系。如图 2-29 所示。

ACP（Pre）包含直角坐标系、径向坐标系、圆柱坐标系、球形坐标系和随边 Edge Wise 坐标系。通过这些坐标系的使用，可以方便地定义复合材料的 0°参考方向。

快速入门 第 2 章

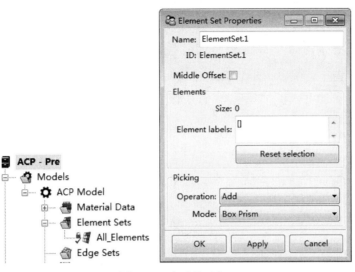

图 2-28　查看单元集

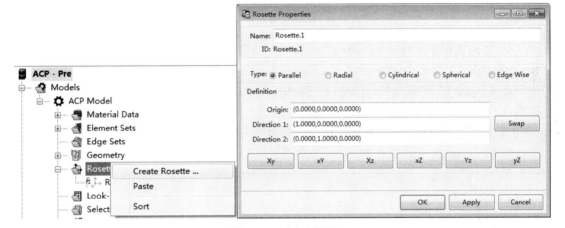

图 2-29　新建坐标系

7. 方向选择集定义

复合材料的铺层在 ACP 模块中使用方向选择集 Oriented Selection Sets 来定义。方向选择集包含三个要素：铺敷区域、铺敷方向和纤维参考方向。注意：局部加强、渐变使用规则来实现，而不是建立多个铺敷区域。

（1）单击特征树 Oriented Selection Sets 节点，右击选择 Create Oriented Selection Set 命令，新建方向选择集（OSS），命名为 OSS_Plate。如图 2-30 所示。

（2）方向选择集的铺敷区域通过指定 Element Sets 来定义。单击 General 选项卡 Element Sets 右侧的空白区域，然后单击选择特征树 Element Sets 的子节点 All_Element，完成定义。如图 2-30 所示。

（3）方向选择集的铺敷方向是指铺层在模具表面的铺敷方向，方向可以指向单元的法向或者反方向。单击 General 选项卡 Point 右侧的空白区域，然后在场景窗口单击铺敷区域中的任一单元，该单元的法向自动被添加到 General 选项卡的 Direction 中，完成定义。注意：如果

49

想改变铺敷方向，可通过 Flip 按钮实现。

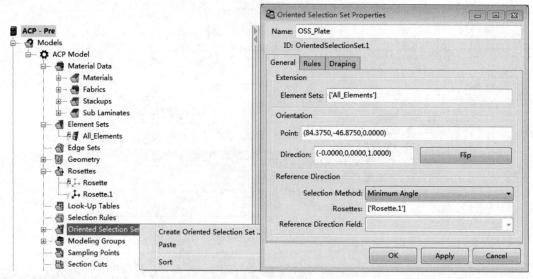

图 2-30　新建并定义方向选择集

（4）方向选择集的纤维参考方向用于将织物铺敷到方向选择集时指定织物角度，通过指定 Rosettes 来定义。单击 General 选项卡 Rosettes 右侧的空白区域，然后单击选择特征树 Rosettes 的子节点 Rosette.1，完成定义。注意：方向选择集中的每一个单元将基于指定的 Rosette.1 独立确定自己的参考方向；复杂模型可以按住 Ctrl 键添加多个 Rosette，而且可以通过 Selection Method 指定不同的规则，确定复杂几何表面的参考方向。

（5）单击工具栏中的 按钮，打开方向选择集的铺敷方向显示。查看方向选择集的法向。如图 2-31 所示。

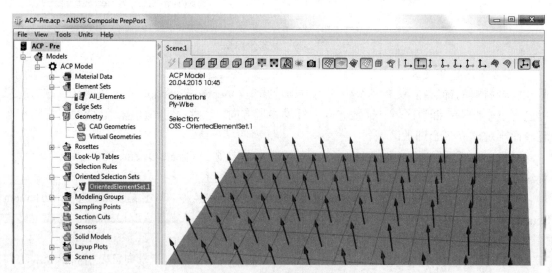

图 2-31　查看方向选择集法向

（6）单击工具栏中的 按钮，打开方向选择集的参考方向显示。查看方向选择集的参考方向。如图 2-32 所示。

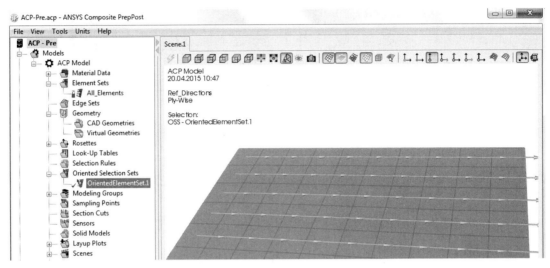

图 2-32　查看方向选择集的参考方向

8. 铺层定义

接下来定义实际产品的铺层信息。

（1）首先定义铺层组。单击特征树 Modeling Groups 节点，右击选择 Create Modeling Group，新建 3 个铺层组 Ply Group。名称分别为 sandwich_bottom，sandwich_core，sandwich_top。如图 2-33 所示。

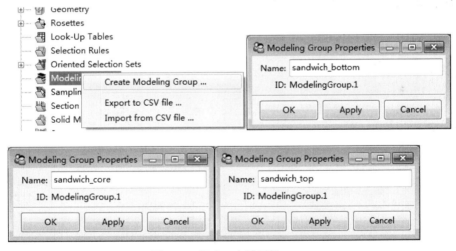

图 2-33　新建 3 个铺层组

（2）在 Modeling Ply Groups 的铺层组 sandwich_bottom 中新建第 1 个 Ply，并设置铺层信息。铺层包含 4 个基本要素：方向选择集、铺层材料、铺层角度、铺敷层数。如图 2-34 所示。

（3）在 Modeling Ply Groups 的铺层组 sandwich_core 中新建第 2 个 Ply，并设置铺层信息。如图 2-35 所示。

（4）在 Modeling Ply Groups 的铺层组 sandwich_top 中新建第 3 个 Ply，并设置铺层信息。如图 2-36 所示。

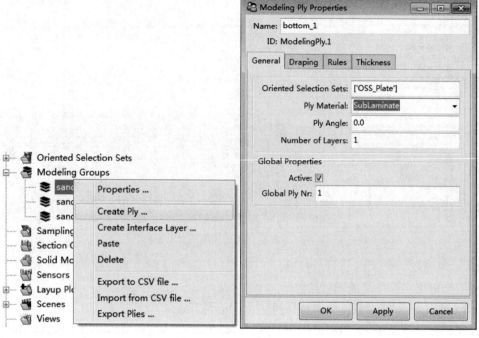

图 2-34　新建第 1 个 Ply

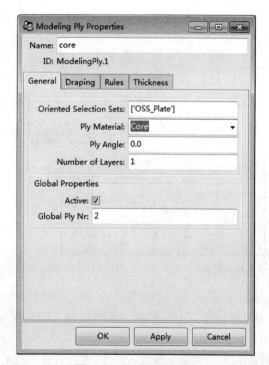

图 2-35　新建第 2 个 Ply

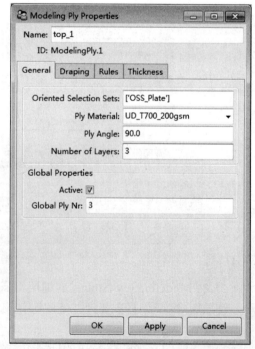

图 2-36　新建第 3 个 Ply

（5）铺层定义完成。更新模型，如图 2-37 所示。特征树中 ACP 模块定义的铺层包含 3 个层次：建模层 Modeling Plies、产品层 Production Plies 和分析层 Analysis Plies。建模层用于 ACP 模块定义铺敷材料、方向选择集；产品层描述了产品的制造信息；分析层用于有限元计算和后处理评价。

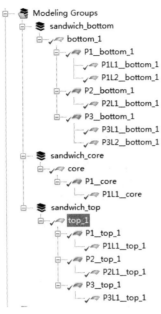

图 2-37　更新模型

（6）单击工具栏中的 按钮，打开纤维方向显示，查看铺层方向，如图 2-38 所示。

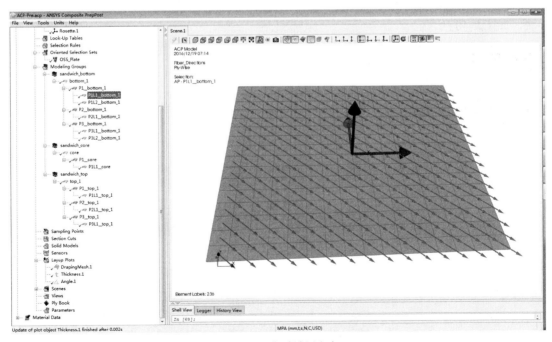

图 2-38　查看铺层方向

> **注意** 可以同时查看多个方向，例如同时打开 和 按钮，可以同时查看纤维参考方向和铺敷方向。

（7）另外也可以通过在特征树 Layup Plots 的子节点 Angle.1，右击选择 Show 命令来打开纤维方向的云图显示，用来辅助查看铺层方向，如图 2-39 所示。

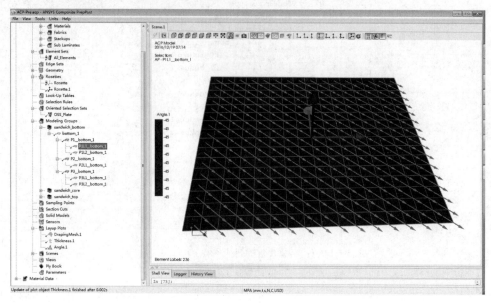

图 2-39 打开纤维方向的云图显示

9. 载荷、边界条件及求解

关闭并更新 ACP（Pre）模块，双击 Static Structural 流程的 Model，进入 ANSYS Mechanical 模块，如图 2-40 所示。

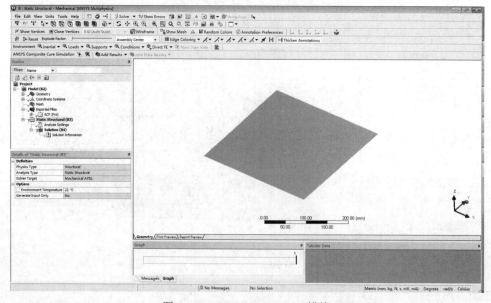

图 2-40 ANSYS Mechanical 模块

(1) 定义矩形板四边固定约束，如图 2-41 所示。

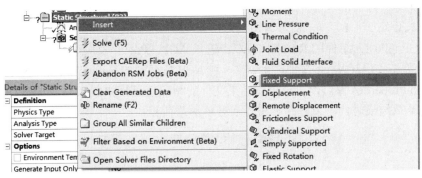

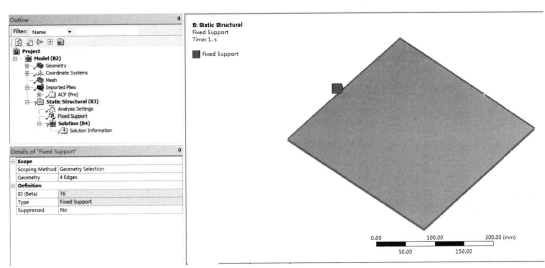

图 2-41　定义矩形板四边固定约束

(2) 定义矩形板表面 0.1MPa 压力载荷，如图 2-42 所示。

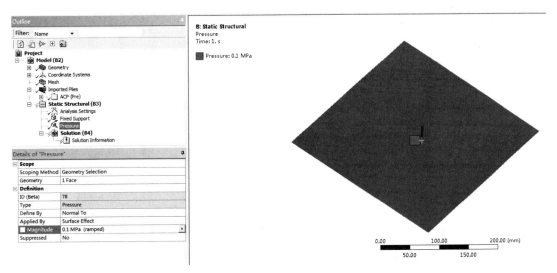

图 2-42　定义矩形板表面 0.1MPa 压力载荷

（3）关闭 ANSYS Mechanical 模块。在 Workbench 项目页更新 Static Structural 组件的 Results，完成静力分析的求解。

10. 结果后处理（1）——变形云图

更新 ACP（Post）组件的 Result，并双击进入 ACP（Post）模块。

（1）计算结果已经从 .rst 文件，自动导入到 ACP 特征树的 Solution 节点。双击 Solution 1，弹出 Solution Properties 窗口，可以查看结果文件的相应信息，如图 2-43 所示。注意：当有多个载荷步的计算结果时，可以指定要进行后处理的载荷步。

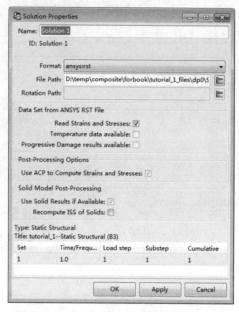

图 2-43 Solution Properties 窗口

（2）新建变形云图。右击 Solution 1 节点，选择 Create Deformation 命令，定义云图细节信息。如图 2-44 所示。

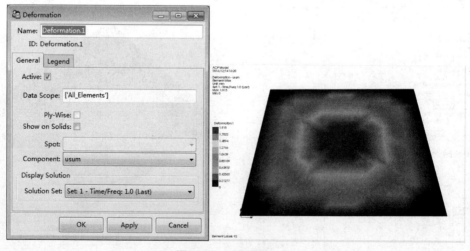

图 2-44 新建变形云图

(3)改变云图显示比例。单击工具栏中的 按钮,弹出 Deformed Shape Plotting 窗口,设置变形云图的显示比例,如图 2-45 所示。

图 2-45　设置变形云图的显示比例

(4)改变单元边和面的显示。单击 和 按钮。

11. 结果后处理(2)——全局失效云图

新建根据组合失效准则显示的复合材料结构全局失效云图。注意:材料的许用应力已经在 Engineering Data 模块中进行定义。

(1)在特征树的 Definitions 节点右击选择 Create Failure Criteria 命令。弹出 Failure Criteria Definition 窗口,按图 2-46 进行设置,并单击 OK 按钮确定。

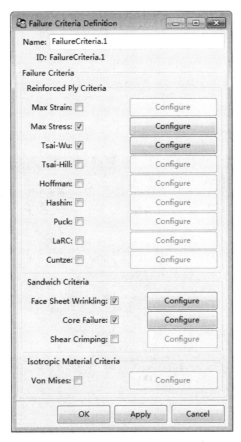

图 2-46　Failure Criteria Definition 窗口

(2)在特征树的 Solution 1 节点右击选择 Create Failure 命令。弹出 Failure 窗口,按图 2-47 进行设置,并单击 OK 按钮确定。

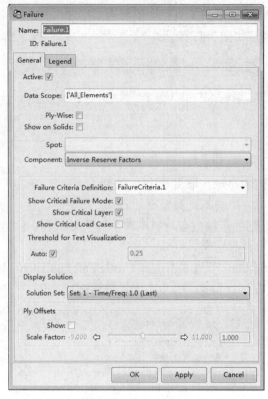

图 2-47 Failure 窗口

（3）将云图显示比例设置为 1.0。更新模型，查看全局失效云图，如图 2-48 所示。

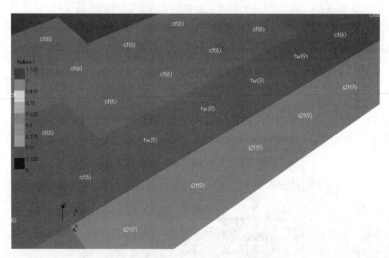

图 2-48 全局失效云图

全局失效云图给出了最大 IRF，考虑了模型中所有铺层、所有选择的失效准则和所有积分点的计算结果。云图中的文中给出了每一个单元区域的关键层和关键失效模式。

12. 结果后处理（3）——细节计算结果

采用 Sampling Points 和 Ply-wise Plot 结合，用于研究模型细节处计算结果。

（1）在特征树 Sampling Points 节点右击选择 Creating Sampling Point 命令。弹出 Sampling Point Properties 窗口，如图 2-49 所示。选择感兴趣的单元，完成 Sampling Point 的定义。

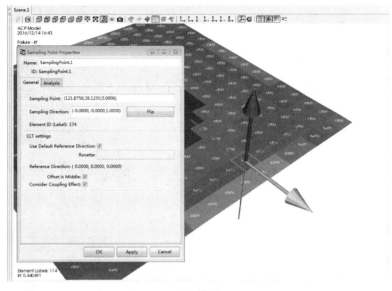

图 2-49　Sampling Point Properties 窗口

（2）在特征树的 Solution 1 节点右击选择 Create Stress 命令。弹出 Stress 窗口，按图 2-50 进行设置，并单击 OK 按钮确定。

图 2-50　Stress 窗口

（3）在特征树的 SamplingPoint.1 下选择某一铺层，查看该层的计算结果，如图 2-51 所示。

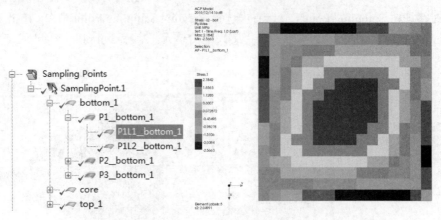

图 2-51 查看计算结果

（4）通过查看 Sampling Point 的 Analysis 选项卡，设置并查看内应力沿厚度方向的变化结果，如图 2-52 所示。

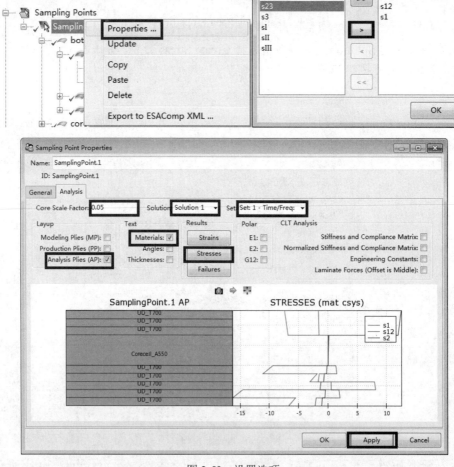

图 2-52 设置选项

13. 使用 Excel 快速编辑铺层表

Excel 铺层表编辑在工程项目中的应用主要有两个：一是当复合材料零件铺层数量多，且存在铺层的渐变、铺层区域改变的情况下，快速定义和更改铺层；二是不同的设计使用同一铺层表（需要说明的是，新的设计必须具有铺层文件中使用的 Oriented Selection Sets 和 Material Data 定义）。

Excel 铺层表编辑的建议步骤如下：

（1）右击特征树的 Modeling Groups 节点，选择 Export to CSV file 命令，指定文件名，导出铺层表用 Excel 打开，如图 2-53 所示。注意：也可以在 Modeling Groups 的下一级节点右击输出局部铺层表。

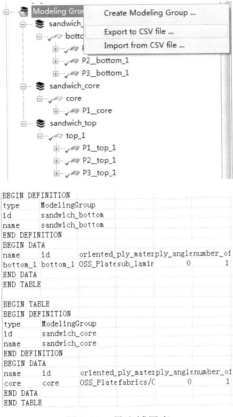

图 2-53 导出铺层表

（2）使用 Excel 编辑铺层表。

（3）右击特征树的 Modeling Groups 节点，选择 Import from CSV file 命令，选择包含铺层表的 csv 文件，导入铺层表即可。注意：也可以在 Modeling Groups 的下一级节点右击导入局部铺层表。

14. ACP 模块的单位制

（1）ACP 模块的单位制默认采用 CAD 模型的单位制。

（2）ACP 模块中的单位可以通过项目页中 Model 节点的输出单位来改变，如图 2-54 所示。注意：Model 属性窗口通过选择项目页下拉菜单 View 的 Properties 命令显示或隐藏。

（3）通过 ACP 模块 Units 下拉菜单切换当前模型的单位制。

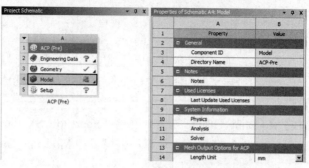

图 2-54 项目页设置 ACP 模块单位制

2.5.2 练习 2

1. 简介

练习 2 在练习 1 的基础上进行，目标是熟悉 ACP 模块高级功能。具体包括：修改网格和铺层；Edge Sets 和 Tube Selection Rule 定义局部加强；芯材渐变；Cut-Off Selection Rule 在芯材定义中的应用；实体单元模型的生成。

2. 修改网格和铺层

练习 1 的计算发现复合材料层合板的关键失效模式是包含 3 层单向带的顶层面板的基体失效。接下来的目标是通过优化铺层来增加复合材料层合板的强度。

（1）首先，打开存档文件 tutorial_2.wbpz，在项目页双击 ACP（Pre）流程的 Model 进入 Mechanical 界面。

（2）将以（-150,-150,0）为起点的两条边定义为 Named Selection，命名为 taper_2_edges，如图 2-55 所示。

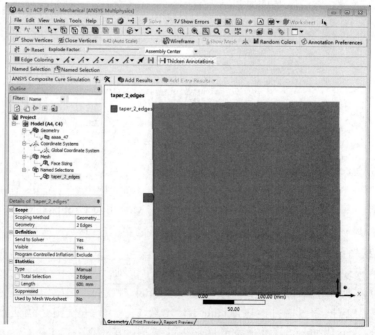

图 2-55 新建包含两条边的命名选择

（3）更改特征树 Meshing 的子节点 Face Sizing，定义层合板表面单元尺寸为 10mm，如图 2-56 所示。

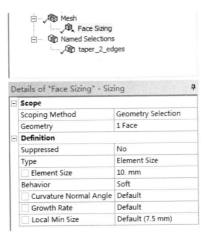

图 2-56　定义层合板表面单元尺寸

（4）在项目页更新 ACP（Pre）流程的 Setup 节点，双击 Setup 进入 ACP（Pre）界面。

（5）双击编辑 Modeling Groups→sandwich_top→top_1 命令。将上表面铺层设置成角度为 0°的单层 SubLaminate，如图 2-57 所示。

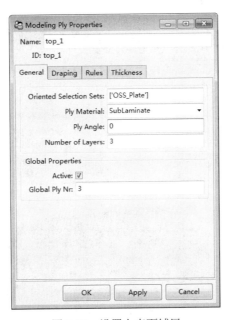

图 2-57　设置上表面铺层

3. Edge Sets 和 Tube Selection Rule 定义局部加强

通过使用 Selection Rules 选择规则，实现在层合板四边 30mm 范围内铺敷单向带来加强层合板。

（1）新建 Edge Set。在特征树的 Edge Sets 节点右击选择 Creating Edge Set 命令，将所有边定义为一个 Edge Set，命名为 all_edges，如图 2-58 所示。

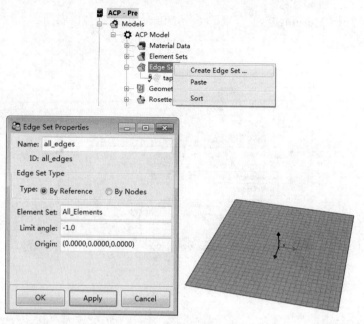

图 2-58 新建 Edge Set

（2）新建 Tube Selection Rule。在特征树的 Selection Rules 节点右击选择 Create Tube Selection Rule 命令，新建名称为 TubeSelectionRule.1 的选择规则，如图 2-59 所示。

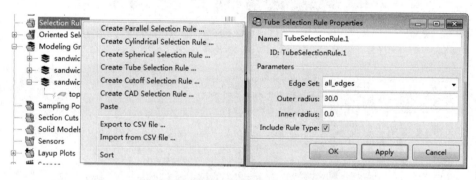

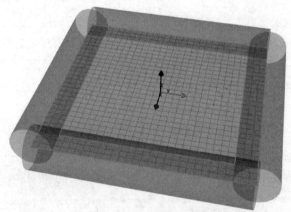

图 2-59 新建选择规则

（3）在特征树 Modeling Groups 的 sandwich_top 节点，右击选择 Create Ply 命令新建 1 层增强铺层。铺敷材料为 UD_T700_200gsm，铺敷区域为 TubeSelectionRule.1 规则定义的四边 30mm 半径范围内。更新模型，可以查看铺敷区域，如图 2-60 所示。

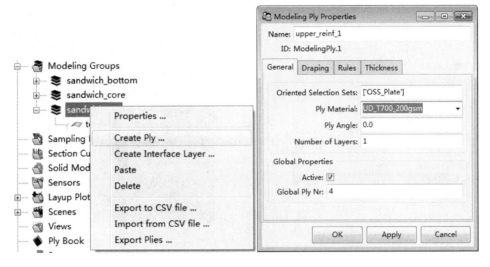

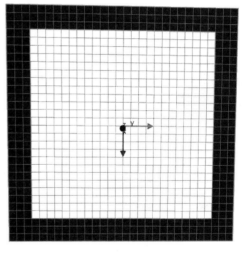

图 2-60　新建增强铺层

（4）在特征树 Layup Plots 的 Thickness.1 节点，右击选择 Show 命令，场景窗口将显示层合板各个区域的厚度，如图 2-61 所示。

4. 芯材厚度渐变

通过 Taper Edges 功能，实现芯材厚度的 10°渐变。选择 Modeling Groups→sandwich_core →Core 命令，编辑铺层 Core 的属性。选择 Thickness 选项卡，设置 taper_2_edges 作为渐变边，渐变角度设置为 10°。更新模型，查看层合板各个区域厚度，如图 2-62 所示。

5. Cut-Off Selection Rule 在芯材定义中应用

通过导入外部几何模型文件来定义芯材厚度。

（1）项目页添加独立的 Geometry 流程，导入几何模型文件 Core_limit.stp（在练习目录下），建立 Geometry 和 ACP（Pre）的连接，如图 2-63 所示。

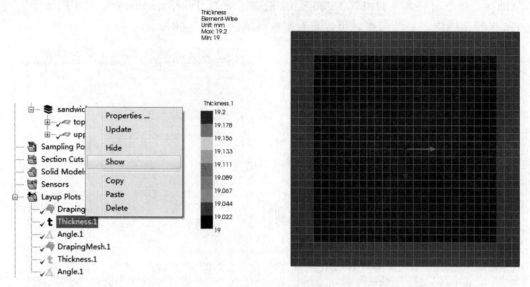

图 2-61　显示层合板各区域厚度

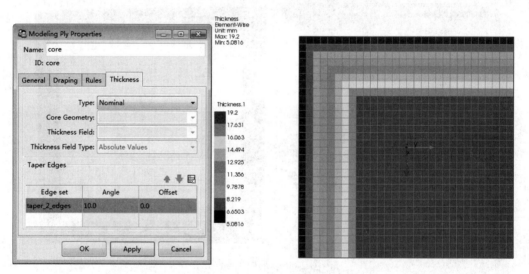

图 2-62　设置厚度渐变

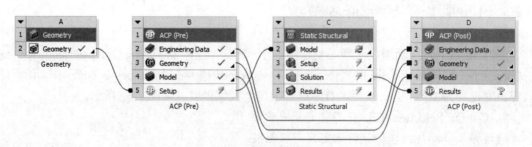

图 2-63　建立连接

（2）在特征树 Geometry 的 CAD Geometries 节点下，查看已经导入的几何模型，如图 2-64 所示。

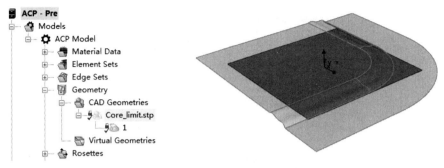

图 2-64　查看已导入的几何模型

（3）在特征树 Geometry→CAD Geometries→Core_limit.stp→1 下，右击选择 Create Virtual Geometry 命令，如图 2-65 所示。

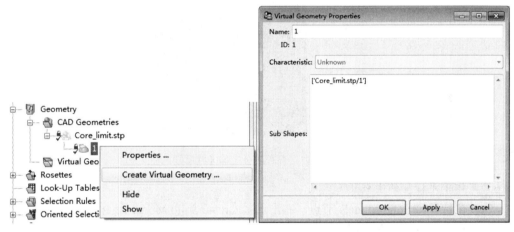

图 2-65　选择 Create Virtual Geometry 命令

（4）新建规则 Cut-off Selection Rule。在特征树 Selection Rules 节点右击选择 Create Cutoff Selection Rule 命令，新建名称为 CoreLimitRule 的规则，如图 2-66 所示。

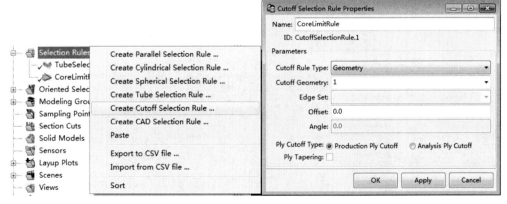

图 2-66　新建规则

选择 Modeling Groups→sandwich_core→Core 命令，编辑铺层 Core 的属性。选择 Rules 选项卡，设置 CutoffSelectionRule。更新模型，查看层合板各个区域厚度，如图 2-67 所示。

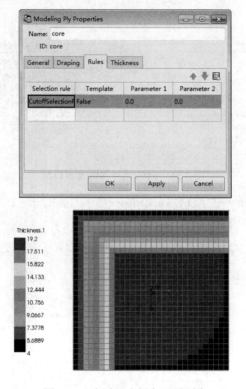

图 2-67　查看层合板各区域厚度

6. 实体单元模型的生成

（1）在特征树 Solid Models 节点，右击选择 Create Solid Model 命令，定义实体单元生成选项，并查看 Drop-Offs 和 Export 选项卡设置，如图 2-68 所示。

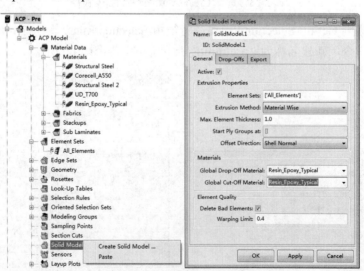

图 2-68　定义实体单元生成选项

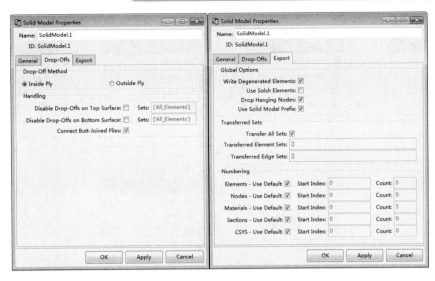

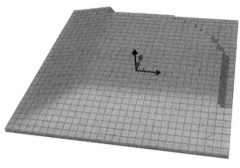

图 2-68 定义实体单元生成选项（续图）

（2）在项目页新建 Static Structural 流程，连接 ACP（Pre）的 Setup 和新建 Static Structural 流程的 Model，选择 Transfer Solid Composite Data 命令，如图 2-69 所示。

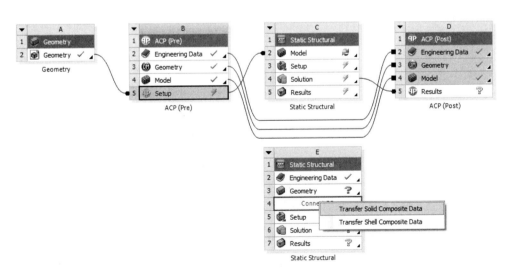

图 2-69 流程连接

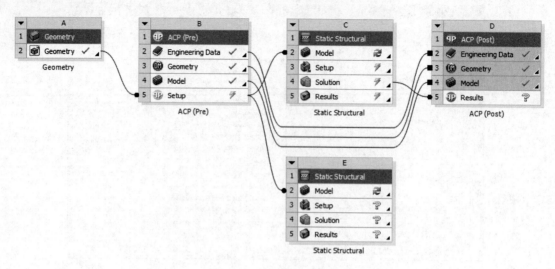

图 2-69 流程连接（续图）

（3）新建 ACP（Post）流程，与 ACP（Pre）的流程 B 共享 B2 到 B4 数据，如图 2-70 所示。

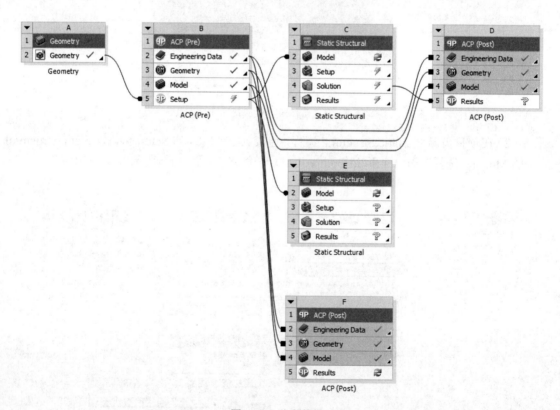

图 2-70 共享数据

（4）连接 Static Structural 流程 E 的 Solution 节点到 ACP（Post）流程 F 的 Results，如图 2-71 所示。

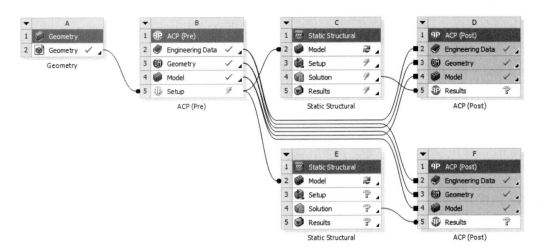

图 2-71 连接节点

实体单元模型生成之后,可以对其进行载荷施加并求解。实体单元模型的计算结果同样在 ACP(Post)模块进行后处理。

3 用户手册

这一章是对 ACP 模块用户手册的翻译整理。包含三部分：软件详细功能，介绍程序特征树中各个节点的详细功能及应用场景；后处理，介绍程序后处理的命名规范及设置方式；第三方软件数据交互，包括 HDF5（Fibersim 数据交互）、Mechanical APDL、Excel、CSV、ESAComp、LS-Dyna 和 BECAS。

3.1 详细功能

3.1.1 模型 Model

特征树中节点 ACP Model 的右键菜单在 Workbench 界面和独立运行界面时是不同的，如图 3-1 所示。

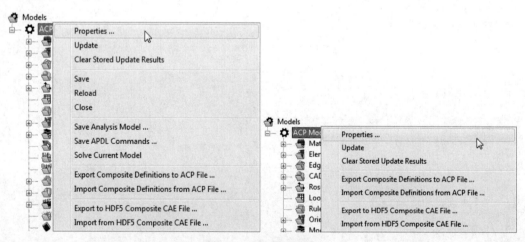

图 3-1 右键菜单对比

- Properties：显示 Model Properties 窗口，其中包含模型、输入文件、容差、单位制等信息。

- Update：更新整个模型。
- Clear Stored Update Results：清空前一次更新的结果。
- Export Composite Definitions to ACP File：输出铺层定义信息到 acp 文件。
- Import Composite Definitions from ACP File：由其他 acp 文件导入铺层定义信息。
- Export to HDF5 Composite CAE File：输出带铺层信息的网格到.HDF5 文件。
- Import to HDF5 Composite CAE File 由.HDF5 文件导入带铺层信息的网格。

独立运行界面中：Save 用于保存选择的模型；Reload 用于重新读取输入文件到 acp 模型文件，即恢复到上一次保存状态；Close 用于关闭选择的模型；Save Analysis Model 用于输出包含铺层信息的 ANSYS 输入文件；Solve Current Model 用于提交包含铺层信息的 ANSYS 输入文件给求解器。

1. 模型属性通用选项卡

ACP 模块的模型属性窗口在独立运行界面和 Workbench 界面分别如图 3-2 和图 3-3 所示。主要信息包含：ACP 模型文件路径、模型单位制、模型的总体尺寸和有限元模型信息。

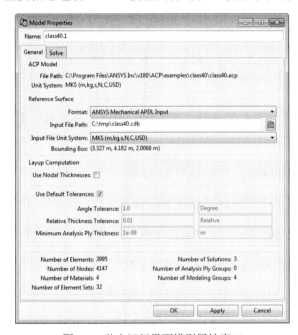

图 3-2 独立运行界面模型属性窗口

图 3-3 Workbench 界面模型属性窗口

在 Workbench 界面中，模型以 HDF 格式文件输入到 ACP 模块，单位制是不能改变的。

在 ACP 独立运行界面，可以导入.DAT（Workbench 生成的）、.INP 或.CDB（Mechanical APDL 界面使用 CDWRITE 命令生成）三种格式的输入文件。如果输入文件未指定单位制，那么需要在导入的时候指定。

在 ACP 独立运行界面，导入或导出.HDF 格式文件时，必须指定单位制。

2. 模型属性求解选项卡

ACP 独立运行模式下，模型属性的第二个选项卡是求解选项卡 Solve。该选项卡用于定义求解的模型文件路径，以及求解器计算路径。求解器的求解状态信息及输出文件信息也在该窗口中进行反馈，如图 3-4 所示。

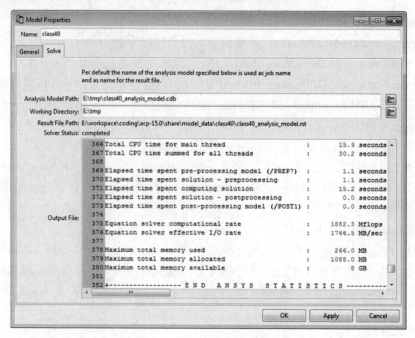

图 3-4　模型属性求解选项卡

3. 模型属性材料场选项卡

在 Workbench 界面下，可以通过模型属性的第二个选项卡 Material Field 来激活材料场选项，如图 3-5 所示。材料场文件通过速查表定义。

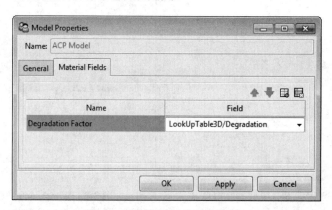

图 3-5　模型属性材料场选项卡

3.1.2　材料数据

ACP 模块将材料分为四类：Material、Fabric、Stackup 和 Sub Laminate。Material 是 ACP 模块的材料属性库。Fabrics 类是将 Materials 与给定厚度的铺层关联。Stackup 类是将 Fabric 组合成织物，例如[0 45 90]的组合。Sub Laminate 类用于将 Fabrics 和 Stackups 组合成常用的层合板。

Material 属性窗口如图 3-6 所示。其中包括：材料名称 Name；材料密度 ρ；铺层类型 Ply Type，包括单向带 Regular、织物 Woven、各向同性均匀芯材 Homogeneous Core、各向异性均匀芯材 Honeycomb Core 和各向同性均匀芯材 Isotropic Material。ACP 会根据选择的铺层类型自动进行材料属性调整。

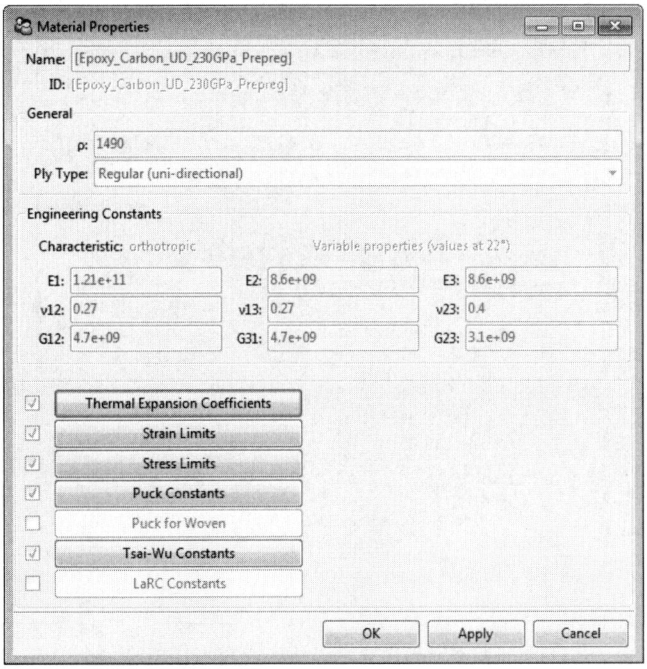

图 3-6　Material 属性窗口

Fabrics 属性窗口如图 3-7 所示。General 选项卡定义材料类型、铺层厚度、单位面积价格、单位面积质量、是否对其进行后处理。Draping Coefficients 选项卡只有在方向选择集 OSS 和铺层定义 Modeling Ply 中激活 Draping 模拟时，才起作用。Analysis 选项卡中根据经典层合板理论计算极坐标系下的属性值，并以图片的形式展示，还可以输出到.csv 文件。Solid Model Opt 选项卡用于指定存在 Drop-Off 和 Cut-Off 时生成实体单元的控制方法。

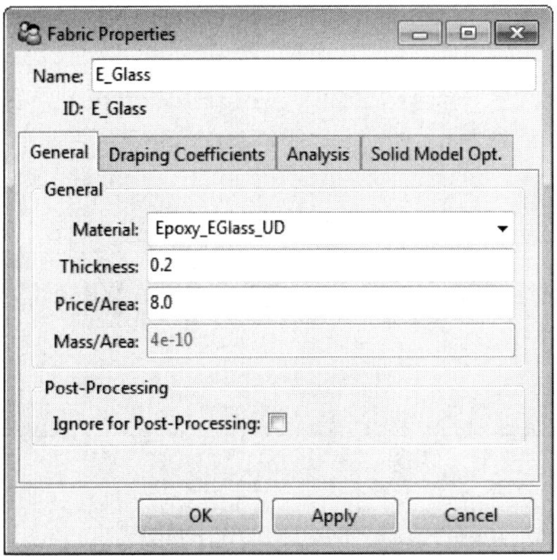

图 3-7　Fabric 属性窗口

Stackup 属性窗口如图 3-8 所示。

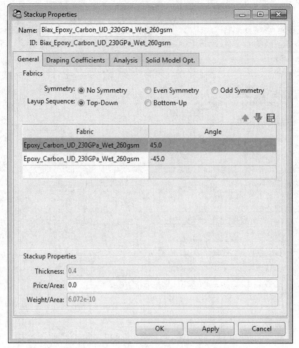

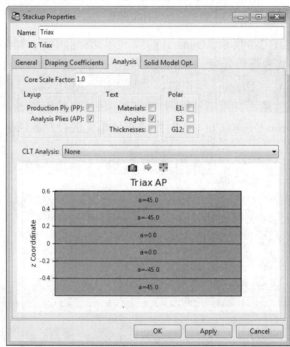

图 3-8　Stackup 属性窗口

Stackup 是包含铺敷顺序的非褶皱织物。从产品的角度看可以看成一层，从分析角度看包含多层。组成 Stackup 的每一个铺层必须包含 Fabric 和方向角。铺敷顺序有两个选项，即由上到下 Top-Down、由下到上 Bottom-Up。例如选择 Top-Down 选项时，上图下拉列表中的第一个铺层首先被铺敷到模具表面。在 Analysis 选项卡中，可以查看铺敷顺序，根据经典层合板理论，计算 Stackup 的刚度、柔度矩阵、正则化刚度、柔度矩阵，以及层合板工程常数，如图 3-9 所示。在定义 Stackup 时，还可以使利用对称性，提高效率。

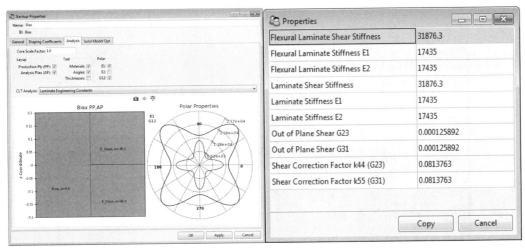

图 3-9　Analysis 选项卡

Sub Laminate 属性窗口如图 3-10 所示，其由 Fabric 和 Stackup 按照一定的角度和顺序组成，用于后续产品铺层定义，提高效率。

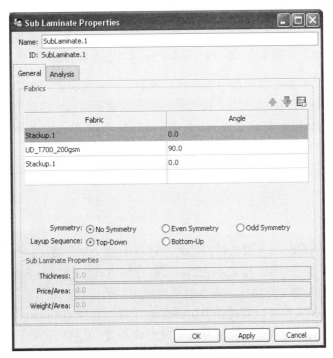

图 3-10　Sub Laminate 属性窗口

3.1.3　单元和节点集

ACP 模块通过单元集 Element Set 和节点集 Edge Set 对复合材料结构有限元模型进行控制，是铺层定义的基础，如图 3-11 所示。ACP 模块自动导入 Mechanical 界面定义的 Named Selections、Mechanical APDL 界面定义的 Components 定义单元集和节点集，导入的名字不变，与原模块相同。

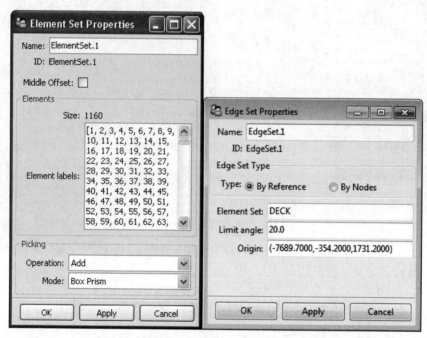

图 3-11　单元集 Element Set 和节点集 Edge Set

ACP 模块的单元集也可以通过手工选择具体的单元来定义。这类单元集与单元编号相关联，如果在原始模型进行网格重划分，那么单元集需要重新定义。通过单元集的右键菜单可以实现属性查看、更新、显示/隐藏、复制、粘贴、删除、输出单元集边界到 step/iges 文件、单元集分割。

ACP 模块的节点集也可以通过手工选择具体的节点，或者通过参考已定义的单元集来定义。

3.1.4　几何 Geometry

ACP 模块的 Geometry 用于复合材料前处理过程中定义复杂铺层。典型应用是：通过导入的几何文件定义变厚度芯材层；与 Cut-off Rules 联合使用，通过 CAD 表面模型控制铺敷区域；作为实体单元模型生成的拉伸向导、对齐的基准和切割的工具。

ACP 模块的 CAD 文件可以通过在 Workbench 项目页新建 Geometry 工作流与 ACP（Pre）工作流的连接，或者直接导入 iges/step 格式的文件来新建。CAD 几何可以是表面、三维实体、装配体。ACP 模块 Geometry 子节点 Virtual Geometries 用于导入 CAD 模型的组织，如图 3-12 所示。后续基于几何模型应用都是采用 Virtual Geometries，而不是导入的 CAD Geometries。

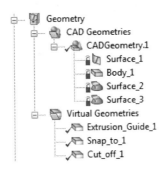

图 3-12　Geometry 的子节点

ACP 模块直接导入 CAD 几何的界面如图 3-13 所示。可以指定导入对象的名称、外部路径、缩放因子、透明度等。

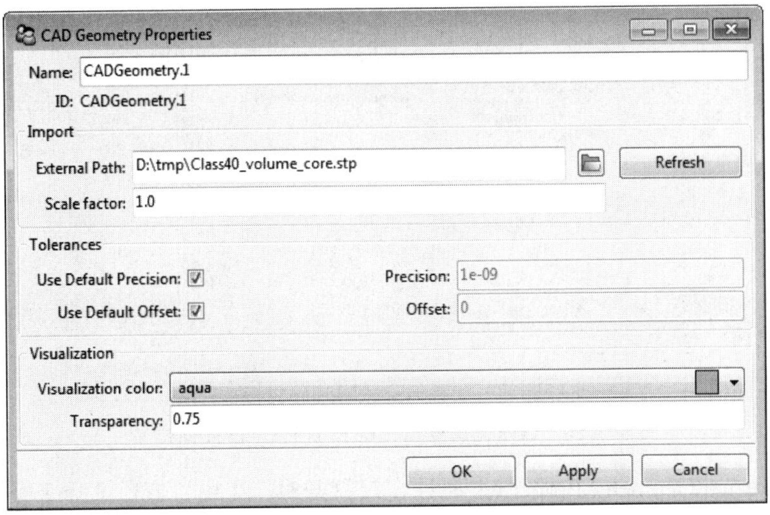

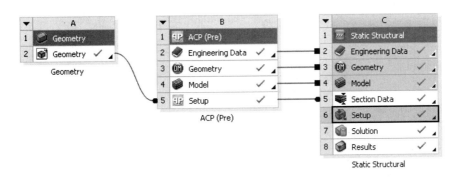

图 3-13　直接导入 CAD 几何的界面

ACP 模块通过 Workbench 项目页导入 CAD 几何的界面如图 3-14 所示。相比于直接导入 CAD 模型，采用这种方式导入的 CAD 模型的优势是：单位自动转换到 ACP 模块的单位制；当 CAD 模型在 DesignModeler 或者 SpaceClaim 模块更新后，ACP 模块可以自动更新。

图 3-14　通过 Workbench 项目页导入 CAD 几何的界面

Virtual Geometries 的定义有三种方式：

（1）直接单击 CAD 模型的右键菜单，选择 Create new Virtual Geometry 命令进行新建，如图 3-15 所示。

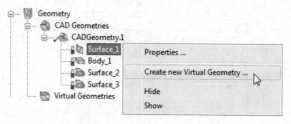

图 3-15　通过右键菜单定义

（2）在 Virtual Geometry Properties 属性窗口打开时，在特征树中选择多个 CAD 模型，如图 3-16 所示。

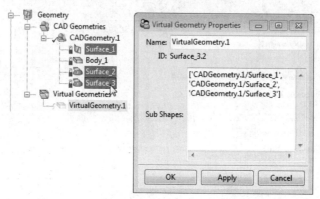

图 3-16　通过在属性窗口选择多个 CAD 模型定义

（3）在 Virtual Geometry Properties 属性窗口打开时，在场景窗口选择多个面，进行定义，如图 3-17 所示。

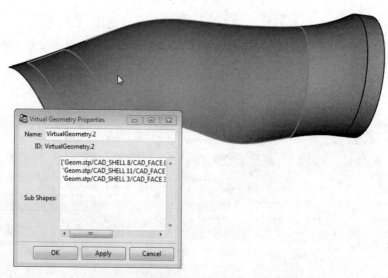

图 3-17　通过在属性窗口选择多个面定义

3.1.5 坐标系 Rosettes

ACP 模块中坐标系用于定义方向选择集的参考方向。Mechanical 模块定义的坐标系自动导入到 ACP 模块。ACP 模块中还可以手动定义新的坐标系。

ACP 模块中的坐标系包含 5 种：平行坐标系（Parallel）、径向坐标系（Radial）、圆柱坐标系（Cylindrical）、球坐标系（Spherical）和随边坐标系（Edge Wise）。如图 3-18 所示。

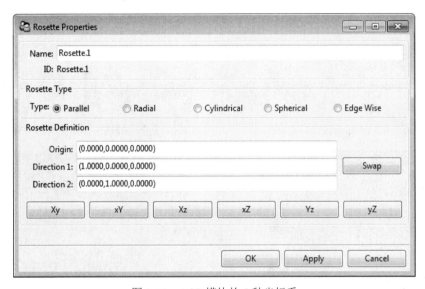

图 3-18　ACP 模块的 5 种坐标系

坐标系的定义包含原点（Origin）和两个方向向量（Direction）。原点坐标通过选择单元、节点或者输入坐标值三种方式定义。选择单元时，原点坐标使用该单元的中心点坐标。方向向量的定义可以通过以下方式实现：选择某一个单元，此时，单元的法向作为方向向量；选择一个单元之后，按住 Ctrl 键的同时选择一个单元，那么这两个单元中心的连线方向确定了一个方向向量；直接输入方向向量。

在方向选择集（OSS）定义过程中，可以选择多个坐标系。方向选择集的 Selection Method 控制坐标系起作用的方式。具体某一个单元的参考方向通过坐标系到该单元的投影来确定。不同的坐标系类型都可以确定单元的参考方向，如图 3-19 所示。

- 平行坐标系类似于笛卡尔坐标系，其 X 轴作为单元集的参考方向。
- 径向坐标系的径向定义 OSS 的参考方向。OSS 中每一个单元的参考方向通过坐标系原点到该单元中心的向量来确定。
- 圆柱坐标系的周向定义 OSS 的参考方向。OSS 中每一个单元的参考方向由单元中心点、按照右手定则确定切向向量来确定。
- 采用球坐标系定义参考方向的 OSS 中，每一个单元的参考方向由该单元中心，绕球坐标系 Z 轴的切向向量确定。
- 随边坐标系的定义需要通过节点集来实现。参考方向通过坐标系的 X 方向和节点集路径的投影确定。OSS 中每一个单元的参考方向通过距离该单元中心最近的边的方向来确定。

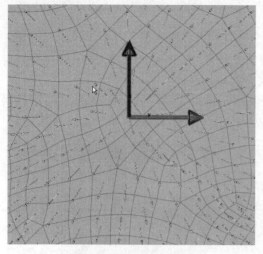
采用径向坐标系定义的 OSS

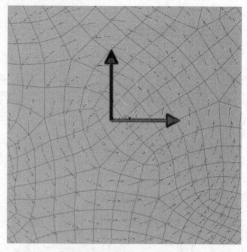
采用圆柱坐标系定义的 OSS

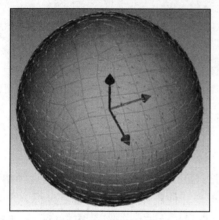
采用球坐标系定义的 OSS

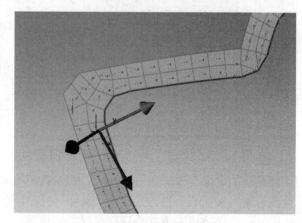
采用随边坐标系定义的 OSS

图 3-19　不同坐标系定义的 OSS

3.1.6　速查表 Look-up

ACP 模块中速查表用于通过表格定义铺层厚度、铺层角度和方向选择集的参考方向等。速查表有一维线性插值（1-D）和三维空间插值（3-D）两种，如图 3-20 所示。

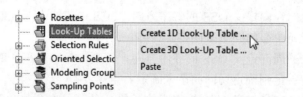

图 3-20　速查表类型

速查表至少包含一列位置信息。速查表可以通过.CSV 文件导入和导出。最方便的速查表编辑方式是，首先在 ACP 模块中定义一个简单速查表，然后导出.CSV 文件，接着在其他应用程序（如 Excel、Matlab 等）中进行编辑，最后将编辑好的文件导入 ACP 模块。如图 3-21 所示。

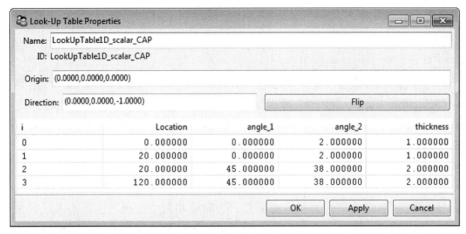

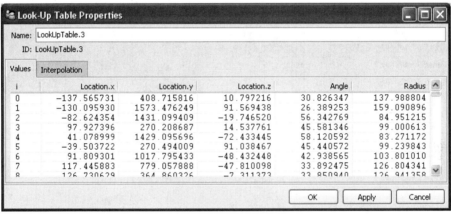

图 3-21　编辑速查表

3.1.7　选择规则 Selection Rules

选择规则用于根据几何运算选择单元，以及定义结构的局部加强（patches）或错层（staggering），如图 3-22 所示。选择规则与方向选择集和铺层组一起使用定义任意形状的铺层。铺层的最终铺敷区域是方向选择集和选择规则的交集。

图 3-22　选择规则

多个选择规则可以组合使用,此时它们按照定义的先后顺序起作用。如果不同选择规则之间没有交集,那么将选不到任何单元。

.CSV 文件可以用于新建和编辑选择规则,并在不同项目中进行共享。

选择规则包含 7 种类型:几何选择规则(Geometrical Selection Rule)、相对选择规则(Relative Selection Rule)、包含选择规则(Include Selection Rule)、管道选择规则(Tube Selection Rule)、切割选择规则(Cut-off Selection Rule)、CAD 选择规则(CAD Selection Rule)、变量偏移选择规则(Variable Offset Selection Rule)。

(1)几何选择规则(Geometrical Selection Rule)。

几何选择规则即通过少量参数定义平行平面(Parallel)、圆柱面(Cylindrical)、球面(Spherical)等几何形状。平行平面通过原点、法向量和两个距离(由原点沿法向量的偏移距离)来定义,如图 3-23 所示。圆柱面通过原点、轴向向量和半径来定义,圆柱面高度为无穷大。球面通过球心和半径来定义。

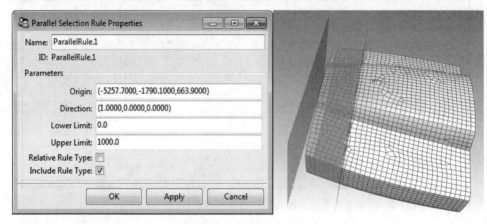

图 3-23 定义几何选择规则

(2)相对选择规则(Relative Selection Rule)。

选择规则不仅可以在绝对坐标系起作用,还可以采用相对坐标系。

(3)包含选择规则(Include Selection Rule)。

包含选择规则可以与所有几何选择规则组合使用,用于指定要选择几何规则之内或者之外的单元。例如,通过将圆柱面规则与包含选择规则组合,实现带孔铺层的定义。

(4)管道选择规则(Tube Selection Rule)。

管道选择规则是一个轴向可变的圆柱,其纵向通过节点集(Edge Set)来定义,实例如图 3-24 所示。

(5)切割选择规则(Cut-off Selection Rule)。

切割选择规则用于切割复合材料铺层。与其他选择规则的区别在于,切割选择规则用于定义铺层厚度,而不是铺敷区域。切割选择规则可以通过几何形状或锥度来定义。采用 CAD 几何形状切割铺层时,考虑铺层厚度,用 CAD 模型与铺层的交界进行切割。锥度选择规则通过模型边界(节点集)和锥角来定义。如图 3-25 所示。

切割选择规则仅对分析铺层组(Analysis Ply)和产品铺层组(Production Ply)起作用,对铺层组(Modeling Ply)不起作用。切割选择规则类似于机械加工中的铣削操作。

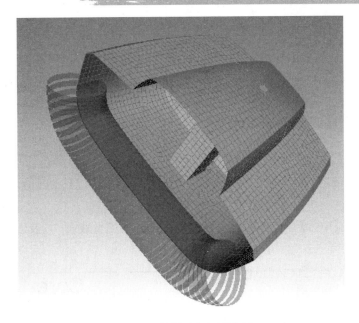

图 3-24 管道选择规则实例

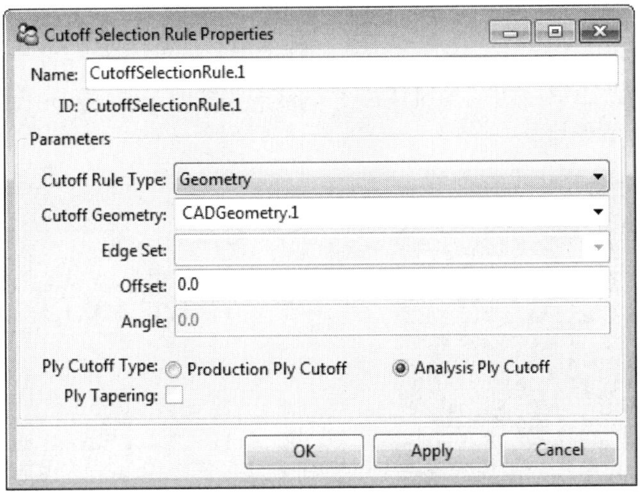

图 3-25 切割选择规则的属性定义窗口

Name 属性定义选择规则的名称；Cutoff Rule Type 定义规则的类型；Cutoff Geometry 定义规则采用的几何模型；Offset 定义 CAD/锥面偏移量，即 CAD 模型/锥面和铺层的交界面可以定义偏移量，偏移的方向通过方向选择集的法向来定义；Edge Set 定义锥面切割的节点集；Angle 定义锥面切割角度；Ply Cutoff Type 指定切割选择规则的应用范围是产品铺层还是独立的分析铺层；Ply Tapering 仅在 Ply Cutoff Type 设置为切割独立分析铺层时可用，用于切割选择规则的精度控制。

1. Geometry Cut-off Selection Rule

ACP 确定铺层中每一个单元相对于导入表面的位置。导入 CAD 表面切割铺层有两种选项：一种是遵循导入几何表面，铺层厚度渐变；另一种是将铺层厚度分成最大厚度或者零厚度，铺层组中单元不连续变化。实例如图 3-26 所示。

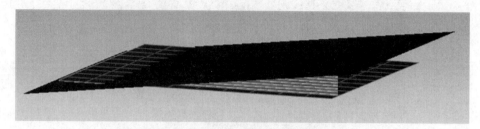

图 3-26　锥度切割激活时机翼后缘

为进一步解释这一概念，观察图 3-27 中练习 2 的铺层截面。这个练习中将几何切割选择规则应用到芯材铺层中。图中给出了用于切割规则的几何模型截面，以及用虚线表示的芯材中心线。

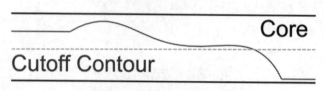

图 3-27　切割几何体的截面图

当 Ply Tapering 选项激活时，几何体切割芯材铺层，结果如图 3-28 中右侧云图；反之，结果如左侧云图。左侧云图中当切割几何体位于芯材中心线时，铺层为完整厚度；而位于芯材中心线以下时，铺层为零厚度。

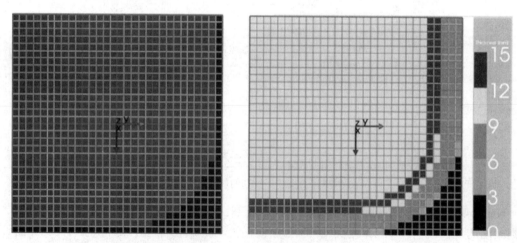

图 3-28　锥度切割选项关闭（左）和锥度切割选项打开时（右）的芯材厚度

2. Taper Cut-off Selection Rule

切割选择规则的第二种实现方式是通过定义锥面进行切割，锥面通过节点集和锥角来定义，如图 3-29 所示。采用该规则时，节点集附近的网格需要足够密，以实现良好的切割过渡。

3. 切割选择规则实例

以包含 3 层 Fabrics 的 Stackup 为例，图 3-30 至图 3-32 分别给出了不同选项时的切割效果，图中蓝色线代表分析铺层，黑色线代表网格，红色线代表最终铺层结果。

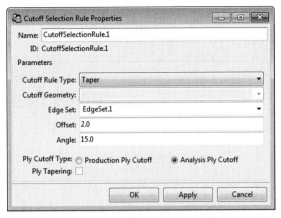

图 3-29　锥度切割选择规则的定义

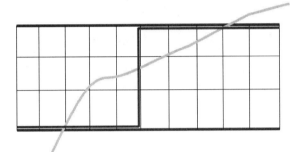

图 3-30　切割选择规则应用于产品铺层组

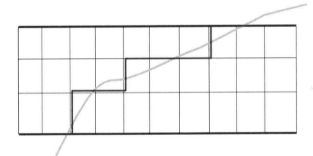

图 3-31　切割选择规则应用于分析铺层组

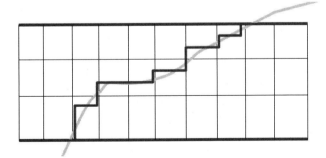

图 3-32　锥度切割选择规则打开时的分析铺层组

4. CAD 选择规则（CAD Selection Rule）

CAD 选择规则用于根据 CAD 表面或实体来定义铺层或方向选择集的范围。位于体积包络内的单元将被选择，体积包络根据 CAD 实体的尺寸或者 CAD 表面与捕获容差的组合来确定。

图 3-33 给出了采用 CAD 平面结合相对较高的正负捕获容差设置，选择出的曲面网格中的铺敷区域。

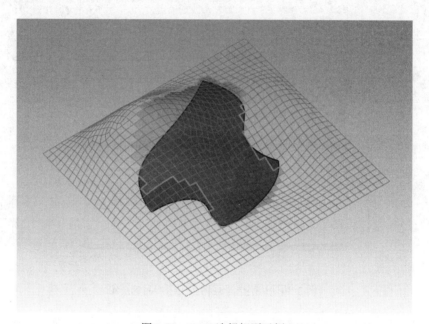

图 3-33　CAD 选择规则示例

CAD 选择规则的属性窗口如图 3-34 所示。其中：Geometry 选项用于定义用于选择的虚拟几何；捕获容差设置用于指定如何根据 CAD 表面得到体积包络，参数的示例见图 3-35。

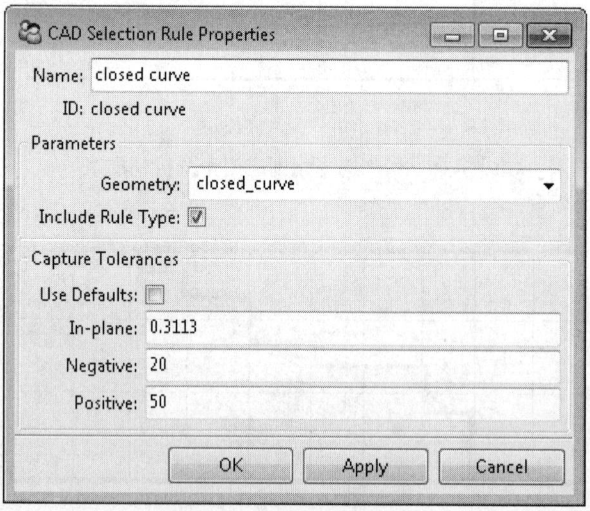

图 3-34　CAD 选择规则属性

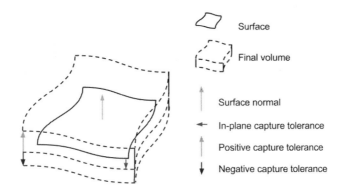

图 3-35　捕获容差示例

5. 变量偏移选择规则（Variable Offset Selection Rule）

变量偏移选择规则通过将节点集和 1-D 速查表组合，实现不同位置不同偏移量，类似于变外径的管道选择规则。示例图如图 3-36 所示。

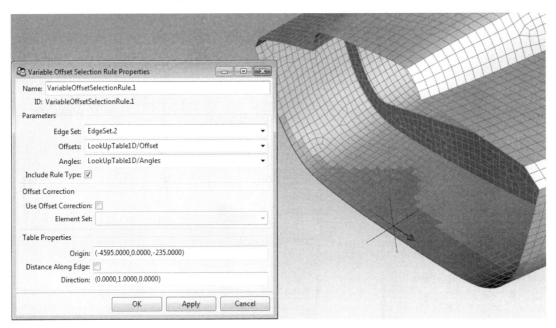

图 3-36　变量偏移选择规则示例图

3.1.8　方向选择集（OSS）

方向选择集是带有方向定义的单元集。

ACP 模块根据方向选择集来确定铺敷法向，而不考虑 ANSYS Mechanical 模块中定义的原始壳单元法向。壳单元的界面偏移由 ACP 模块写出求解器输入文件时计算得出。

方向选择集有两个必须定义的方向参数：Orientation Direction 定义了铺层的法向方向；Reference Direction 定义了铺层的 0°参考方向。其属性定义窗口如图 3-37 所示。其中：Element Sets 用于指定包含到方向选择集中的单元；Orientation Point 定义偏移方向的参考点；

Orientations Directions 定义参考点出发的法向向量，使用 Flip 按钮调整法向向量的正负方向；Reference Direction 通过 Selection Method、Rosettes 和 Reference Direction Field 三个选项定义方向选择集的 0°参考方向。Selection Method 指定了多个坐标系同时起作用时的映射算法；Rosettes 可以选择多个坐标系；Reference Direction Field 用于 3-D 速查表方式定义方向向量，仅适用于表值法。示例如图 3-38 所示。

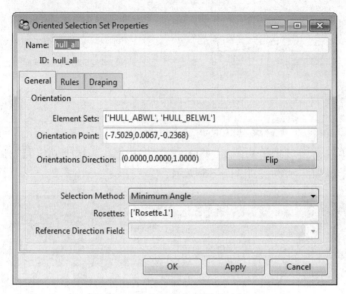

图 3-37　方向选择集属性定义窗口

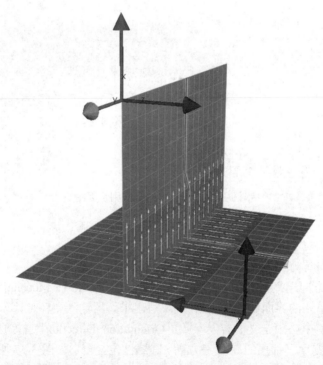

图 3-38　通过两个坐标系和最小角度选择方法定义方向选择集的参考方向

方向选择集可以和一个或多个选择规则组合使用。在 General 选项卡中定义的 Element Sets 和选择规则的交集确定方向选择集中的单元,如图 3-39 所示。

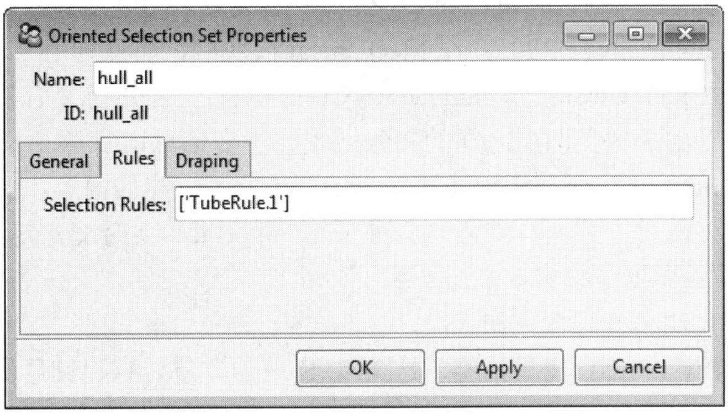

图 3-39　方向选择集的选择规则选项卡

方向选择集可以定义 Draping 设置,如图 3-40 所示,其优先级低于在 Modeling Ply 定义铺层的优先级。

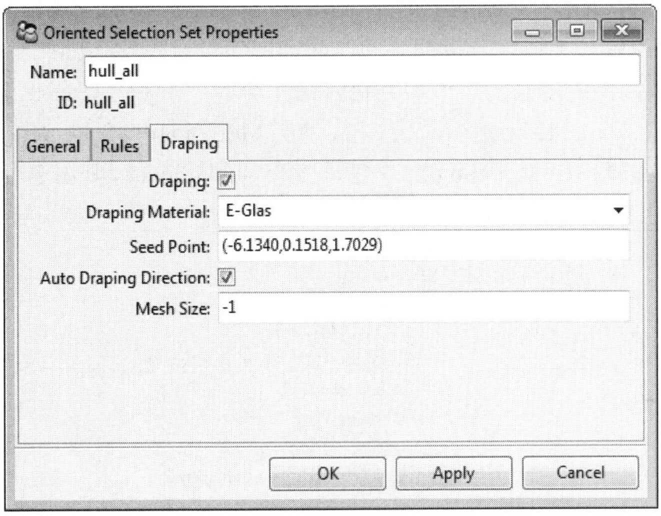

图 3-40　方向选择集的"Draping"属性定义

3.1.9　铺层组 Modeling Groups

铺层组用于定义复合材料产品的铺敷信息。在 ACP 模块中,铺层组定义的基础是方向选择集和材料(Fabric、Stackup 或 Sublaminate)。

铺层组对铺敷顺序和铺层定义没有影响,但是有助于复合材料产品的定义,组织铺层定义信息。例如,将船体、甲板和舱壁分别定义为一个铺层组,使得船的复合材料铺层定义更加清晰。

铺层组中可以像生产过程一样新建铺层,第一层也是最先铺敷的铺层。每一个铺层通过方向选择集、材料、几何选择规则、可制造性分析设置和锥度切割设置等信息定义。

铺层组也可以定义界面层，用于在 Mechanical 模块中进行复合材料实体单元模型的断裂力学分析。界面层是铺敷过程中的单独一层，用于分析预制裂纹的扩展。裂纹几何拓扑通过在 ACP 模块中定义界面层，然后在 Mechanical 模块中定义断裂力学参数来实现。界面层输出的单元类型是 INTER204 或 INTER205，在 Mechanical 模块中，可以通过 Cohesive Zone Model（CZM）或 Virtual Crack Closure Technique（VCCT）两种方法进行复合材料分层及裂纹扩展分析。界面层也可以用于定义两层之间的接触区域。更多信息请参考 ANSYS 帮助手册中的 Mechanical User's Guide> Delamination and Contact Debonding 相关内容。

铺层定义的另外两种方式是：使用 Excel Link interface 实时交互定义（参考本书）；使用.CSV 格式文件导入导出（参考本书）。

ACP 模块的铺层组节点包含三级：

- Modeling Ply（Ply）：建模铺层，是 ACP 模块建立复合材料铺层的层级，其他两层自动根据该层信息生成。
- Production Ply（PP）：产品铺层，是根据建模铺层定义中的 Material 和 Number of Layers 确定。一个 Fabric 和 Stackup 均成为一个产品铺层，而一个 Sublaminate 通常包含多个产品铺层。另外，Number of Layers 大于 1 时，也会产生多个产品铺层。
- Analysis Ply（AP）：分析铺层，是 ANSYS 求解器使用的铺层信息。一个 Fabric 成为一个分析铺层。不包含分析铺层的产品铺层中没有单元，因此对计算不产生影响。

图 3-41 给出了铺层组定义的示例，其包含由 1 个界面层和 3 个建模铺层。第一个建模铺层 ModelingPly 1 包含 1 层 Fabric。第二层建模铺层 ModelingPly 2 包含由 2 层 Fabric 组成的 1 个 Stackup。第三层建模铺层 ModelingPly 3 包含 1 个 Sublaminate，其由 3 个产品铺层（Stackup、Fabric、Stackup）组成，最终的分析铺层有 5 层。

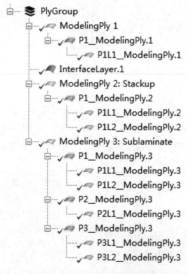

图 3-41 铺层定义特征树

 在特征树铺层选中的情况下，可以使用键盘"["和"]"快速在上下铺层直接切换。

特征树铺层组节点的右键菜单如图 3-42 所示。包含三个选项：Create Modeling Group 用于新建建模铺层；Export to CSV file 用于将所有铺层信息导出到.CSV 文件；Import from CSV file 由.CSV 文件导入铺层信息。

新建的铺层组节点的右键菜单如图 3-43 所示。包含以下选项：Properties 显示属性对话框；Create Ply 新建一个新的建模铺层；Create Interface Layer 新建一个新的界面层；Paste 由剪切板粘贴铺层到该铺层组；Delete 删除该铺层组；Export to CSV file 用于将铺层组的信息导出到.CSV 文件；Import from CSV file 由.CSV 文件导入铺层组信息；Export Plies 将铺层几何导出到.STP 或.IGES 格式文件中（参考本书）。

图 3-42　特征树铺层组节点右键菜单

图 3-43　独立铺层组右键菜单

1. 建模铺层

建模铺层属性窗口如图 3-44 所示，其中包含了以下信息：建模铺层的名称；Oriented Selection Sets 定义铺层偏移和材料参考方向；Material 定义铺层材料；Ply Angle 定义纤维相对于参考方向的角度；Number of Layers 定义铺层层数；Active 控制铺层是否输出给求解器；Global Ply Nr 定义总体铺层编号。

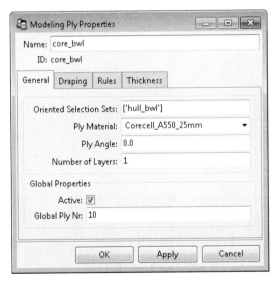

图 3-44　建模铺层属性窗口

ACP 模块可以在铺层定义过程中进行材料的可制造性分析。这一功能通过建模铺层的 Draping 选项卡控制，默认是不考虑材料可制造性分析的。有两种方式考虑可制造性分析：

Internal Draping 最终纤维方向由 ACP 模块的 Draping 算法确定；Tabular Values 最终纤维方向由速查表读入。

与方向选择集的定义类似，建模铺层也可以包含多个选择规则。方向选择集和所有激活规则的交集确定了铺层的铺敷区域。另外，选择规则的参数可以在建模铺层中重新定义，这常用于大量铺层的渐变定义，此时只需要定义一个选择规则，然后将 Template 选项设置为 True 即可，如图 3-45 所示。

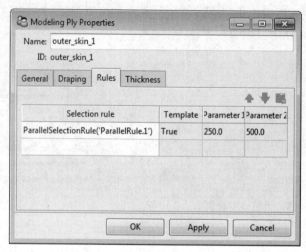

图 3-45 建模铺层规则选项卡

ACP 模块中选择规则作为模板使用时的参数列表如表 3-1 所示。

表 3-1 选择规则模板参数

Rule Type	Parameter 1	Parameter 2
Parallel Selection Rule 平行选择规则	Lower Limit 下限	Upper Limit 上限
Tube Selection Rule 管道选择规则	Outer Radius 外径	Inner Radius 内径
Cylindrical Selection Rule 圆柱选择规则	Radius 半径	—
Spherical Selection Rule 球型选择规则	Radius 半径	—
Cutoff Selection Rule 切割选择规则	—	—
CAD Selection Rule CAD 选择规则	In-plane capture tolerance	—

建模铺层属性窗口的厚度选项卡如图 3-46 所示。铺层厚度定义有三种选项：Nominal，即默认值，此时铺层厚度由 Fabric 材料厚度确定；From Geometry，铺层厚度由 CAD 几何体计

算，常用于复杂芯材铺层厚度定义，ACP 在 CAD 几何中为每个单元采样并映射厚度值，如图 3-47 所示；From Table 铺层厚度由速查表插值确定。选项卡中 Core Geometry 用于指定确定铺层厚度的 CAD 几何。选项卡中 Thickness Field 和 Thickness Field Type 在采用 From Table 方式定义铺层厚度时使用。

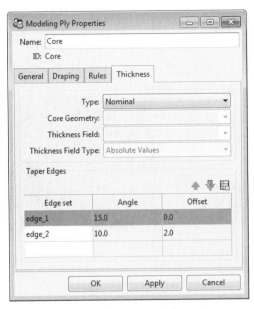

图 3-46　建模铺层厚度选项卡

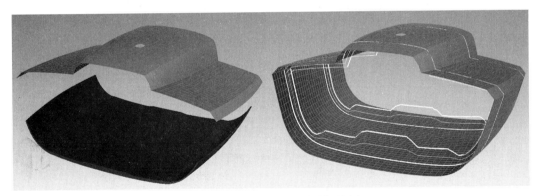

图 3-47　由 CAD 文件定义铺层厚度

建模铺层属性窗口的 Thickness 选项卡中，Taper Edges 用于给选定的节点集添加锥度过渡控制，常用于芯材铺层的边界锥度定义。Taper Edges 选项允许定义锥角和相对于边的偏移量。例如，图 3-48 右侧图给出了左侧边的 15°渐变。对于指定的边界，铺层厚度由零逐渐增加。

建模铺层的右键菜单如图 3-49 所示。包含以下功能：Properties 显示建模铺层属性窗口；Update 更新建模铺层；Active/Inactive 激活或抑制选定的铺层，被抑制的铺层将不输出给求解器；Create Ply Before 在选定的铺层前新建铺层；Create Ply After 在选定的铺层后新建铺层；Reorder 移动选定的铺层；Copy 将选定铺层复制到剪切板；Paste 将剪切板中的铺层粘贴到模型中；Paste Before 将剪切板中的铺层粘贴到选定铺层之前；Paste After 将剪切板中的铺层粘贴到选定铺层之后；Delete 删除选定铺层；Export Ply 输出铺层边界到几何文件。

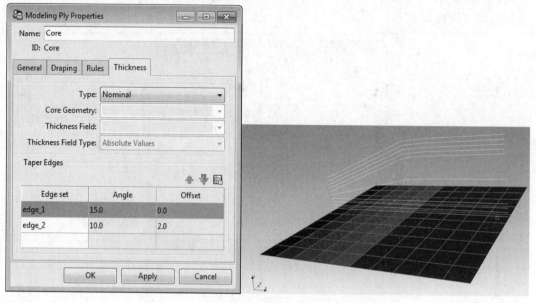

图 3-48　建模铺层锥度边选项

2. 界面层

界面层用于实体单元模型的复合材料脱胶、分层分析，壳单元复合材料模型忽略界面层。界面层的定义窗口如图 3-50 和图 3-51 所示。界面层的定义需要两个方向选择集，General 选项卡中的方向选择集定义了裂纹可能扩展区域，Open Area 定义了初始裂纹区域。

图 3-49　建模铺层右键菜单

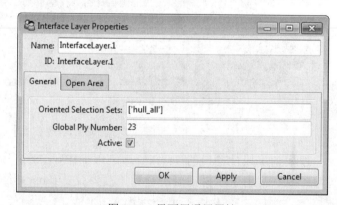

图 3-50　界面层通用属性

3. 产品铺层

产品铺层的右键菜单如图 3-52 所示。Properties 用于显示产品铺层属性窗口，该窗口仅能查看，不能编辑。当 Draping 选项激活时，Export Flat Wrap 用于输出生产过程使用的.DXF、.IGES 或.STP 文件。Export Ply 用于输出铺层。

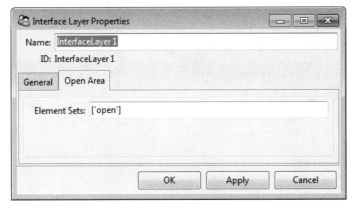

图 3-51　界面层 Open Area 选项卡

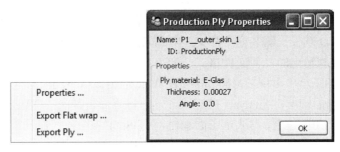

图 3-52　产品铺层属性窗口

4. 分析铺层

分析铺层的右键菜单如图 3-53 所示。Properties 用于显示分析铺层属性窗口，该窗口仅能查看，不能编辑。Export Ply 用于输出铺层。

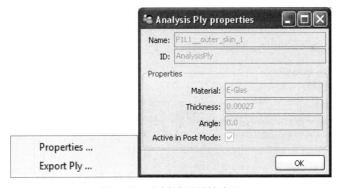

图 3-53　分析铺层属性窗口

5. CSV 文件导入/导出铺层信息

ACP 模块的 CSV 接口通过在 Excel 或 OpenOffice 软件中编辑铺层，有助于高效编辑大量铺层参数。

导出的包含铺层信息的 .CSV 文件用于给 CAD 软件反馈铺层信息、修改铺层信息。修改的铺层信息可以导入到 ACP 模块，此时有三个选项，如图 3-54 所示。其中：Update Lay-up 在读取时，更新现有铺层定义，其他铺层信息根据 CSV 数据进行生成或删除；Update

Properties Only 仅更新铺层的属性信息；Recreate Lay-up 将删除现有铺层，根据 CSV 数据新建所有铺层。

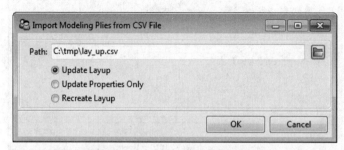

图 3-54　导入.CSV 文件中铺层信息

6. 导出铺层几何

导出铺层几何窗口如图 3-55 所示，用于导出包含铺层几何和纤维方向的 CAD 格式文件，该文件可以用于 CAD 软件检测装配干涉、CNC 编程或将纤维方向映射到模具表面。具体包含以下设置：Format 控制输出的几何文件格式（STEP 或 IGES）；Path 指定文件名和路径；Ply Level 仅在铺层组级的右键菜单中出现，Modeling Ply Wise 输出该组下的所有建模铺层，Production Ply Wise 输出每个产品铺层，Analysis Ply Wise 输出每个分析铺层；Offset type 指定铺层几何相对于方向选择集的空间位置，默认是中面输出，可以指定顶面或底面输出；Export Ply Surface 输出为壳体曲面；Export Ply Contour 输出铺层边线；Export Fiber Directions 将纤维方向输出为向量。

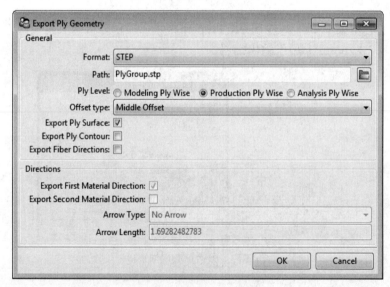

图 3-55　导出铺层几何窗口

7. Excel 实时交互

Excel 实时交互是指 ACP 模块可以与 Excel 通过推送和取回功能实时交互铺层信息，用于使用 Excel 定义、修改和保存铺层定义信息。所有铺层信息或指定的铺层组信息在 ACP 模块和 Excel 之间实时同步。ACP 模块可以与新的或现有的 Excel 表格进行信息交互。与现有表格交互用于恢复之前的铺层定义信息。

Excel 实时交互窗口如图 3-56 所示。主要功能包括：Open Excel 新建或打开现有 Excel 文件；Push to 用于将铺层信息由 ACP 同步到 Excel；Pull from 用于将铺层信息由 Excel 读取并更新到 ACP。由 Excel 读入铺层定义信息时，有三个选项：Update Layup 在读取时，更新现有铺层定义，其他铺层信息根据 Excel 数据进行生成或删除；Update Properties Only 仅更新铺层的属性信息；Recreate Layup 将删除现有铺层，根据 Excel 数据新建所有铺层。Excel 文件的格式参考本书。

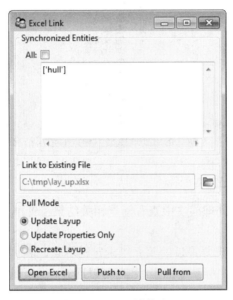

图 3-56　Excel 链接窗口

打开 Excel 窗口的界面如图 3-57 所示。ACP 模块中每一个铺层组在 Excel 中都有对应的定义信息。

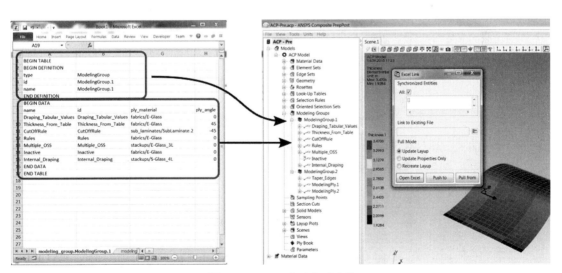

图 3-57　Excel 实时交互功能

3.1.10 分析铺层组 Analysis Modeling Groups

包含铺层定义信息的模型可以导入到 ACP-Post 模块中进行后处理，此时铺层信息在 Analysis Ply Groups 节点下，如图 3-58 所示。

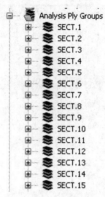

图 3-58 由后处理模型中导入的铺层信息

3.1.11 采样点 Sampling Points

采样点功能包括：在后处理模块中查看铺层相关结果；铺层截面图；厚度方向后处理图；铺层工程常数计算。

ACP 模块根据给定坐标选择最近的单元以确定样本点，具体设置界面如图 3-59 所示。其中：Sampling Point 指定总体坐标系下的坐标值（可以通过在图形窗口选择单元或节点来定义），最近的单元将作为样本点；Sampling Direction 定义了采用点的法向；Element ID（Label）显示单元编号。

图 3-59 采样点属性定义窗口通用选项卡

采样点的分析选项卡如图 3-60 所示。该选项卡提供了深入的后处理功能，包括：铺层及其铺敷顺序可视化、基于经典层合板理论计算层合板极坐标系下的属性和层合板刚度、应力应变和失效准则 2-D 图。

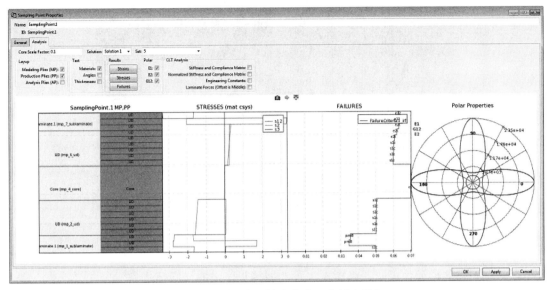

图 3-60　采样点属性定义窗口分析选项卡

3.1.12　切面 Section Cuts

切面用于以可视化的方式查看铺层定义信息，并且可以将铺层定义信息导出到 Mechanical APDL 模块或 BECAS 软件。

切面定义通用选项卡如图 3-61 所示。其中：Interactive Plane 激活时，直接在视图窗口定义切面，反之通过原点 Origin、法向 Normal 和 Reference Direction 1 三个选项定义切面；Show Plane 用于控制切面的可见性；Extrusion Type 定义拉伸类型；Scale Factor 定义铺层偏移的放大比例；Core Scale Factor 定义芯材厚度显示比例；Section Cut Type 选择切面显示铺层种类。

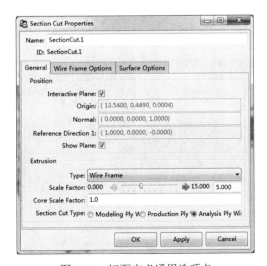

图 3-61　切面定义通用选项卡

Extrusion type 有三种类型：线框模式、面法向模式和面扫略模式。Extrusion type 定义为线框模式时，铺层切面如图 3-62 所示。

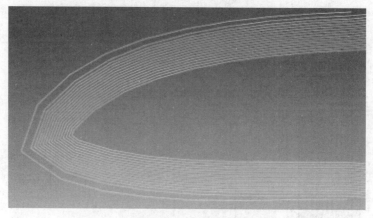

图 3-62　线框模式切面（铺层中面用线表示）

以图 3-63 中的单元组为例，可以由图 3-64 看出面法向和面扫略两个选项的区别。通常情况下，带有尖角的模型使用面扫略模式，而 T 型接头使用面法向模式。

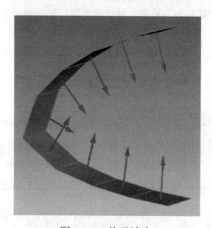

图 3-63　单元法向

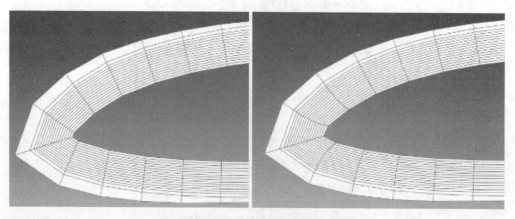

图 3-64　面法向拉伸和基于面扫略拉伸

切面功能还可以用于显示铺层角度等信息，如图 3-65 所示。

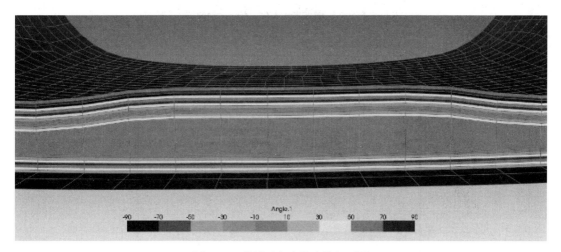

图 3-65　带铺层角度信息的切面图

切面定义的线框选项卡如图 3-66 所示，用于定义切面和模型的交界面处理方式：Normal to Surface 铺层显示在垂直于相交单元的法向；In Plane 铺层显示在切面内。

图 3-66　切面定义线框选项卡

切面输出选项卡如图 3-67 所示。

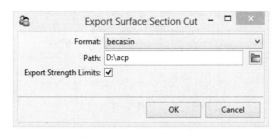

图 3-67　切面输出选项卡

3.1.13　传感器 Sensors

传感器用于评估产品零件、材料或铺层的全局结果，包括：价格、重量、重心、覆盖区域面积、产品铺层面积等。界面如图 3-68 所示。

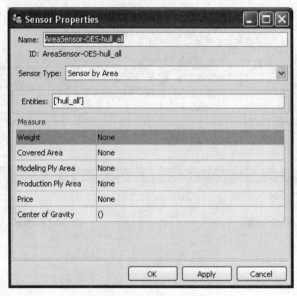

图 3-68　传感器定义窗口

3.1.14　实体模型（Solid Models）

ACP 模块的实体模型功能用于由复合材料壳单元模型生成实体单元模型。实体模型可以在 Workbench 中或 Workbench 外使用，具体工作流程参考本书。

实体模型生成的设置在 Solid Models 右键菜单属性窗口中。其中包含拉伸的单元、拉伸方法、断层处理以及单元节点编号偏移设置等。如图 3-69 所示。

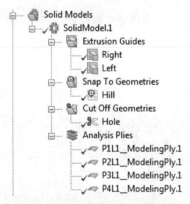

图 3-69　特征树中的实体模型特征

实体模型生成过程中，可以通过拉伸向导、对齐基准和几何切割等工具控制最终实体单元有限元模型几何。

1. 实体模型属性窗口

实体模型属性窗口包含三个选项卡：General 通用选项卡；Drop-Offs 选项卡；Export 输出选项卡。如图 3-70 所示。

图 3-70　实体模型属性对话框

General 通用选项卡包含以下具体信息：

（1）Element Set 单元集指定将要拉伸成实体单元的单元区域。

（2）Extrusion Properties 根据不同的准则、不同的方式合并铺层。Extrusion Method 可以指定 7 种拉伸方法：Analysis Ply Wise 将每一个分析铺层拉伸成一层实体单元；Material Wise 将采用同种材料的连续铺层拉伸成一层实体单元，如果有必要可以指定最大单元厚度；Modeling Ply Wise 将每一个建模铺层拉伸成一层实体单元；Monolithic 将所有铺层拉伸成一层实体单元；Production Ply Wise 将每一个产品铺层拉伸成一层实体单元；Specify Thickness 按照指定的厚度将铺层拉伸成实体单元；User Defined 功能与 Specify Thickness 功能相同；Sandwich Wise 将芯材两侧的铺层、芯材分别拉伸成一个实体单元层，整个三明治结构共 3 层实体单元。Max Element Thickness 拉伸出的实体单元厚度大于该值时将被平分成多层，使得实体单元厚度小于该值。Start Ply Groups at 仅在 User Defined 选项激活时，该选项指定起始拉伸铺层。Offset Direction 有 2 种设置：Shell Normal 设置时整个拉伸过程不改变实体单元法向，以壳单元法向为准；Surface Normal 设置时随着新生成实体单元的法向改变下一层实体单元拉伸方向。法向示意图和拉伸效果分别如图 3-71 和图 3-72 所示。

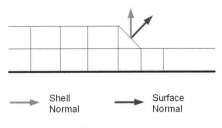

图 3-71　实体单元拉伸法向示意图

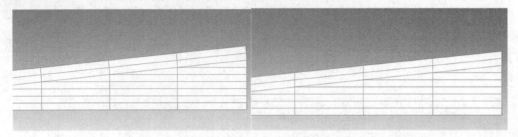

图 3-72　不同法向设置拉伸实体模型对比

（3）Drop-Offs and Cut-Offs 控制拉伸成实体单元时的错层和切割处单元材料属性设置。当 Fabric 和 Stackups 的材料处理设置成 Global 时，Global Drop-Off Material 指定的材料属性将赋予错层单元。当 Fabric 和 Stackups 的材料处理设置成 Global 时，Global Cut-Off Material 指定的材料属性将赋予切断单元。

（4）Element Quality 控制 ACP 模块对生成的实体单元进行质量检查。当单元 Warping 值超过给定值时，可以删除单元。

Drop-Offs 选项卡如图 3-73 所示。Drop-Off Method 定义铺层在铺敷区域边界内或外断层，如图 3-74 所示。Disable Drop-Offs on Top Surface 关闭指定方向选择集（或单元集）顶面铺层的断层选项。Disable Drop-Offs on Bottom surface 关闭指定方向选择集（或单元集）底面铺层的断层选项。断层选项关闭的示意图如图 3-75 所示。Connect Butt-Joined Plies 连接对接铺层选项用于连接同一个铺层组内相邻铺层，避免在铺敷区域边界六面体单元退化为棱柱单元。以等厚度拉伸的三明治结构为例，连接对接铺层如图 3-76 所示。

图 3-73　实体模型属性窗口 Drop-Offs 选项卡

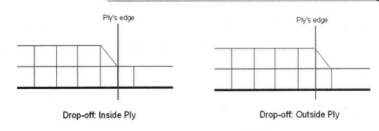

图 3-74 铺层 Drop-Offs 选项的影响

（a）选项打开　　　　　　　　　　（b）选项关闭

图 3-75 Drop-Offs 选项打开和关闭的影响

（a）连接选项激活

（b）连接选项关闭

图 3-76 对接铺层的连接

实体模型属性窗口的 Export 选项卡如图 3-77 所示。

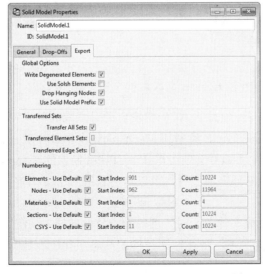

图 3-77 实体模型属性窗口的 Export 选项卡

Write Degenerated Elements 指定是否输出断层和切割实体单元，在 Workbench 工作流中建议打开该选项，效果如图 3-78 所示。Use SOLSH Elements 指定生成的实体单元为 SOLSH190 单元。Drop Hanging Nodes 自动去除悬空节点，将对应单元边界变为线性单元。悬空节点不与任何单元相连，造成结果位移场的不连续，这通常在带中间节点的六面体、四面体和棱柱单元连接时出现。图 3-79 中带中间节点六面体单元顶部的带中间节点四面体单元，图中方框位置即 1 个悬空节点。Use Solid Model Prefix 控制实体单元模型组件的名称前缀。

（a）写出　　　　　　　　　　　　　　（b）不写出

图 3-78　写出断层单元选项

Transferred Sets 用于控制集合数据由 ACP 模块传递到 Mechanical 模块。Transfer All Sets 设置实现所有单元和节点集均传入 Mechanical 模块。Transferred Element Sets 指定需要传递的单元集。Transferred Edge Sets 指定需要传递的节点集。传递到 Mechanical 模块的集合数据转换为 Named Selections，如图 3-80 方框中所示。

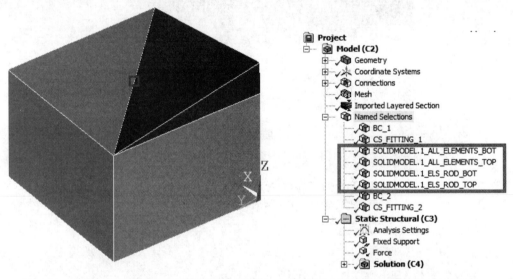

图 3-79　六面体单元顶部的 10 节点四面体单元　　图 3-80　传递单元集到 ANSYS Mechanical 模块

默认情况下，Workbench 项目中 ACP 模块自动对生成的单元和节点进行编号。当有多个实体模型对象时，以及不同的 ACP 模型和 Mechanical 模型进行组合装配时，ACP 模块自动对对象进行重新编号。自动重新编号选项可以在 ACP-Pre 模块的 Setup 属性窗口进行关闭，如图 3-81 所示。关闭自动重新编号选项号后，可以对对象编号手工指定偏移量。

2. 拉伸向导

ACP 模块由壳单元生成实体单元时，可以指定拉伸向导，以使生成的单元在期望的方向。例如，图 3-82 中，默认情况下，带孔球面拉伸的结果在孔边不是圆柱，而指定拉伸向导后拉伸结果在孔边为圆柱。

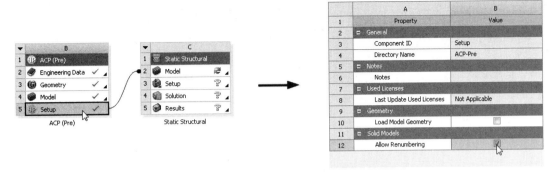

图 3-81　项目视图中 ACP-Pre 模块的 Setup 属性定义

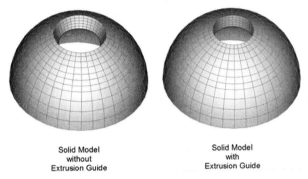

图 3-82　拉伸向导对拉伸的影响

ACP 模块中拉伸向导的属性窗口如图 3-83 所示。一个拉伸操作可以指定多条拉伸向导。拉伸操作受拉伸边界 Edge Set 和方向向量或几何拉伸向导控制。Edge Set 用于指定拉伸向导作用的边界。Type 指定拉伸向导的三种类型：Direction 方向向量；Geometry 由 CAD 文件的几何定义方向；Free 不指定拉伸路径，但可以指定曲率修正。Radius 控制网格自适应的范围。Depth 控制网格自适应的深度。Use Curvature Correction 控制拉伸过程的曲率修正，以得到光滑的拉伸表面。

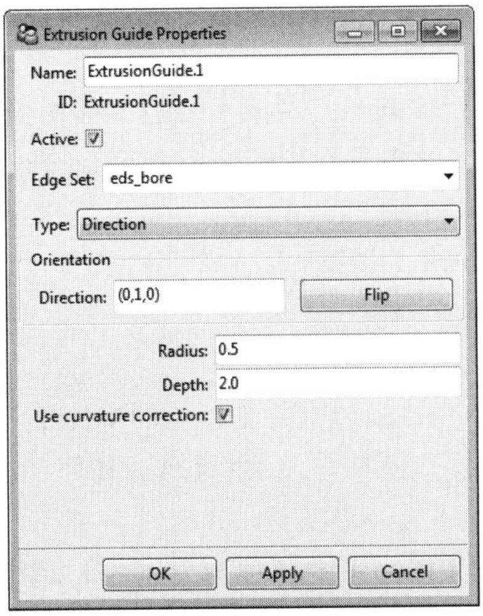

图 3-83　实体模型生成拉伸向导属性窗口

可以通过特征树 Extrusion Guides 的右键菜单改变拉伸向导的顺序，如图 3-84 所示，这对于多条拉伸向导拉伸的最终效果有重要影响。

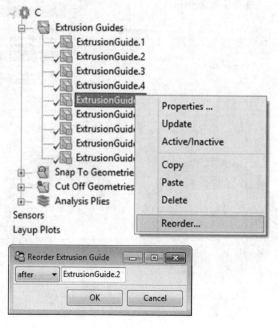

图 3-84　拉伸向导重新排序

ACP 模块基于壳网格生成实体模型的默认方向是壳单元的法向。2-D 壳网格作为 3-D 实体单元的基础，拉伸的结果可以包含一层或多层实体单元。拉伸向导仅影响拉伸单元的边界。拉伸边界首先按照单元法向拉伸，然后移动到拉伸向导目标面。

网格自适应用于控制拉伸向导对整个网格的影响。网格自适应的算法如图 3-85 所示，公式为

$$m_i = m_0 \cdot \left[1 - \left(\frac{d_i}{Radius}\right)^{Depth}\right]$$

该算法将内部节点位移与拉伸向导自由面上节点位移相关联。其中：Radius 指以 Edge Set 节点为中心，以指定半径范围内的单元受到网格自适应算法的影响；Depth 定义了网格自适应的变化程度。公式中：m_i 指网格自适应时第 i 个壳单元内部节点的面内移动距离；m_0 指自由面上节点到拉伸向导面上的距离；d_i 指第 i 个壳单元内部节点与拉伸向导节点间距离。图 3-86 给出了不同参数时网格自适应的结果。

3. 对齐基准

对齐基准用于根据导入的 CAD 模型来修正拉伸的实体单元模型，设置窗口如图 3-87 所示。通过拉伸或压缩实体单元的表面，使其与导入的 CAD 几何模型对齐。同一个拉伸操作可以指定多个对齐基准。

对齐基准对选定方向选择集的指定面（顶面或底面）起作用。方向选择集的顶面或底面由其法向量决定。厚度方向上所有单元的高度均匀改变。

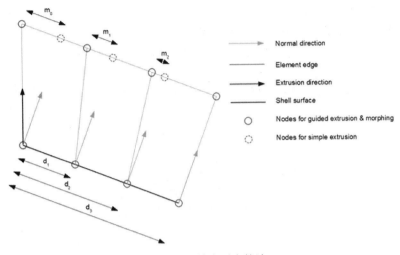

图 3-85　网格自适应算法

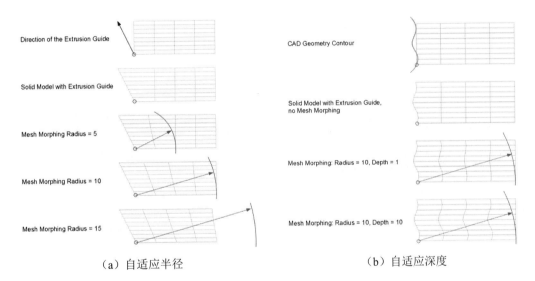

（a）自适应半径　　　　　　　　　　（b）自适应深度

图 3-86　网格自适应参数影响结果

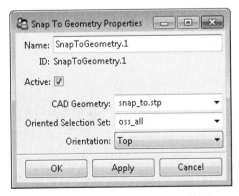

图 3-87　实体模型生成对齐基准属性窗口

图 3-88 和图 3-89 分别给出了是否考虑对齐基准拉伸出的实体单元模型。图中实体单元模型由 2 个方向相反的方向选择集生成。图 3-89（a）中法向朝上的方向选择集以导入的 CAD 表面对齐；图 3-89（b）中法向朝下的方向选择集以导入的 CAD 表面对齐。

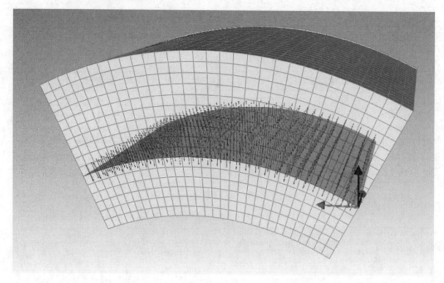

图 3-88 没有对齐基准控制的拉伸效果

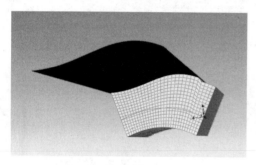
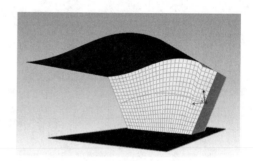

（a）顶面对齐到几何　　　　　　　　　（b）顶面底面均对齐到几何

图 3-89 对齐基准拉伸效果

4. 几何切割

ACP 模块实体模型生成过程中，几何切割功能用于使用 CAD 模型来切割生成的实体单元，类似于复合材料结构固化之后的机械加工。几何切割示例如图 3-90 所示。

（a）实体模型拉伸　　　　　　　　　（b）几何切割与拉伸原始几何显示

图 3-90 几何切割示意图

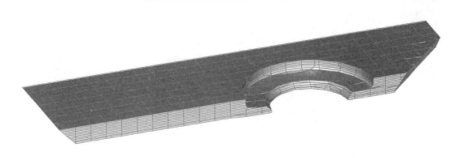

（c）考虑几何切割结果

图 3-90　几何切割示意图（续图）

实体模型几何切割属性窗口如图 3-91 所示。其中：用于切割的 CAD Geometry 可以是 CAD 表面或三维实体；Orientation 控制表面或实体的哪个表面用于切割实体单元。CAD 表面法向向量的查看可以通过工具栏中的 Show Normals 按钮实现，如图 3-92 所示。对于一个实体单元模型可以指定多个几何切割，不同几何切割按照顺序切割实体单元模型。

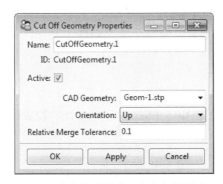

图 3-91　实体模型生成几何切割属性窗口

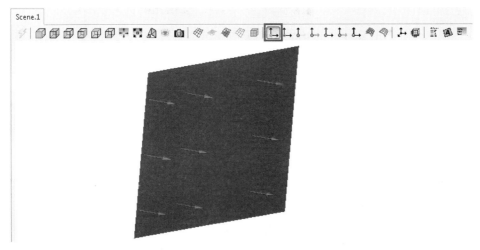

图 3-92　几何切割法向向量显示

几何切割之后的实体单元模型会出现求解器不能处理的单元形状，因此 ACP 模块自动将其分解成棱柱或四面体单元，如图 3-93 所示。

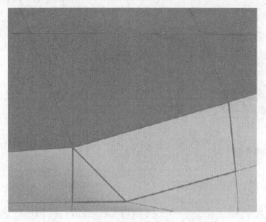 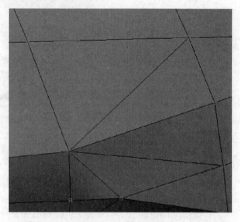

（a）退化六面体单元　　　　　　　　（b）退化六面体单元分解之后退化为四面体

图 3-93　退化六面体单元的分解

5. 不同拉伸方法下的材料处理

实体单元模型生成过程中 Drop-Off 和 Cut-Off 材料处理的原则相同：如果至少有一层铺层材料处理选项设置为 Global，那么该模型将使用整体模型的设置；如果所有铺层的材料处理选项设置为 Custom 并且指定为同一种材料，那么模型将采用该材料；任何其他情况，均采用总体的材料处理设置。

6. 输出实体模型

实体单元模型输出菜单如图 3-94 所示。输出的 .CDB 文件中关闭了 Mechanical APDL 模块的单元形状检查。

图 3-94　实体模型输出

7. 保存及重新加载实体模型

ACP 模块将实体单元模型保存为 .H5 文件。ACP（Pre）组件的更新操作将查看当前和之前的铺层定义信息。如果铺层定义信息有变化，则实体模型将随之更新。

3.1.15　铺层图 Lay-up Plots

ACP 模块支持五种方式显示铺层图，分别是厚度图、铺层角度图、速查表图、可制造性分析网格图、自定义图。

厚度图用于显示整个铺层厚度或者单一铺层厚度。铺层角度图用于显示某一铺层的铺层角。速查表图用于查看插值结果和速查表的一致性（图 3-96）。可制造性分析网络图用于查看铺敷网格图、查看网格中的最大扭曲位置以及对应的铺敷展开图（图 3-97）。自定义图允许用户定义任意标量云图。

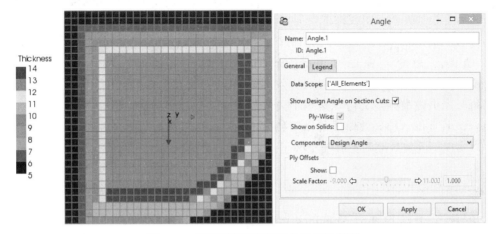

图 3-95　铺层厚度图和铺层角显示设置图

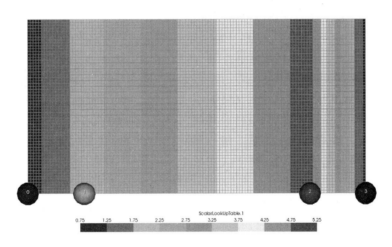

图 3-96　一维速查表图

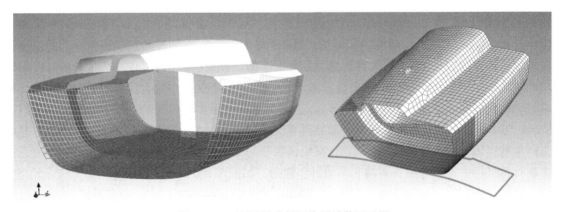

图 3-97　可制造性分析网格图铺敷展开图

3.1.16 失效准则定义 Definitions

失效准则用于评估复合材料结构的强度。ACP 模块的失效准则定义支持多种失效准则及其组合，用于绘制失效云图或样本点失效图。

通过 Definitions 右键菜单，选择 Create Failure Criteria 命令，弹出 Failure Criteria Definition 窗口，如图 3-98 所示，完成失效准则定义。每一个失效准则定义可以是多个失效准则的组合，而且每一种失效模式可以单独指定权重，以实现不同失效准则不同安全因子。

3.1.17 结果集 Solutions

ACP 模块中结果集（Solutions）仅在 ACP-Post 界面中出现，用于查看不同工况下的结构变形、应力、应变、温度和失效准则云图。结果集的子节点是由结果文件导入的不同工况结果，也可以将不同工况的计算结果显示到一张包络图（Envelope solution）中。

结果对象控制 ACP-Post 导入结果文件的状态，每一个对象对应一个.RST 结果文件。其属性通过结果对象的右键菜单进行设置。每一个结果对象可以插入多个结果云图，每个云图单独设置载荷步信息。

在 Workbench 工作模式下，ACP-Post 模块会自动新建结果对象。同时，还可以通过结果对象的右键菜单选择 Import Results 命令，导入新的结果文件对象。结果对象的右键菜单不仅能够新建变形、应力、失效准则等云图，而且可以新建渐进损伤结果云图。结果对象的属性窗口如图 3-99 所示。可以在属性窗口中指定文件名、路径等。Read Strains and Stresses 控制 ACP 模块是否导入.RST 文件中的应力和应变，如果不导入，那么 ACP 模块可以根据导入的位移和转角信息计算应力和应变。因为计算过程需要更多的计算机资源，所以仅在线性分析时使用该功能。Use Solid Results if Available 选项激活时，如果.RST 文件中包含实体单元，那么其结果将被映射到参考壳单元上，隐藏实体单元，壳单元上将显示实体单元的结果。Recompute ISS of Solids 选项激活时，ACP 模块重新计算实体单元的层间剪应力。其计算算法是：首先，对厚度方向所有实体单元的剪力求和；然后，采用铺层基的方法计算层间剪应力。需要注意的是，在重新计算过程中，不考虑表面的非零边界和载荷，如图 3-100 所示。

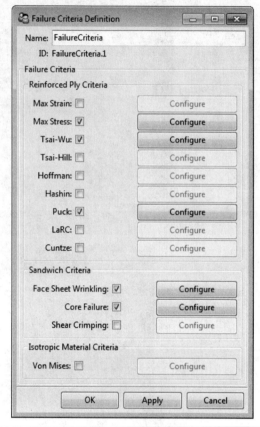

图 3-98 Failure Criteria Definition 窗口

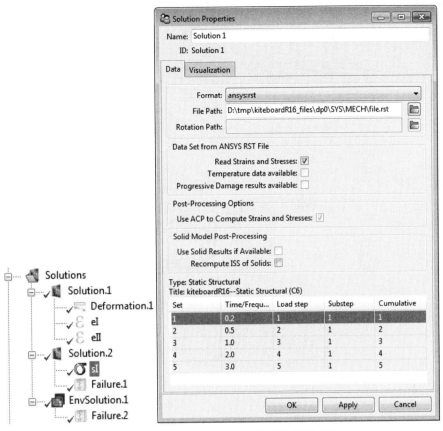

图 3-99 特征树中的结果对象结果对象的属性窗口

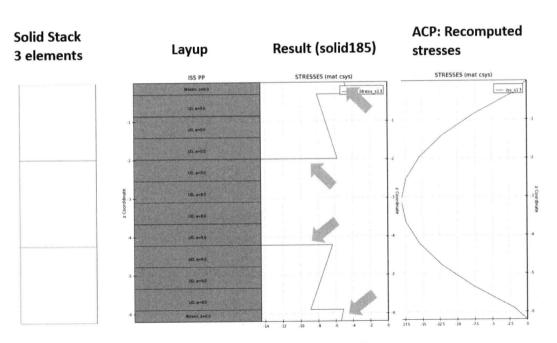

图 3-100 实体单元层间剪应力计算

结果集中可以新建包络结果对象,如图 3-101 所示。包络结果对象可以综合考虑多工况的失效结果,确定最危险的载荷工况。

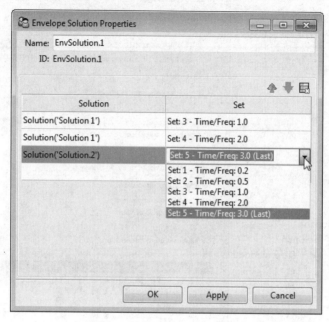

图 3-101　新建包络结果对象

3.1.18　场景 Scenes

场景是用于复合材料模型显示的可视化窗口。场景可以新建和编辑,新建的场景将显示模型中所有的单元、切面和实体模型。场景包含以下可视化信息:单元集、节点集、CAD 几何、坐标系、切面、实体模型。

3.1.19　视图 Views

视图功能用于保存特定的视角。当用户选择某一视角时,激活的场景将按照该视角自动更新图形窗口。

3.1.20　铺层表 Ply Book

ACP 模块可以新建包含材料、铺敷方向、角度等信息的铺层表,用于产品的生产。典型的铺层表如图 3-102 所示。

3.1.21　参数 Parameters

参数功能实现 ACP 模块的参数与 Workbench 项目参数之间的连接,如图 3-103 所示。通过参数化功能能够进行复合材料产品设计过程中的参数敏感性研究,确定关键设计变量,优化产品铺层设计。

参数的新建通过在 ACP 模块中特征树 Parameter 的右键菜单选择 Create Parameter 命令来实现,如图 3-104 所示。

outer_skin_9

- Ply Group Name: hull (hull)
- Modeling Ply Name: outer_skin_9 (outer_skin_9)
- Ply Name: P1__outer_skin_9 (ProductionPly.8)
- Orientation: 0.0
- Material: E-Glas

Parameter	Value
Thickness	0.27
Area	18116375.4818
Cost	0.0
Weight	4891421.38007

图 3-102　典型铺层表

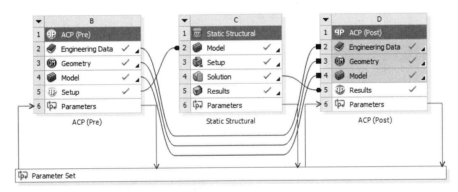

图 3-103　参数连接

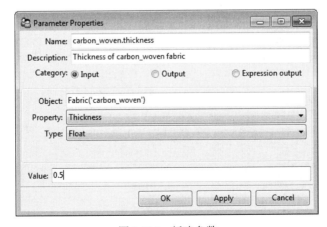

图 3-104　新建参数

参数包含三类：Input 参数，参数值由 Workbench 参数管理器指定；Output 参数，参数值由 ACP 模块得到，输出给 Workbench 参数管理器；Expression Output，参数值由 ACP 脚本文件计算得到，输出给 Workbench 参数管理器。

ACP 模块的参数定义基于载荷步和对象 Object。Object 指定用于参数定义的特征树节点。Property 指定用于参数定义的特征树节点的属性。Type 指定参数类型，包括：布尔型（正确或错误）；实数型；整型；默认类型；字符串类型。

ACP 模块的输入参数可以是铺层状态（激活或抑制，激活时该铺层有效，抑制时不参与计算）、铺层编号、织物角度、织物厚度、铺层数量、织物材料、铺敷性系数、选择规则状态（激活或抑制，激活时该规则有效，抑制时无效）、规则的上下限值、是否为相对规则等。输出参数主要基于后处理需求，如面积、建模铺层面积、价格、产品铺层面积、质量、安全系数和自定义表达式输出（参考本书 6.1 小节复合材料模型参数化练习）等。如图 3-105 所示。

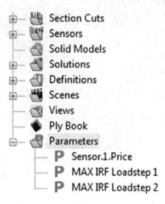

图 3-105　参数对象的管理

ACP 模块中定义的参数统一由 ANSYS Workbench 的参数管理器进行管理，如图 3-106 所示。基于参数化的复合材料模型可以进行优化设计。

Outline: No data

	A	B	C	D
1	ID	Parameter Name	Value	Unit
2	Input Parameters			
3	ACP (Pre) (A1)			
4	P1	ModelingPly.1.ply_angle	0	
5	P2	ModelingPly.2.ply_angle	0	
6	P3	ModelingPly.3.ply_angle	0	
7	P4	ModelingPly.4.ply_angle	0	
8	P5	ModelingPly.5.ply_angle	0	
9	P6	ModelingPly.6.ply_angle	0	
*	New input parameter	New name	New expression	
11	Output Parameters			
12	ACP (Post) (C1)			
13	P13	Sensor.1.Price	2.5816	
14	Static Structural (B1)			
15	P9	Moment Reaction Torsion Minimum Z Axis	-3897.4	N m
16	P10	Moment Reaction Bending Minimum X Axis	-12260	N m
17	P11	Torsion Stiffness	-2998	N m
18	P12	Bending Stiffness	-6130	N m
*	New output parameter		New expression	
20	Charts			

Table of Design Points

	A	B	C	D	E	F	G	H	I
1	Name							P13 - Sensor .1.Price	P11 - Torsion Stiffnes
2	Units								N m
3	Current	0	0	0	0	0	0	2.5816	-2998
4	DP 1	45	-45	45	-45	45	-45	2.5816	-4235.5
5	DP 2	45	-45	0	0	45	-45	2.5816	-3852.2
6	DP 3	30	30	0	0	-30	-30	2.5816	-3618.4
*									

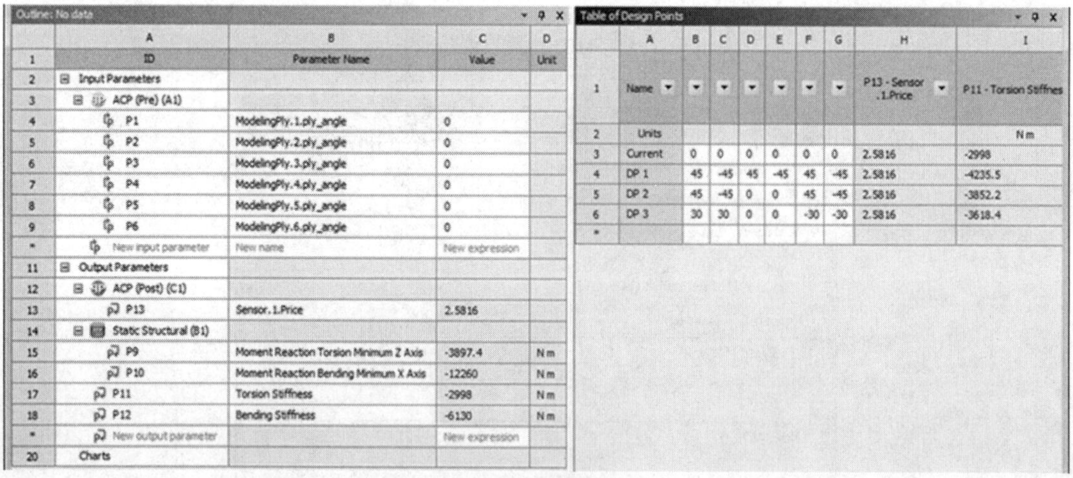

图 3-106　参数管理

3.1.22　材料库 Material Databank

用户可以建立自己的材料库，用于不同的设计分析项目。ACP 材料库的结构和 Model 中的 Material Data 完全相同，默认安装位置是 ANSYS_INSTALL_DIR\v180\ACP\databases。材料数据可以在项目和材料库之间进行复制。项目和材料库的单位可以不同，单位转换自动进行。

3.2　后处理

3.2.1　失效准则

ACP 模块支持的所有失效准则和失效模式云图中采用的缩写如下：

术语：

应变，e = strain；应力，s = stress；1 = 材料 1 方向；2 = 材料 2 方向；3 = 面外法向，12= 面内剪应力，13 and 23 = 面外剪应力；I = 第一主应力；II = 第二主应力；III =第三主应力；t = 拉应力；c = 压应力。

失效准则：

最大应变准则：e1t, e1c, e2t, e2c, e12

最大应力准则：s1t, s1c, s2t, s2c, s3t, s3c, s12, s23, s13

Tsai-Wu 2-D 和 3-D：tw

Tsai-Hill 2-D 和 3-D：th

Hashin：hf（纤维失效 fiber failure），hm（基体失效 matrix failure），hd（分层失效 delamination failure）

Puck (包含三种，即简化 simplified，2-D 和 3-D Puck)：pf（纤维 fiber failure），pmA（基体拉伸失效 matrix tension failure），pmB（基体压缩失效 matrix compression failure），pmC（基体剪切失效 matrix shear failure），pd（基体分层失效 delamination）

LaRC 2-D 和 3-D：lft3（纤维拉伸失效 fiber tension failure），lfc4（横向压缩载荷作用下纤维压缩失效 fiber compression failure under transverse compression），lfc6（横向拉伸载荷作用下纤维压缩失效 fiber compression failure under transverse tension），lmt1（基体拉伸失效 matrix tension failure），lmc2/5（基体压缩失效 matrix compression failure）

Cuntze 2-D 和 3-D：cft（纤维拉伸失效 fiber tension failure），cfc（纤维压缩失效 fiber compression failure），cmA（基体拉伸失效 matrix tension failur），cmB（基体压缩失效 matrix compression failure），cmC（基体楔形失效 matrix wedge shape failure）

Sandwich failure criteria：

起皱失效 Wrinkling：wb（底面起皱 wrinkling bottom face），wt（顶面起皱 wrinkling top face）

芯材失效 Core Failure：cf

剪切卷边失效准则 Shear Crimping failure criteria：sc

Von Mises 各向同性失效准则：vMe（应变 strain）和 vMs（应力 stress）

权重因子 Weighting factor：每一失效模式值的逆储备因子（inverse reserve factor）在输出时均会乘以对应的权重因子。等于 1 时无安全裕度。

3.2.2 失效模式指标

ACP 模块支持三种失效模式指标：

IRF=逆储备因子（Inverse Reserve Factor），是储备因子的倒数。载荷除以 IRF 等于失效载荷。IRF>1 时结构失效。

MoS=安全裕度（Margin of Safety）。MoS=1/IRF–1；MoS<1 时结构失效。

RF=储备因子/安全因子（Reserve Factor/Safety Factor）。载荷乘以 RF 等于失效载荷。RF<1 时结构失效。

3.2.3 主应力和主应变

ACP 模块仅评价第一主应变（eI）和第二主应变（eII）。主应力和主应变按照降序排列。

3.2.4 复合材料实体单元后处理

ACP 既支持壳单元的失效评价，也支持实体单元的失效评价。评价的理论是一致的。ACP-Pre 模块生成的复合材料实体零件，在 ACP-Post 中可以采用两种方式进行失效评价。

两种方式的区别在于 Show on Solid 选项，如图 3-107 所示。

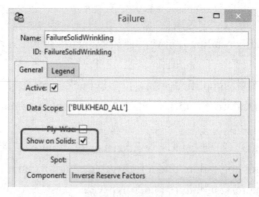

图 3-107　失效评价的两种方式

选中 Show on Solid 复选项时，失效准则值和失效模式显示在实体单元上。这种方法能够给出结构的整体安全性，但是可能错过最危险失效层。这是因为与各向同性材料失效发生在表面不同的是，复合材料结构的最先失效点可能在内部的铺层。

取消选中 Show on Solid 复选项时，最小失效准则值和失效模式投影到壳网格上。这种方法能够给出结构最危险的铺层和失效模式。

图 3-108 给出了两种方式的区别。左侧的图为选中选项，右侧的图为取消选中选项。左侧的图显得更加安全，但从两个图的全局失效准则值是相同的。

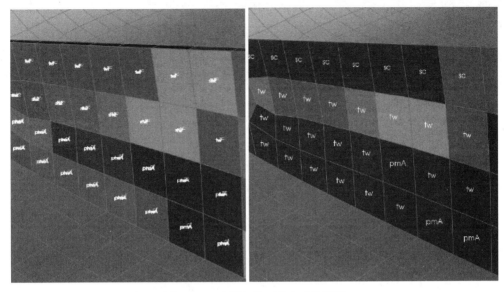

图 3-108　失效评价两种方式的区别

3.3　第三方软件数据交互

3.3.1　HDF5 复合材料 CAE 格式

HDF5 复合材料 CAE 格式允许不同 CAE 和 CAD 软件之间精确交互复合材料铺层信息。HDF5 是一种开放的、广泛使用的二进制文件格式。

ACP 模块中的铺层信息可以输出到.H5 文件中，该文件可以导入到 Fibersim 等软件中，进行复合材料产品的进一步设计和管理。ACP 模块可以导入 HDF5 文件中的铺层信息，直接进行后续复合材料的仿真分析。

3.3.2　Mechanical APDL 文件格式

如果将 Mechanical APDL 的输入文件用于独立启动的 ACP 模块，那么 Mechanical APDL 的单元需要进行相应的设置。ACP 模块支持的单元类型包括：SHELL181、SHELL281、SOLID185、SOLID186。

ACP-Post 模块进行后处理，可以通过两种方式实现：

（1）PRNSOL 文件格式。

典型命令如下：
/format,10,G,25,15,1000,1000
prnsol,u
prnsol,rot

（2）RST 结果文件。

其中：SHELL181/SHELL281 单元的 Keyopt(8)=2，即 All layers+Middle；SOLID185/SOLID186 单元的 Keyopt(3)=1，即 Layered Solid；SOLSH190 的 Keyopt(8)=1；ERESX,NO 命令控制积分点的结果复制到节点。

3.3.3　Mechanical APDL 复合材料模型的转换

Mechanical APDL 界面采用 Section 定义的复合材料信息，可以导入到 ACP 模块。具体步骤如下：

（1）ACP 独立启动界面，进入 ACP-Post 模块，读入.cdb 格式模型。
（2）设定模型单位制。
（3）输出铺层信息到 HDF5 文件。
（4）在 Workbench 中新建一个新的复合材料项目 ACP（Pre）。
（5）在 Engineer Data 模块定义材料。确保材料名称与 MAPDL 中的材料号一致。或者在 ACP-Post 模块中导出 XML 格式的材料属性，再导入到 Engineer Data 模块中。
（6）使用.cdb 文件中的网格（通过 External Model 组件导入到 Workbench 中），或者在 Mechanical 模块中重新定义有限元网格。
（7）打开 ACP（Pre），导入步骤（3）中生成的 HDF5 文件。

3.3.4　Excel 的表格数据格式

与 Excel 的数据交换通过 Excel 的 COM 接口实现，用于连接到 Excel 的标识是 Excel.Application。

块定义以 BEGIN TABLE 开始，以 END TABLE 结束。块定义用于识别表格数据的类型。当前仅支持 ModelingGroup 类型。

子块中不支持空行。子块之间的空行被忽略。由 ACP 模块读入时，现有单元格的格式不变。数据块中未定义的部分不与 ACP 模块同步。隐藏的单元格会与 ACP 模块同步。

对其他对象的参考，如铺层材料、方向选择集等，通过对象 id 实现，如图 3-109 所示。

BEGIN TABLE					
BEGIN DEFINITION					
type	ModelingGroup				
id	ModelingGroup.1				
name	ModelingGroup.1				
END DEFINITION					
BEGIN DATA					
name	id	oriented_selection_set_1_id	ply_material	ply_angle	active
Taper_Edges	Taper_Edges	All_Flipped	fabrics/E-Glass	30	TRUE
ModelingPly.1	ModelingPly.1	All_Flipped	fabrics/E-Glass	0	TRUE
ModelingPly.2	ModelingPly.2	All_Flipped	stackups/Carbon	0	TRUE
END DATA					
END TABLE					

图 3-109　通过 id 参考其他对象

3.3.5　CSV 格式

CSV 格式文件可以用来导入和导出 ACP 模块的材料、Look-up 表、选择规则定义和铺层信息，以实现大量铺层的快速定义。

3.3.6 ESAComp

通过 XML 文件与 ESAComp 进行数据交换。

ACP 模块中的材料数据包括 Fabrics、Stackups、Sublaminats、Sampling Points，可以导出到 ESAComp 的 XML 文件。

ESAComp 中可以通过两种格式导出铺层信息：

（1）Script 脚本格式（建议采用）。在 ESAComp 主菜单选择 FE Export/ANSYS ACP，导出的脚本文件自动保存成 ACP 格式。

（2）XML 格式。在 ESAComp 的 File 下拉菜单中导出。

3.3.7 LS–Dyna

ACP 与 LS-Dyna 交换数据有以下三种方式：

（1）Workbench LS-Dyna（扩展库）。建议采用此技术路线，能够将 Workbench 中的模型（包括复合材料定义）输出到 LS-Dyna 模型。

（2）LS-Dyna 接口（ACP 附加模块）。允许用户为 LS-Dyna 网格/模型定义复合材料铺层信息。

（3）LS-Dyna 实体单元模型（ACP 附加模块）。允许用户输出实体单元的.K 文件。

3.3.8 BECAS

ACP 可以导出切面的 2-D 网格给截面分析工具 BECAS，实现将 ACP 的壳单元模型转换为梁单元模型。

4 复杂复合材料建模技术

在掌握了前面一章软件基础操作之后,本章将给出工程中常用的复合材料建模技术。具体包括:T型接头建模;局部加强建模;铺层渐变和错层;变厚度芯材;可制造性分析;铺层表;实体单元模型建立;复合材料可视化;复合材料失效准则;ACP模块中的单元选择。

4.1 T型接头建模

复合材料T型接头用于将附属结构粘结到主结构上,例如带加强梁的船体。ACP模块的方向选择集能够以直观的方式定义复杂T型接头铺层。

如图4-1所示,T型接头的铺层可以分割成几个部分:基板(蒙皮)、加强梁(框架)、粘结加强铺层、覆盖铺层。

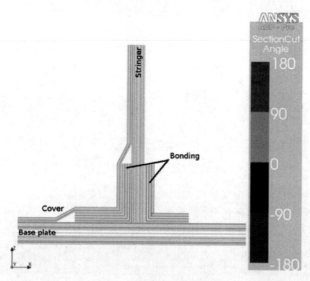

图4-1　T型接头铺层信息

ACP模块首先建立不同区域的方向选择集,然后用建模铺层将方向选择集和铺敷顺序进行关联，实现 T 型接头模型的建立。基板、纵梁和粘结加强铺层方向选择集分别如图 4-2 中（a）、（b）和（c）所示。基板的方向由上而下，纵梁的方向平行于总体坐标系 x 轴，而不同区域粘结加强铺层单元有不同的方向，每个单元的方向通过方向选择集相关的多个坐标系和规则来确定。

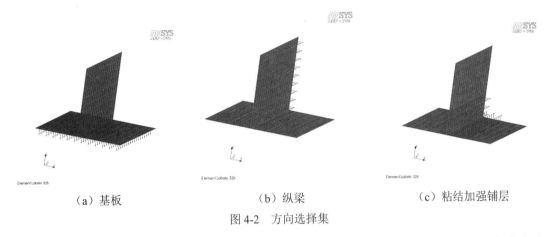

(a) 基板　　　　　　　　(b) 纵梁　　　　　　　(c) 粘结加强铺层

图 4-2　方向选择集

方向选择集不仅确定了不同区域的铺敷方向，同时也确定了复杂形状的纤维 0°参考方向，如图 4-3 所示。图中每个单元的参考方向由一个或多个坐标系确定。

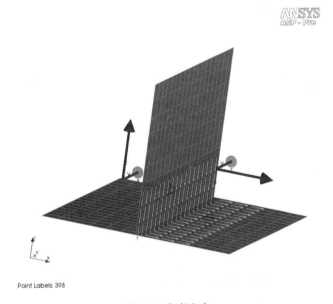

图 4-3　参考方向

所有区域的方向选择集定义完成之后，按照产品实际铺敷顺序定义建模铺层，得到产品铺层组。图 4-4 按照顺序给出了基板、加强梁、右侧粘结加强铺层、左侧粘结加强铺层和覆盖铺层的定义过程。因为铺层顺序对最后产品壳单元截面的偏移有重要影响，所以要严格按照该顺序完成 T 型接头的铺层定义。

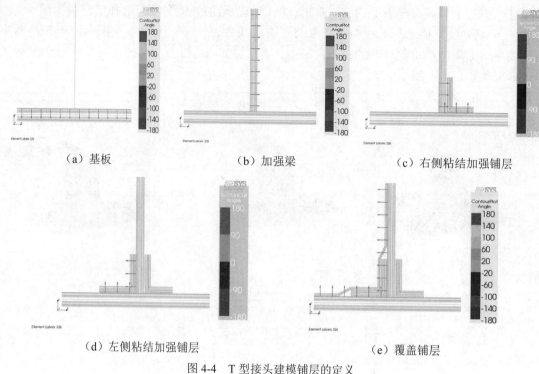

图 4-4　T 型接头建模铺层的定义

4.2　局部加强建模

复合材料结构边缘、开孔或加载部位通常存在高应力，所以需要采用局部加强措施以避免失效的发生。ACP 模块中选择规则功能提供了平行规则、球型规则和圆柱规则等多种局部加强方法。

入门练习 2 使用了平行选择规则和管道选择规则进行局部加强。入门练习 2 中给出了采用管道加强指定边缘的操作步骤：

（1）定义单元集的边缘为节点集。

（2）选择节点集新建管道选择规则，并指定规则的内外径。

（3）新建建模铺层并指定规则，如图 4-5 所示。

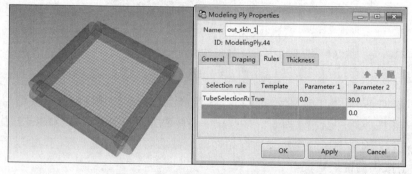

图 4-5　管道选择规则进行局部加强

采用管道加强的铺层厚度云图如图 4-6 所示。另一方面，可以为每一个铺层指定选择规则的参数，使不同的铺层采用不同的加强参数。

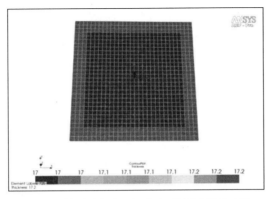

图 4-6　管道选择规则局部加强铺层厚度云图

4.3　铺层渐变和错层

ACP 模块可以方便地定义铺层的渐变和错层。

ACP 模块中渐变边特征通过三个参数定义，即渐变边、渐变角度、渐变偏移量。渐变边特征应用于建模铺层，实现根据虚拟渐变平面计算铺层厚度。渐变特征的最终效果同时也受网格粗细的影响。图 4-7 给出了简单渐变边定义示意图。图中节点集 edge set 定义了壳网格的边界，沿着该边界的单元进行渐变。图中渐变边偏移 taper edge offset 指定了边界单元的法向偏移距离。图中渐变角度 taper edge angle 定义了偏移平面与渐变平面之间的角度。如果图中的节点集沿着曲线边界，那么渐变平面将随着曲线边界的变化而调整。渐变偏移的方向为方向选择集的正向。根据网格和应用的不同，可以指定负的偏移量。

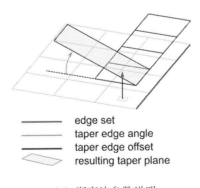
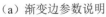
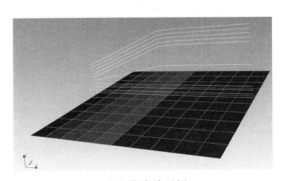

（a）渐变边参数说明　　　　　　　　（b）渐变边示例

图 4-7　渐变边特征定义

铺层渐变功能主要是单层渐变，例如芯材的渐变，但是也可以用于多层渐变。图 4-8 给出了多个建模铺层采用相同渐变角度设置时的铺层最终效果。图中中间一列为铺层实际效果，而右侧为 ACP 模块切面视图显示的效果。因为不同层之间渐变角度会叠加，导致在边缘的渐变角度会大于定义的单层渐变角度,所以在使用时要小心使用,并注意网格尺寸大小对渐变效果的影响。

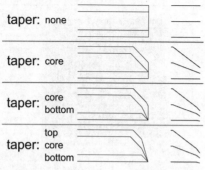

图 4-8　一致渐变角度多层渐变设置

错层的定义可以使用切割选择规则、平行选择规则等。图 4-9（a）基于导入的几何文件对铺层进行切割,同时可以考虑偏移量。图 4-9（b）使用规则模板快速定义铺层,例如,风力发电机叶片包含上百层相似铺层,仅在轴向尺寸上存在差异。模板的使用方式是:首先在界面定义一层铺层,然后导出到 CSV 文件进行编辑得到所有铺层,最后导入到 ACP 中。

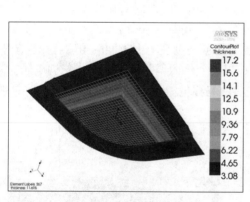

（a）切割选择规则　　　　　　　　　　（b）规则模板

图 4-9　错层定义的实现

4.4　变厚度芯材

通常复合材料产品中,三明治结构的面板或单独铺层是常厚度的;而芯材由于方便采用 CNC 进行加工,所以是变厚度的。ACP 模块有三种方式定义变厚度芯材:实体模型几何,如图 4-10 所示;速查表;几何切割选择规则。

采用速查表定义变厚度芯材需要首先定义包含厚度、角度和方向信息的速查表,如图 4-11 所示。然后,在铺层定义界面的 Thickness 选项卡中进行设置,如图 4-12 所示。

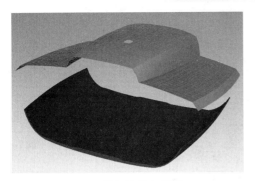

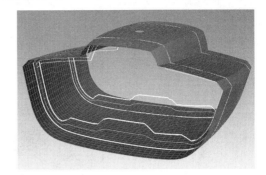

（a）导入的几何模型

（b）变厚度芯材切面视图

图 4-10　实体模型几何定义变厚度芯材

i	Location.x	Location.y	Location.z	-20	-40	20	40	90	Radius	thickness
0	-28.124110	-18.511083	-270.48...	-27.72...	-60.971187	27.726121	60.971187	90.000000	33.669359	0.272057
1	-26.067880	-17.147761	-271.95...	-30.13...	-70.649864	30.134522	70.649864	90.000000	31.202244	0.293569
2	-23.943567	-15.741248	-273.28...	-33.13...	90.000000	33.138761	90.000000	90.000000	28.654516	0.319670
3	-21.758262	-14.296281	-274.46...	-36.99...	90.000000	36.990215	90.000000	90.000000	26.034700	0.351838
4	-19.519142	-12.817651	-275.48...	-42.13...	90.000000	42.130117	90.000000	90.000000	23.351426	0.392267
5	-17.233583	-11.310261	-276.35...	-49.45...	90.000000	49.456610	90.000000	90.000000	20.613549	0.444368
6	-14.909218	-9.779162	-277.06...	-61.46...	90.000000	61.466476	90.000000	90.000000	17.830221	0.513735
7	-12.553803	-8.229478	-277.61...	90.000000	90.000000	90.000000	90.000000	90.000000	15.010738	0.610230
8	-10.176601	-6.667310	-277.99...	90.000000	90.000000	90.000000	90.000000	90.000000	12.166192	0.752906
9	-24.707560	-22.870949	-270.48...	-27.72...	-60.974917	27.727209	60.974917	90.000000	33.668143	0.272067
10	-22.913148	-21.177828	-271.95...	-30.13...	-70.655507	30.135672	70.655507	90.000000	31.201165	0.293579
11	-21.056861	-19.432697	-273.28...	-33.14...	90.000000	33.140131	90.000000	90.000000	28.653466	0.319682
12	-19.144893	-17.641511	-274.46...	-36.99...	90.000000	36.991991	90.000000	90.000000	26.033629	0.351853
13	-17.183554	-15.810295	-275.48...	-42.13...	90.000000	42.132452	90.000000	90.000000	23.350374	0.392285
14	-15.179303	-13.945173	-276.35...	-49.45...	90.000000	49.459709	90.000000	90.000000	20.612595	0.444388
15	-13.138765	-12.052382	-277.06...	-61.47...	90.000000	61.471402	90.000000	90.000000	17.829387	0.513759
16	-11.068702	-10.138251	-277.61...	90.000000	90.000000	90.000000	90.000000	90.000000	15.010006	0.610260
17	-8.977204	-8.210284	-277.99...	90.000000	90.000000	90.000000	90.000000	90.000000	12.165482	0.752950
18	-20.607203	-26.624604	-270.48...	-27.72...	-60.975714	27.727441	60.975714	90.000000	33.667883	0.272069
19	-19.120301	-24.655157	-271.95...	-30.13...	-70.659700	30.136527	70.659700	90.000000	31.200364	0.293586
20	-17.580155	-22.624854	-273.28...	-33.14...	90.000000	33.141845	90.000000	90.000000	28.652153	0.319697
21	-15.991911	-20.540681	-274.46...	-36.99...	90.000000	36.994827	90.000000	90.000000	26.031918	0.351876
22	-14.360778	-18.409642	-275.48...	-42.13...	90.000000	42.136877	90.000000	90.000000	23.348380	0.392318
23	-12.692104	-16.238861	-276.35...	-49.46...	90.000000	49.466724	90.000000	90.000000	20.610437	0.444435

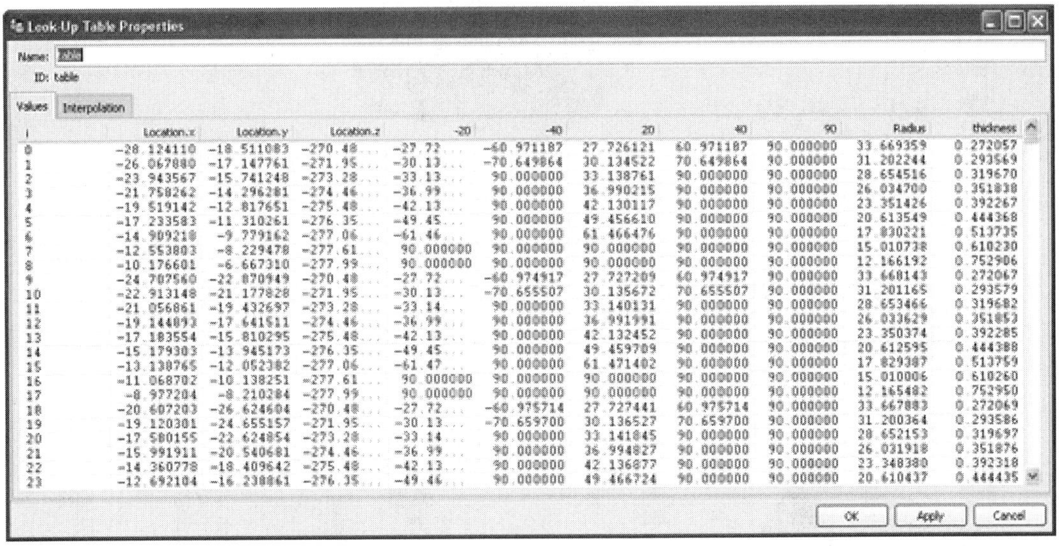

图 4-11　变厚度芯材速查表

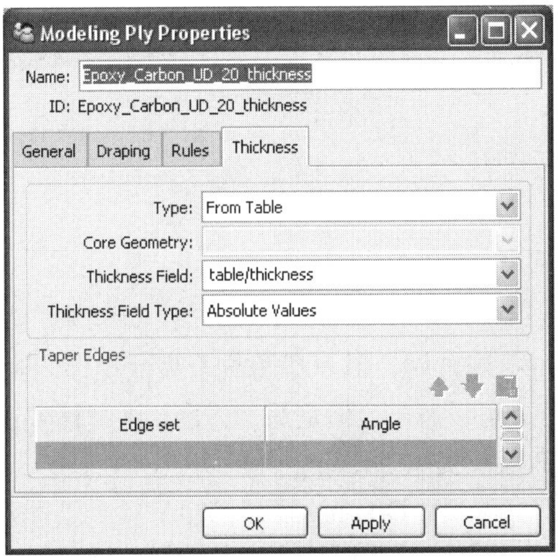

图 4-12　速查表指定芯材厚度设置

定义变厚度芯材的另一种方式是采用切割选择规则，如图 4-13 所示。需要注意：即使切割选择规则仅应用于芯材，其也会影响整个铺层。如果底面铺层厚度改变，那么导入的几何将在一个新的高度切割铺层。一些情况下，可以定义铺层厚度极限。例如，在叶片尾缘定义厚度极限。

图 4-13　变厚度铺层切面视图和厚度云图

采用几何切割选择规则时，可以通过选择规则的选项控制芯材的厚度，采用不同的方式进行切割：按照导入几何与铺层交集精确切割；离散切割。采用几何切割选择规则定义变厚度芯材时，需要小心底下铺层变化对最终切割效果的影响。图 4-14 给出了采用几何切割选择规则定义变厚度芯材的实例。

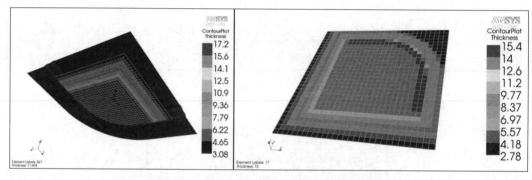

图 4-14　几何切割选择规则定义变厚度芯材

4.5　可制造性分析

双曲面复合材料结构进行铺敷时，其纤维方向会发生改变。通常情况下，纤维方向改变对结构的力学性能影响很小，可以忽略。但是另一方面，了解铺敷过程中纤维方向的改变对产品设计有着重要意义。ACP 模块提供 Draping 分析功能，用于复合材料结构的可制造性分析，评估铺敷过程可能的纤维方向改变。Draping 模拟的结果可以进行查看，并对后续分析产生影响，同时 ACP 模块的 Draping 算法还可以输出产品铺层的展开图，用于生产过程中的剪裁，如图 4-15 所示。

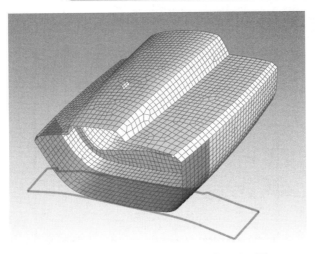

图 4-15 Draping 算法输出产品铺层展开图

ACP 模块的 Draping 算法请参考 ANSYS 软件帮助手册 ANSYS Composite PrepPost User's Guide> Theory Documentation>Draping Simulation 中相关内容。

ACP 模块产品铺层和分析铺层的 Draping 结果可以通过单击工具栏中的 ⬆ 按钮,以图形方式进行查看,如图 4-16 所示。Draping 结果的云图显示每一个单元的平均剪切角,值为零时代表没有剪切变形。产品铺层的展开图可以导出.dxf 格式文件。

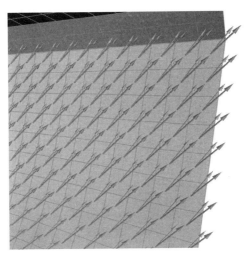

图 4-16 Draping 前后纤维方向的查看

4.6 铺层表

自动生成的铺层表可以用于向项目组成员(设计师、工艺师等)发布复合材料产品定义信息。

铺层表包含不同的章节。自动设置时,每一个 Modeling Group 放入一章。每一章可以定义自己的独立视图,以便更加准确地展示相应铺层信息。所以,生成铺层表之前,首先通过工具栏按钮或者特征树右键菜单新建视图。视图的属性窗口如图 4-17 所示。

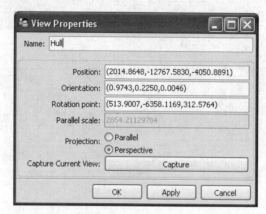

图 4-17 视角定义窗口

如图 4-18 所示，首先通过特征树中的 Ply Book 右键菜单选择 Automatic Setup 命令，建立新的一章，或者选择 Create Chapter 自定义一章，然后选择 Generate the Ply Book 命令生成铺层表。铺层表可以输出为.html、.pdf、.odt 或.txt 格式。铺层表中图片的大小在场景的属性中进行设置。图 4-19 给出了铺层表中产品铺层的描述示例。

（a）新建铺层表中一章　　　　　　　　　（b）生成铺层表

图 4-18 铺层表的定义和生成

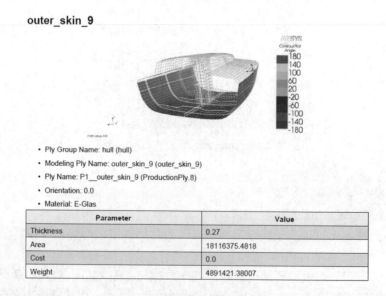

图 4-19 铺层表中产品铺层的描述

4.7 实体单元模型建立

对于厚壁复合材料结构，采用壳单元进行仿真计算会有较大误差，因此，需要采用三维实体单元建立这类结构的有限元模型。ACP 能够根据复合材料壳单元铺层信息生成三维实体模型，其中的铺层渐变、错层等都能进行考虑。除此之外，ACP 模块还可以自定义拉伸的方向、边界曲线和几何切割等。

从仿真分析的角度看，结构和载荷的类型和形式决定了壳单元或实体单元的选取。同一个结构，采用实体单元的计算量要远大于壳单元，因此，一个比较经济的做法是：首先，采用壳单元分析整个结构；然后，建立局部复合材料结构实体单元模型，并将整体壳单元的分析结果映射到局部实体单元模型中，进行子模型仿真。

相比于壳单元，实体单元计算的复合材料面外响应更加准确。ACP 模块的独特功能是能够基于壳单元模型得到初步的三维应力状态结果。如果壳单元分析结果中，面外应力很重要，那么需要建立实体单元模型进行进一步的分析计算。

下面是采用实体单元建立复合材料结构模型的典型应用场景：厚壁结构分析；三维应力状态研究；脱胶研究；边缘效应研究；三明治结构的稳定性分析。

ACP 模块的实体模型生成功能的设计初衷是建立复合材料零件的实体单元有限元模型。虽然，ACP 模块支持装配体的实体单元模型生成，但是，仍然建议采用不同的流程生成复合材料零件的实体模型，然后在 Workbench 分析流程中对其进行装配，通过接触传递载荷。

ACP 模块中实体模型生成的基础包含两部分：壳单元模型；复合材料铺层定义信息。实体模型生成功能的选项用于控制厚度方向单元的划分、铺层的错层和切割。具体实体模型的细致程度需要由分析者来确定。ACP 模块中实体模型生成还有一些选项帮助控制生成模型的质量：铺层渐变、铺层错层、拉伸向导、捕捉到几何体、几何切割等。其中的几何切割类似于复材结构初始成型之后的机械加工。

ACP 模块中的几何操作（拉伸向导、捕捉几何体和切割几何）有利于基于壳单元生成需要的实体单元有限元模型。这些几何操作按照先后顺序作用到拉伸生成的初始实体模型上，因此，建议在进行切割几何操作之前，把拉伸向导、捕捉几何体操作全部定义完成。

ACP 模块的复合材料铺层定义信息中不包含断层和切割实体单元的材料属性，因此，用户必须为这些单元指定一种材料属性。断层单元在零件内部铺层边界处新建。当铺层终止时，ACP 模块生成一个棱柱单元，其材料可以指定为铺层材料、树脂材料或不生成该单元。切割实体单元是使用几何体切割六面体网格时生成的，通常为棱柱或四面体单元，其材料同样可以指定为铺层材料、树脂材料。

采用几何切割生成复合材料结构为建立复杂复合材料产品模型提供了可能，但也带来了新的问题。因为几何切割生成的实体单元不包含铺层信息，所以必须谨慎解释这些区域的计算结果。

断层和切割实体单元均会导致复合材料产品的刚度突变，进而导致应力峰值出现和高的 IRF 值。

复合材料实体单元有限元模型可以方便地在 ACP-Pre 中进行新建，生成的实体模型可以连接到后续的分析流程，如图 4-20 所示。

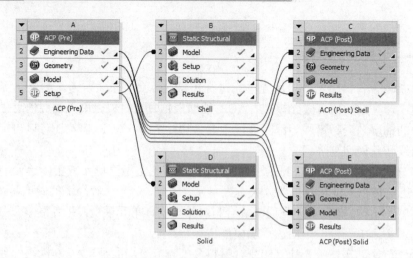

图 4-20　复合材料实体模型分析流程

需要对包含复合材料零件的装配体进行力学分析时,可以采用图 4-21 中的流程。装配体中不同的零部件通过接触传递载荷。一个已知的限制是不能同时对整个装配体结构进行后处理。

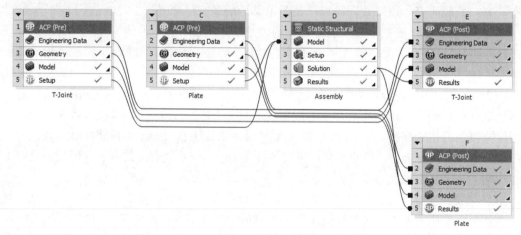

图 4-21　实体单元模型装配流程

ACP 模块的实体模型生成的详细功能,参考本书 3.1.14 小节。

4.8　复合材料可视化

ACP 模块有多种复合材料模型可视化工具,其中包括:检测铺层定义的工具、提取铺层应力、应变和失效准则的工具等。接下来对这些工具进行简单介绍。

ACP 模块有两个工具用于查看铺层定义信息,分别是:方向可视化,通过场景操作界面的工具按钮查看铺层的方向信息;切面视图,查看整个复合材料结构的铺层信息,如图 4-22 所示。

ACP 模块中包含多个用于仿真结果可视化的功能,包括:变形、失效准则、单层结果等,详细操作请参考本书第 2.5.1 小节入门练习 1 的后处理部分。

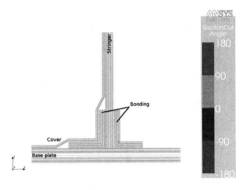
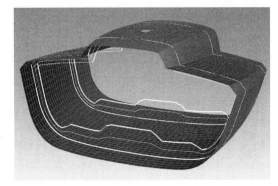

（a）T 型接头切面视图　　　　　　　　（b）船体舱段切面视图

图 4-22　复合材料模型可视化

4.9　复合材料失效准则

ACP-Post 模块提供了一系列用于复合材料强度评估的失效准则。其中包括传统的失效准则和最近的高级失效准则。选用失效准则的一般原则是：

（1）建议采用区分失效模式的失效准则，例如区分纤维和基体失效的失效准则。

（2）不建议使用包含所有失效信息的二次失效准则，如 Tsai-Wu、Tsai-Hill 或 Hoffman 失效准则。大多数情况下，这些失效准则的精度低于其他失效准则，而且给出的失效信息最少。

（3）采用多个失效准则的组合（Puck、Max Stress 和 LaRC）比单独使用任何一个失效准则更加保守。

（4）一般情况下，要采用包含所有面内应力（s1,s2,s12）和面外层间剪应力（s13,s23）的失效准则。

（5）曲率变化缓慢的薄壁复合材料结构通常可以忽略厚度方向应力（s3）。另外，如果不忽略该应力，那么可以使用 Puck 3-D 失效准则研究分层。

（6）如果需要得到更加准确的面外应力结果，可以使用三维实体单元，而不是壳单元。

（7）三明治结构需要评估其褶皱和芯材失效。

（8）建议采用 Puck 2-D，而不是简化 Puck 失效准则。

4.10　ACP 模块中的单元选择

ACP 模块复合材料建模的基础是壳单元，但是由 ACP（Pre）模块输出给求解器的有限元模型可以是壳单元、实体单元或实体壳单元模型。实体单元或实体壳单元模型是输入壳单元拉伸的产物。如果输入到 ACP（Pre）模块的单元是线性壳单元（SHELL181），那么由 ACP 模块生成的单元可以是层合实体单元（SOLID185）或层合实体壳单元（SOLSH190）。如果输入到 ACP（Pre）模块的单元是二次壳单元（SHELL281），那么由 ACP 模块仅能生成二次层合实体单元（SOLID186）。

工程问题的几何模型和载荷类型决定了有限元分析的单元选取，ACP 模块中单元选择的一般规则是：

（1）壳单元用于薄壁或中厚复合材料结构的有限元建模，准确模拟弯曲载荷作用下的结构变形。

（2）实体单元用于厚壁复合材料结构的有限元模型。随着厚度的增加，层合板面外应力越来越大，实体单元适用于面外应力的捕捉。实体单元的一个缺点是在弯曲主导的问题中，单元过于刚硬，计算得到的变形小于实际载荷作用下结构的变形，这一现象称为剪力自锁。线性实体单元可以通过增强应变技术减弱这一现象，但有些情况下采用这一技术时仍然会出现自锁现象。二次实体单元（SOLID186）没有剪力自锁问题，但是采用该单元的计算量较大。

（3）实体壳单元（SOLSH190）既可以模拟薄壁结构也可以模拟厚壁结构，能够准确计算面外应力，而不会出现剪力自锁现象。

如果想进一步了解 Mechanical 求解器中单元相关信息，请参考《Mechanical APDL Theory Reference》中的单元库 Element Library 一章。

5 应用案例

5.1 冲浪板静强度分析

5.1.1 案例简介

案例目标是：建立复合材料冲浪板模型，并完成静强度分析；掌握复合材料建模—求解—后处理这一完整流程。案例使用的 ACP 模块关键技术是 Section Cut。效果如图 5-1 所示。

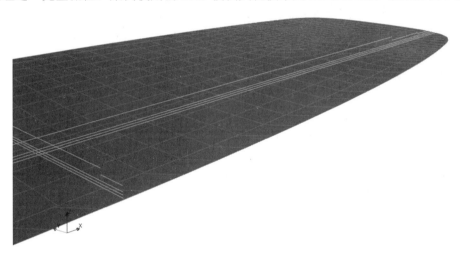

图 5-1 模型案例

铺层表如表 5-1 所示。

表 5-1 铺层表

序号	铺层	铺层角度（°）	铺层厚度（mm）
1	单向带	-45	0.2
2	单向带	0	0.2
3	单向带	45	0.2

续表

序号	铺层	铺层角度（°）	铺层厚度（mm）
4	芯材	0	变厚度，由 CAD 软件导入
5	单向带	-45	0.2
6	单向带	0	0.2
7	单向带	45	0.2

案例实现步骤：分析流程建立；材料属性添加（1）；Mechanical 界面几何和网格设置；材料属性添加（2）；工具坐标系定义；方向选择集定义；铺层定义及查看；载荷、边界条件和求解；结果后处理（1）；结果后处理（2）。

5.1.2 案例实现

1. 分析流程建立

（1）启动 Workbench，以 kiteboard 为项目名称进行保存，并拖放 ACP（Pre）流程到项目页。如图 5-2 所示。

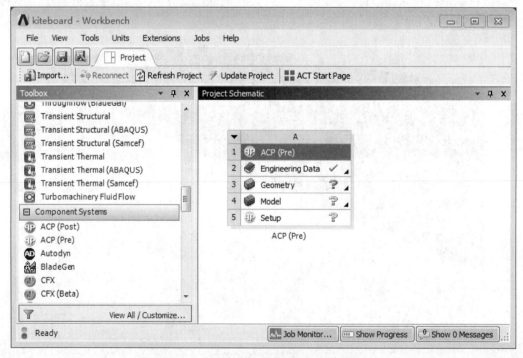

图 5-2　拖放 ACP（Pre）流程到项目页

（2）单击 ACP（Pre）流程的 Geometry，右击选择 Import Geometry→Browse 命令，弹出文件选择窗口。找到并选择练习输入文件 KITE_BOARD.x_t。

（3）右击 Geometry，选择 Edit Geometry in DesignModeler 命令，进入 DesignModeler 界面，如图 5-4 所示。在 Unit 下拉菜单选择毫米单位制。单击工具栏中的 Generate 按钮生成模型。

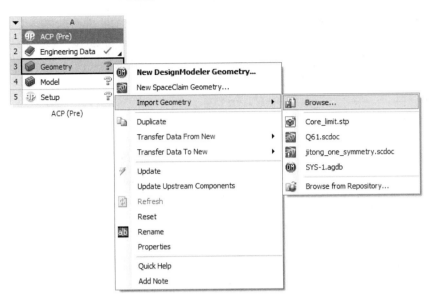

图 5-3 选择 Import Geometry→Browse 命令

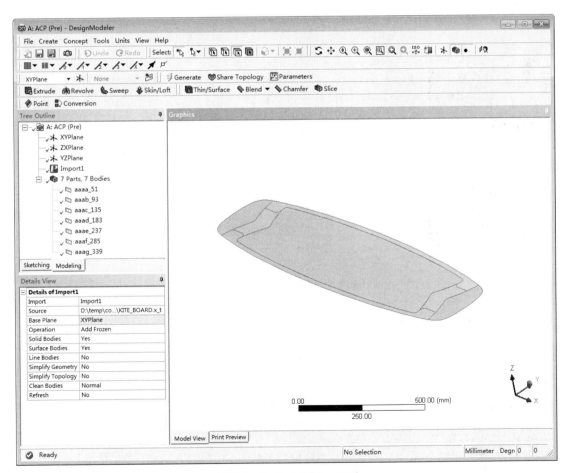

图 5-4 DesignModeler 界面

（4）为了不同区域有限元模型之间节点共享，将 7 个不同的 Part 组合成 1 个多体零件。在特征树最下方零件列表处，单击 aaaa_51，按住 Shift 键，单击 aaag_339，此时特征树所有零件均被选中。在特征树高亮区域，右击选择 Form New Part 命令，完成多体零件的新建，如图 5-5 所示。

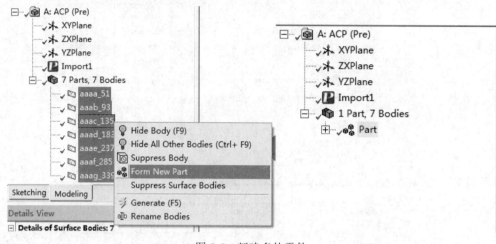

图 5-5 新建多体零件

（5）关闭 Geometry 模块窗口，回到项目页。

2. 材料属性添加（1）

（1）新建名为 Epoxy Carbon 的材料，将工具箱 Linear Elastic 下的 Orthotropic Elasticity 拖放到新材料名称上，如图 5-6 所示。

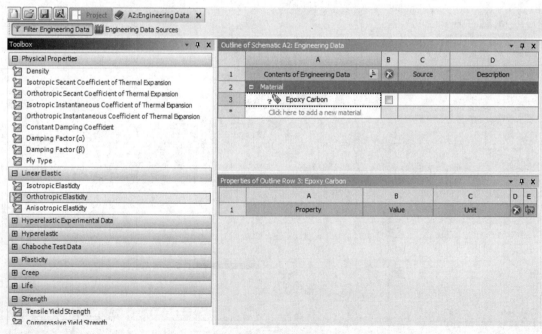

图 5-6 新建材料

（2）定义 Epoxy Carbon 正交各向异性材料属性，如图 5-7 所示。

	A	B	C	D	E
1	Property	Value	Unit		
2	Orthotropic Elasticity				
3	Young's Modulus X direction	120000	MPa		
4	Young's Modulus Y direction	86000	MPa		
5	Young's Modulus Z direction	86000	MPa		
6	Poisson's Ratio XY	0.28			
7	Poisson's Ratio YZ	0.4			
8	Poisson's Ratio XZ	0.28			
9	Shear Modulus XY	47000	MPa		
10	Shear Modulus YZ	31000	MPa		
11	Shear Modulus XZ	47000	MPa		

图 5-7 定义 Epoxy Carbon 属性

（3）将 Ply Type、Orthotropic Stress Limits 和 Orthotropic Strain Limits 拖放到 Epoxy Carbon 上，指定其材料类型、正交各向异性许用应力、正交各向异性许用应变，如图 5-8 所示。

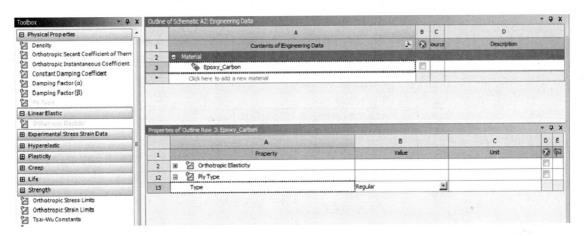

图 5-8 拖放属性

	A	B	C	D	E
1	Property	Value	Unit		
2	⊞ Orthotropic Elasticity				
12	⊞ Orthotropic Stress Limits				
22	⊟ Orthotropic Strain Limits				
23	Tensile X direction	0.017			
24	Tensile Y direction	0.003			
25	Tensile Z direction	0.003			
26	Compressive X direction	-0.011			
27	Compressive Y direction	-0.019			
28	Compressive Z direction	-0.019			
29	Shear XY	0.012			
30	Shear YZ	0			
31	Shear XZ	0			

图 5-8 拖放属性（续图）

（4）定义 Puck 准则常数。将工具箱 Strength 下的 Puck Constants 拖放到 Epoxy Carbon 上，选择 Carbon 作为材料分类，得到默认的 Puck 准则常数，如图 5-9 所示。

	A	B
1	Property	Value
2	⊞ Orthotropic Elasticity	
12	⊞ Orthotropic Stress Limits	
22	⊞ Orthotropic Strain Limits	
32	⊟ Puck Constants	
33	Material Classification	Carbon
34	Compressive Inclination XZ	0.3
35	Compressive Inclination YZ	0.25
36	Tensile Inclination XZ	0.35
37	Tensile Inclination YZ	0.25
38	⊞ Ply Type	
40	⊟ Additional Puck Constants	
41	Interface Weakening Factor	0.8
42	Degradation Parameter s	0.5
43	Degradation Parameter M	0.5

图 5-9 定义 Puck 准则常数

（5）定义芯材材料属性。新建名为 Core 的材料，按照表 5-2 定义其材料属性。芯材材料是各向同性，但为了方便后处理失效评价，将其定义为正交各向异性，铺层种类为正交各向异性均匀芯材 Orthotropic Homogeneous Core。关闭 Engineer Data 界面，返回项目页。

表 5-2 材料属性

属性名称	属性值	属性名称	属性值
弹性模量 X 方向（MPa）	60	X 方向拉伸强度（MPa）	0
弹性模量 Y 方向（MPa）	60	Y 方向拉伸强度（MPa）	0
弹性模量 Z 方向（MPa）	60	Z 方向拉伸强度（MPa）	1.1

续表

属性名称	属性值	属性名称	属性值
泊松比 XY 面	0.35	X 方向压缩强度（MPa）	0
泊松比 YZ 面	0.35	Y 方向压缩强度（MPa）	0
泊松比 XZ 面	0.35	Z 方向压缩强度（MPa）	0
剪切模量 XY 面（MPa）	23	XY 面剪切强度（MPa）	0
剪切模量 YZ 面（MPa）	23	YZ 面剪切强度（MPa）	0.8
剪切模量 XZ 面（MPa）	23	XZ 面剪切强度（MPa）	0.8

3. Mechanical 界面几何和网格设置

进入 Mechanical 界面完成相应设置。

（1）双击 ACP（Pre）流程的 Model，进入 Mechanical 界面。为 Geometry 节点下的所有体指定厚度为 1mm，如图 5-10 所示。注意：这个厚度值只是为了分析流程能够继续，在复合材料铺层定义完成之后，将被自动替换；当一个装配体中既包含复合材料，也包含其他材料时，非复合材料零部件的材料属性必须在此处准确定义。

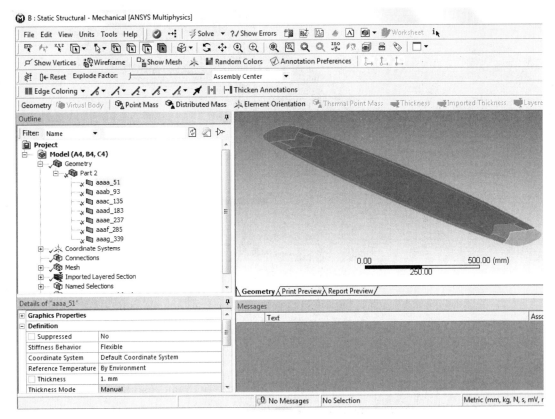

图 5-10 指定厚度

（2）划分网格。在特征树 Mesh 节点中插入 Sizing，指定模型中所有体的单元尺寸为 10mm，如图 5-11 所示。

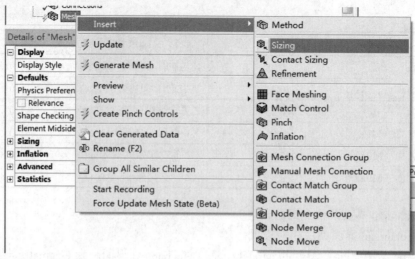

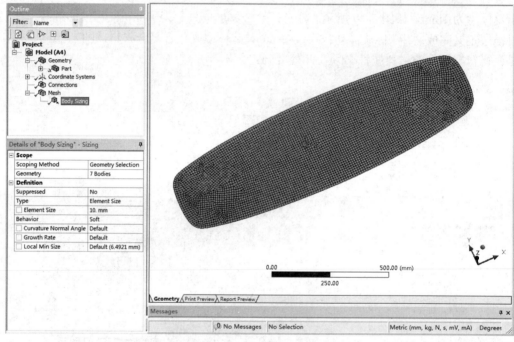

图 5-11 划分网格并定义尺寸

（3）关闭 Mechanical 界面，回到项目页。更改 Model 的 Length Unit 属性，选择 mm 单位制，确保 ACP（Pre）界面使用毫米单位制。更新 Model。

4. 材料属性添加（2）

（1）双击 ACP（Pre）的 Setup，进入 ACP（Pre）前处理界面，如图 5-12 所示。

（2）在特征树 Material Data→Fabrics 下，右击选择 Create Fabric 命令。定义厚度为 0.2mm，名称为 Fabric.Epoxy Carbon UD.02mm 的碳纤维单向带，如图 5-13 所示。

（3）在特征树 Material Data→Fabrics 下，右击选择 Create Fabric 命令。定义厚度为 15.2mm，名称为 Fabric.Core.15.2mm 的芯材，如图 5-14 所示。芯材的厚度值在后续会被导入的几何体所替代。

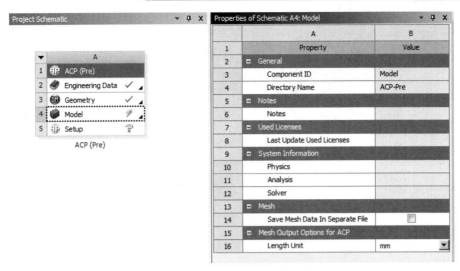

图 5-12 ACP（Pre）前处理界面

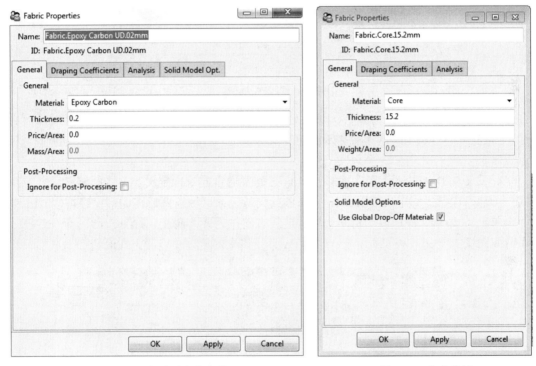

图 5-13 定义碳纤维单向带　　　　图 5-14 定义芯材

（4）在特征树 Material Data→Stackups 下，右击选择 Create Stackup 命令。定义包含 3 层 Fabric.Epoxy Carbon UD.02mm，铺层角分别为-45°、0°和 45°，名称为 Stackup.-45.0.45 的 3 轴布。

5．工具坐标系定义

在特征树 Rosettes 节点，右击选择 Create Rosette 命令，新建 1 个直角坐标系。坐标系类型选为 Parallel，如图 5-15 所示。

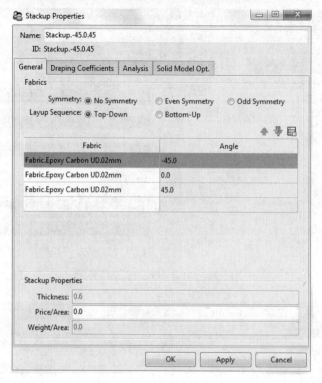

图 5-15 新建直角坐标系

坐标系原点定义有两种方式：①输入坐标；②单击 Origin 右侧的坐标输入区域，然后在图形窗口选择节点或者单元，程序自动将节点坐标或者单元中心点坐标提取，作为新建坐标系的原点。

坐标系 x 轴 Direction 1 和 y 轴 Direction 2 需要通过向量来定义。向量的定义同样有两种方式：①输入向量；②单击 Direction 1 右侧的向量输入区域，然后在图形窗口按住 **Ctrl** 键选择两个单元（节点），程序自动将两个单元连线方向作为方向向量。如图 5-16 所示。注意：坐标系方向向量的定义方法，适用于 ACP（Pre）模块中任何需要定义方向的情形。

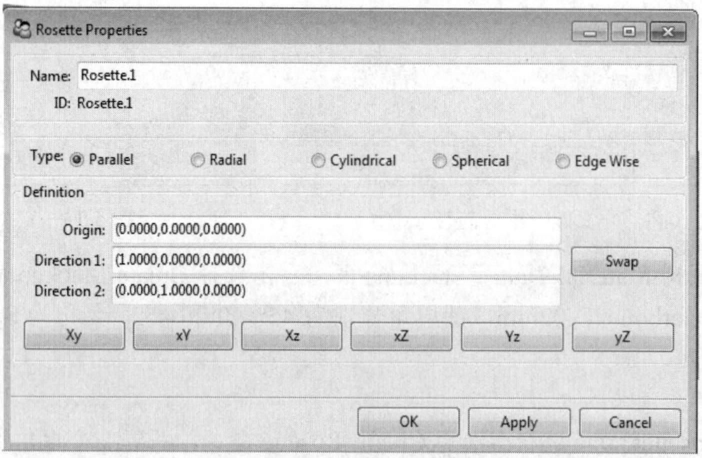

图 5-16 定义 X 轴和 Y 轴

6. 方向选择集定义

在特征树 Oriented Selection Sets 节点，右击选择 Create Oriented Selection Set 命令，弹出 Oriented Selection Set Properties 窗口，如图 5-17 所示。

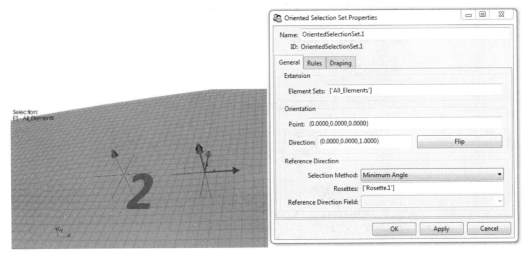

图 5-17　Oriented Selection Set Properties 窗口

在 Oriented Selection Set Properties 窗口中：①定义 Element Sets 为 All_Elements；②通过在场景窗口选择冲浪板中间位置的 1 个点（对于平面壳单元模型这个点的具体位置不重要），定义 Point；③通过在场景窗口选择冲浪板 1 个单元，其方向定义为 Direction，作为铺敷方向；④将 Selection Method 设置为 Minimum Angle（Selection Method 在选择多个 Rosette 时起到重要作用）；⑤定义 Rosettes 为新建立的 Rosette.1。

更新模型，查看方向单元集的铺敷方向和参考方向，如图 5-18 所示。

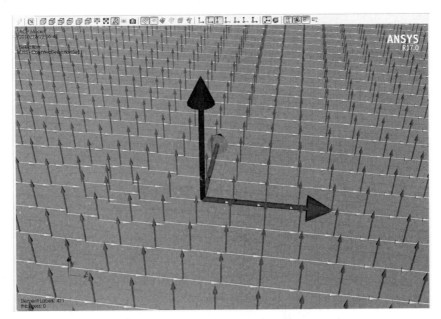

图 5-18　单元集的铺敷方向和参考方向

7. 铺层定义及查看

（1）新建三轴布铺层。在特征树 Modeling Groups 节点右击选择 Create Modeling Groups 命令，新建名称为 PlyGroup.1 的铺层组。在特征树 PlyGroup.1 右击选择 Create Ply 命令，弹出 Modeling Ply Properties 窗口。按照图 5-19 定义三轴布铺层属性。

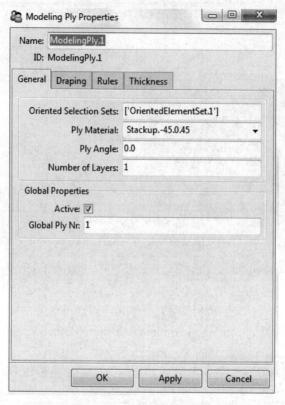

图 5-19　定义三轴铺层属性

（2）采用 CAD 文件，定义芯材厚度。操作步骤如下：

1）在项目页添加 Geometry 流程，导入 kiteboard_core.stp 文件。连接 Geometry 到 ACP（Pre）的 Setup，如图 5-20 所示，并双击 Setup 进入到 ACP（Pre）界面。

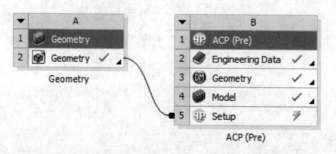

图 5-20　连接 Geometry 到 ACP（Pre）的 Setup

2）在特征树 Geometry 的 Virtual Geometries 节点，右击选择 Create Virtual Geometry 命令，新建芯材厚度几何，选择导入的几何文件。通过右击 Show 命令，查看导入的几何文件。查看之后，选择 Hide 命令隐藏几何文件。

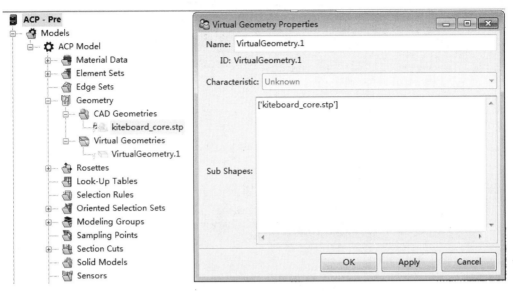

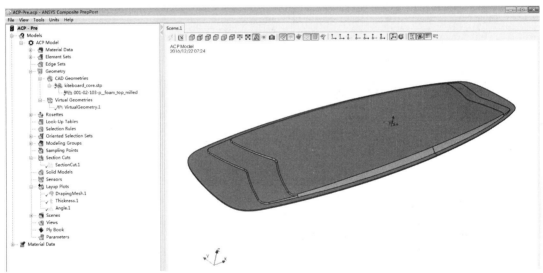

图 5-21　查看几何文件

3）在特征树 Modeling Groups→PlyGroup.1→ModelingPly.1 节点，右击选择 Create Ply After 命令，新建芯材铺层。在 Modeling Ply Properties 窗口的 Thickness 选项卡中，Type 选项选择 From Geometry，Core Geometry 选项选择 VirtualGeometry.1，如图 5-22 和图 5-23 所示。

（3）新建上表面铺层。在特征树 Modeling Groups→PlyGroup.1 节点，右击选择 Create Ply，新建三轴布铺层。冲浪板铺层已经全部定义完成。

（4）使用 Section Cuts 查看铺层。在特征树 Section Cuts 节点，右击选择 Create Section Cut 命令，打开 Section Cut Properties 窗口，如图 5-24 所示。取消选中 Interactive Plane 复选框。输入原点（0,0,0）和法向向量（0,1,0）。将 Section Cut Type 设置为 Analysis Ply Wise。

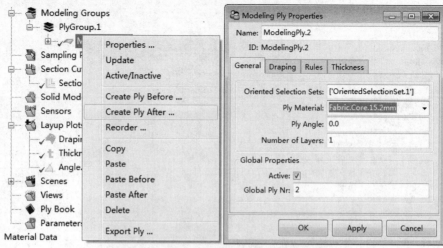

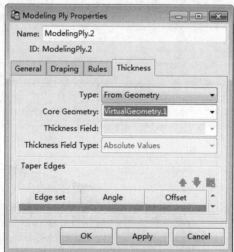

图 5-22 定义 Thickness 选项卡

图 5-23 定义 General 选项卡

注意: 可以设置芯材和铺层厚度的缩放因子；可以同时设置多个 Section Cut 并显示；Section Cut 的隐藏和显示通过右键菜单控制。

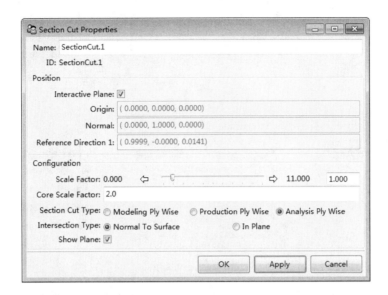

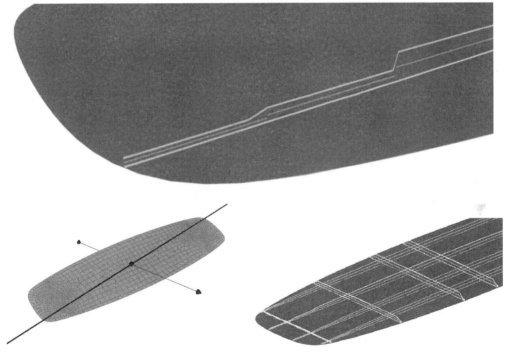

图 5-24 使用 Section Cuts 查看铺层

8. 载荷、边界条件和求解

（1）关闭 ACP（Pre）前处理模块界面，回到项目页，建立 Static Structural 分析流程。连接 ACP（Pre）的 Setup 和 Static Structural 的 Model，选择 Transfer Shell Composite Data，如图 5-25 所示。更新 ACP（Pre）的 Setup。

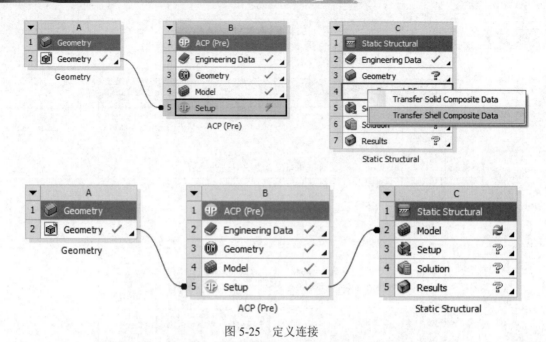

图 5-25 定义连接

（2）双击 Static Structural 的 Model，进入 Mechanical 界面，如图 5-26 所示。定义冲浪板一端固定约束。

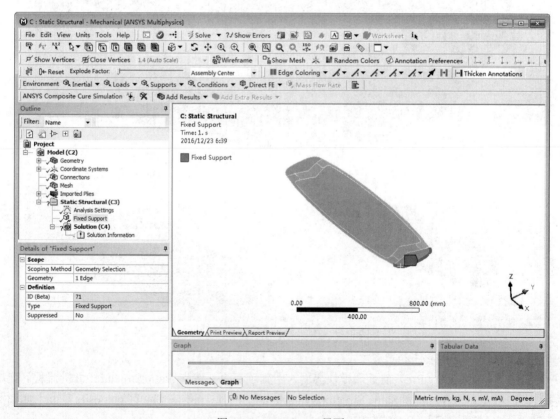

图 5-26 Mechanical 界面

（3）采用 Remote Displacement 技术约束冲浪板另一端角位移为绕 x 轴转 5°，绕 y 轴转 2°，如图 5-27 所示。

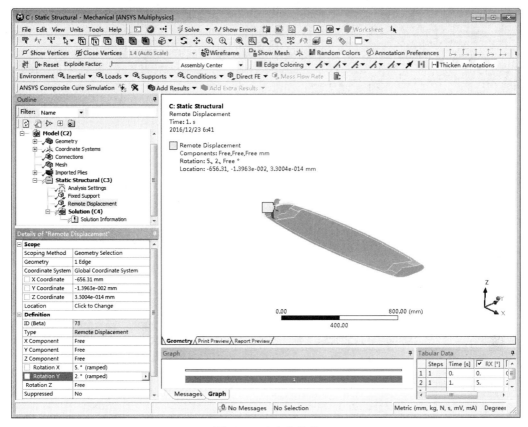

图 5-27　定义角位移

（4）求解。在特征树 Solution 节点右击选择 Solve 命令完成求解，如图 5-28 所示。

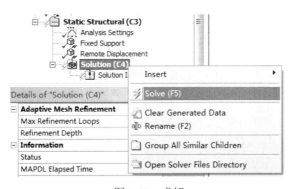

图 5-28　求解

9. 结果后处理（1）

整体计算结果既可以在 Mechanical 界面查看，也可以在 ACP（Post）界面查看。

在特征树 Solution 节点右击选择 Insert→Deformation→Total 命令，指定提取模型的整体变形云图。在特征树 Solution 节点右击选择 Evaluate All Results 命令提取结果。选择特征树 Total

Deformation，查看变形云图，如图 5-29 所示。

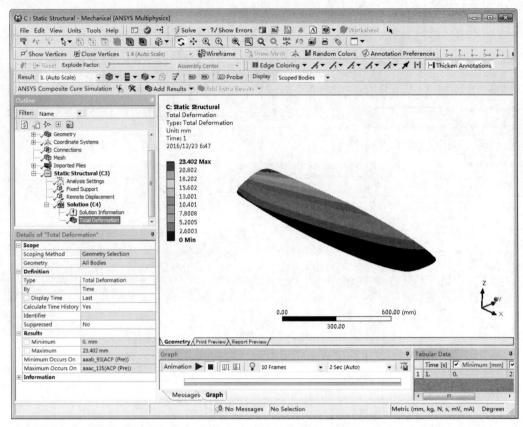

图 5-29　查看变形云图

10. 结果后处理（2）

进入 ACP（Post）界面，进行后处理。

（1）拖拽添加 ACP（Post）组件到 ACP（Pre）组件上。连接 Static Structural 组件的 Solution 和 APC（Post）组件的 Result，如图 5-30 所示。更新 Static Structural 的 Results。

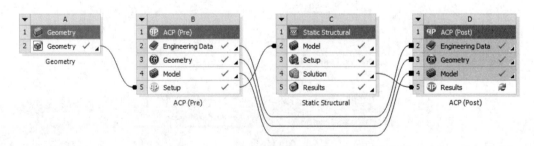

图 5-30　定义连接

（2）双击 ACP（Post）组件的 Results，更新特征树 Solutions 的 Solution.1 节点，并右击该节点，选择 Create Deformation 命令新建变形结果，如图 5-31 所示。

（3）右击特征树 Solutions 的 Solution.1 节点，选择 Create Stress 命令新建应力结果，选

项设置为 Ply Wise 后处理、结果提取位置设置为层的底面 bot、应力分量为 s1。在特征树 Modeling Groups 节点选择具体铺层，查看该铺层应力结果，如图 5-32 所示。

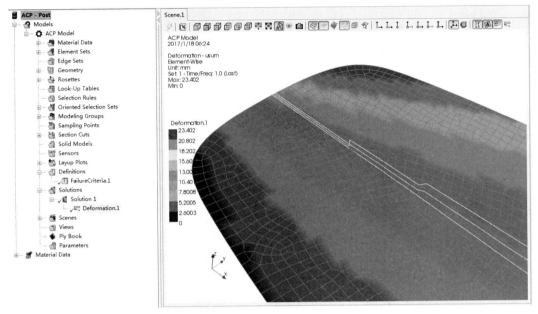

图 5-31　新建变形结果

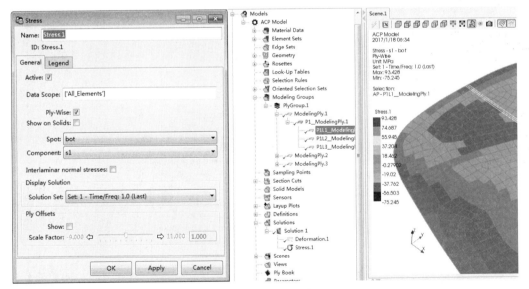

图 5-32　查看铺层应力结果

（4）改变应力结果设置，提取 s2 应力，位置为铺层顶面 top。在图形窗口中单击某一个单元，查看该单元的应力结果，如图 5-33 所示。

（5）在特征树的 Definitions 节点右击选择 Create Failure Criteria 命令。弹出 Failure Criteria Definitions 窗口，按图 5-34 进行设置，并单击 OK 按钮确定。右击特征树 Solutions 的 Solution.1 节点，选择 Create Failure 命令新建失效结果云图，选项设置如图 5-34 所示。

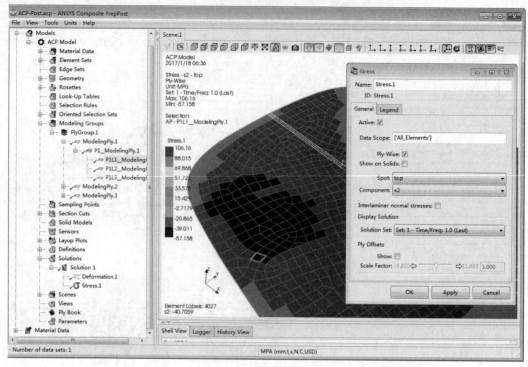

图 5-33 查看单元应力结果

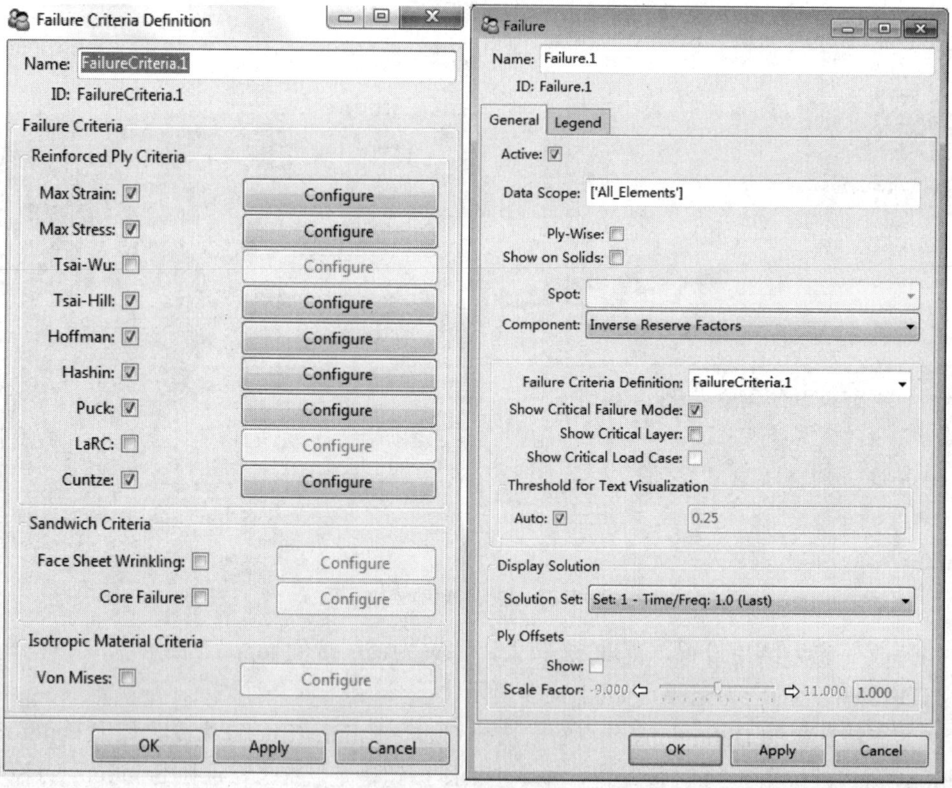

图 5-34 选项设置

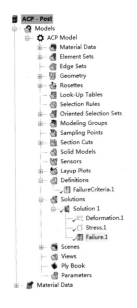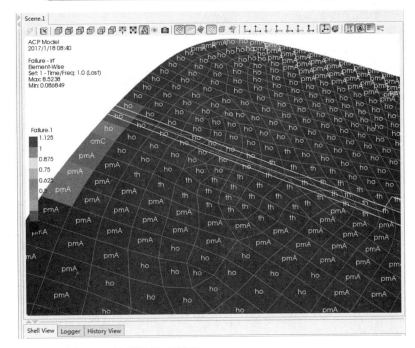

图 5-34 选项设置（续图）

> **注意**
>
> 在 Deformation.1、Stress.1 和 Failure.1 三个结果之间切换的方法是：右击待看结果节点，选择 Show 命令，则云图切换到该结果；A 图标可以用来打开或关闭关键失效模式的显示，在显示完整模型时，打开关键失效模式显示会降低图形显示效率。

（6）Failure.1 属性的 Legend 选项卡有三种方式控制云图的梯度：默认设置，最小值为 0，最大值为 1.125（大于该值均显示为红色）；自动设置，最大/最小值以实际计算结果来显示；自定义设置，按照用户指定的最大值和最小值进行显示。

默认设置　　　　　　　　自动设置　　　　　　　　自定义设置

（7）ACP-Post 模块不仅可以进行单层结果的后处理，还可以将失效准则、失效模式、关键层和关键载荷步等失效信息在同一视图中同时显示。如图 5-35 所示，取消选中 Ply-Wise 复选项，选择 Show Critical Failure Mode 和 Show Critical Layer 复选项，得到失效全局视图。图中 ho(5)表示编号为 5 的铺层按照 Hoffman 准则评价，已经发生失效。

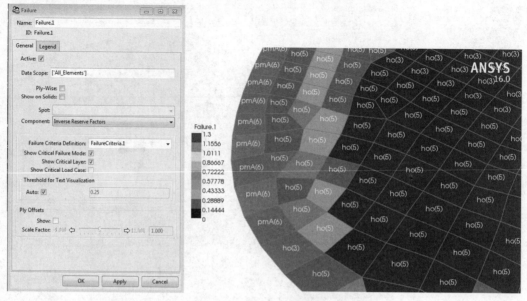

图 5-35　定义失效全局视图

5.2　采用 Edge Wise 坐标系定义螺旋结构纤维方向

5.2.1　案例简介

通常情况下,纤维方向会跟随复合材料的外形轮廓,而充分利用这些轮廓信息定义复合材料铺层方向可以极大提高复合材料模型建立的效率。本练习的目标是使用外形轮廓的 Edge Set 节点集去定位纤维方向,如图 5-36 所示案例。

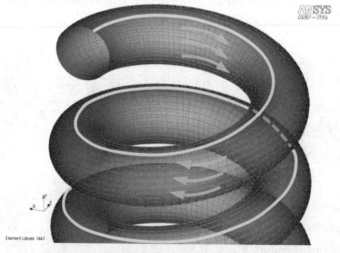

图 5-36　螺旋结构复合材料

案例实现步骤:分析流程建立;材料属性添加;定义节点集;使用节点集工具坐标系 Edge Wise Rosette 定义纤维参考方向。

5.2.2 案例实现

1. 分析流程建立

启动 Workbench，恢复存档文件 Helix_FROM_START.wbpz，如图 5-37 所示。

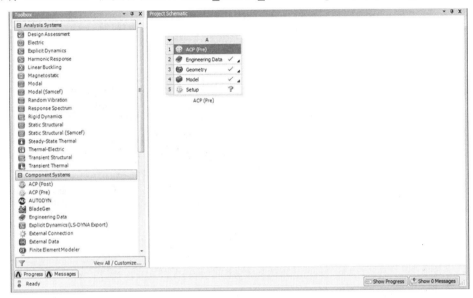

图 5-37 恢复存档文件

2. 材料属性添加

（1）进入 Engineering Data 模块界面。删除现有材料定义信息。单击 Engineering Data Sources 材料库界面，选择 Composite Materials，查看复合材料数据库中的材料。选择 Epoxy_Carbon_Woven_230GPa_Wet 之后，单击名称右侧列的"加号"按钮，将其复制到当前项目，如图 5-38 所示。

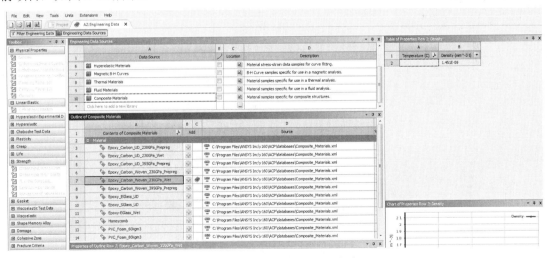

图 5-38 Engineering Data 界面

（2）关闭 A2：Engineering Data 界面，返回 Workbench 项目页。

3. 定义节点集

（1）更新上游数据，并进入 ANSYS Mechanical 界面。

（2）将 Epoxy_Carbon_Woven_230GPa_Wet 材料指定到螺旋结构几何体 Surface Body，如图 5-39 所示。

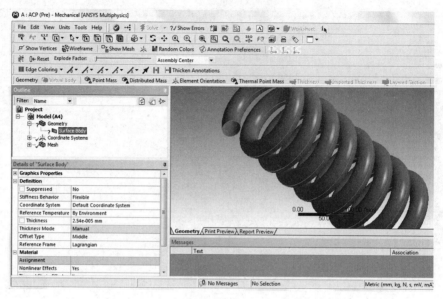

图 5-39　将材料指定到螺旋结构几何体

（3）分别将螺旋结构靠近内侧的边和外侧的边创建为命名选择，名称分别为 inner_edge 和 outer_edge，如图 5-40 所示（一种操作方式是：首先在图形区选择一条边，然后右击选择 Insert→Named Selection 命令）。

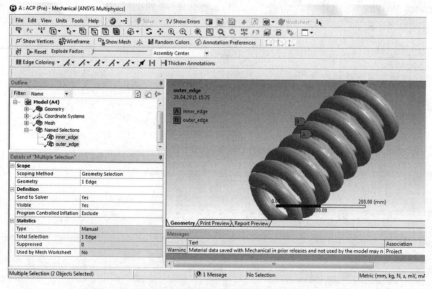

图 5-40　命名螺旋结构的内边和外边

（4）关闭 ANSYS Mechanical 界面，返回项目页。

4. 使用节点集工具坐标系 Edge Wise Rosette 定义纤维参考方向

(1) 按照图 5-41 所示步骤，更新 A 流程的 Model，刷新 Setup，右击选择 Edit 命令，进入 ACP（Pre）模块界面。

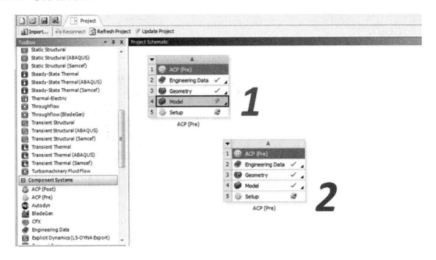

图 5-41　进入 ACP（Pre）模块界面的步骤

(2) 使用 Epoxy_Carbon_Woven_230GPa_Wet 材料，新建厚度为 0.005in 的织物，如图 5-42 所示。

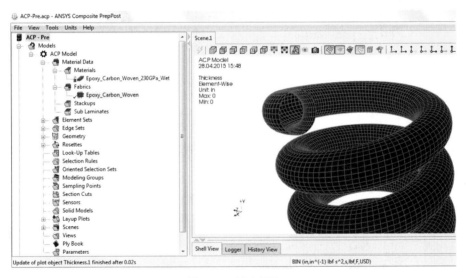

图 5-42　新建织物

(3) 在特征树 Rosettes 节点右击选择 Create Rosette 命令。新建的工具坐标系名称为 Rosette_Edge_Wise_Inner_Edge，如图 5-43 所示，类型为 Edge Wise，定义节点集为 inner_edge。

(4) 采用与步骤（3）相同的方法，定义工具坐标系 Rosette_Edge_Wise_Outer_edge，如图 5-44 所示。

(5) 新建方向选择集。在 Element Set 选择 All Elements。在图形区域选择一个单元，定义为方向点 Orientation Point。在图形区查看铺敷方向，通过 Flip 按钮控制螺旋结构外部为铺敷方向。按住 Ctrl 键，选择 Rosette_Edge_Wise_Inner_Edge 和 Rosette_Edge_Wise_Outer_edge，将这两个工具坐标系定义为方向选择集的 Rosettes。Selection Method 选项设置为 Minimum Distance。如图 5-45 所示。

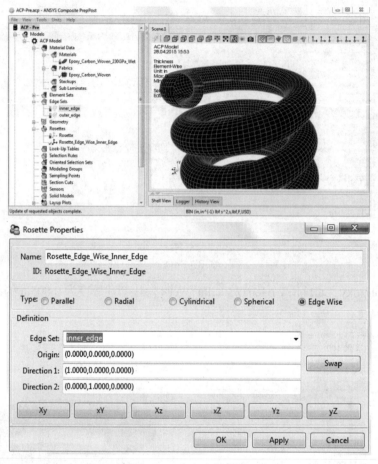

图 5-43　定义坐标系 1

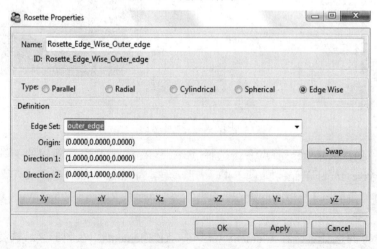

图 5-44　定义坐标系 2

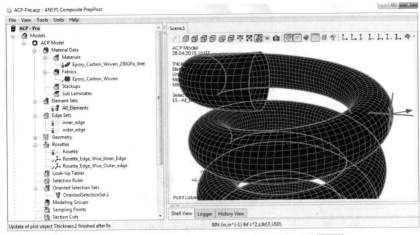

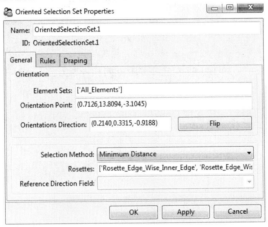

图 5-45　新建方向选择集

（6）通过 按钮查看方向选择集的参考方向，如图 5-46 所示。如果单击按钮之后看不到铺层参考方向，那么需要重新选择特征树中方向选择集节点，并确保其处于更新后状态。

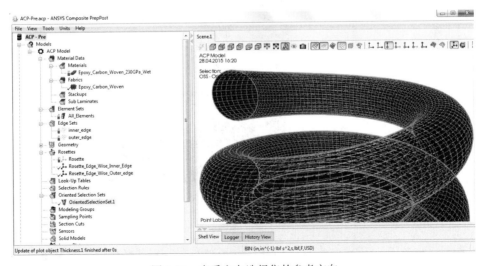

图 5-46　查看方向选择集的参考方向

（7）定义复合材料铺层，并查看参考方向和纤维方向，如图 5-47 所示。

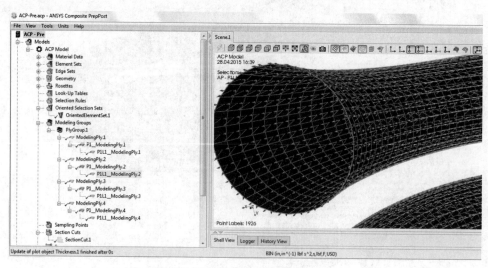

图 5-47　查看参考方向和纤维方向

5.3　T 型接头铺层定义练习

5.3.1　案例简介

练习的目标是通过 T 型接头铺层定义来熟悉 ACP 模块中的方向选择集、选择规则和坐标系。案例如图 5-48 所示。

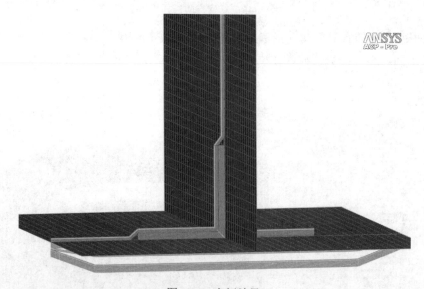

图 5-48　案例效果

练习主要包含 10 个步骤：恢复存档并查看基础数据；T 型接头铺层定义 5 个步骤；材料属性添加（织物新建）；切面图新建；第一步，基板铺层定义；第二步，粘结加强铺层定义；第三步，纵梁铺层定义；第四步，粘结加强铺层定义；第五步，覆盖铺层定义；可视化查看铺层。

5.3.2 案例实现

1. 恢复存档并查看基础数据

（1）启动 Workbench，恢复存档文件 T-Joint_FROM_START.wbpz。

（2）进入 Engineering Data 模块，查看材料属性，如图 5-49 所示。项目共定义了两个材料，这两个材料均取自材料库中，名字分别为 Epoxy Carbon UD 395 GPa PrePreg 和 Honeycomb，分别应用于铺层和蜂窝芯材。关闭 Engineering Data 模块，回到项目页。

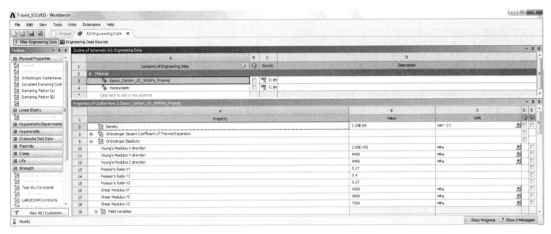

图 5-49 Engineering Data 界面

（3）进入 ANSYS Mechanical 界面，查看 T 型接头的网格划分和命名选择的定义，如图 5-50 所示。模型共包含 7 个命名选择：Deck1，Deck2，Deck3，Deck4，Joint1，Joint2 和 edge_tapering。关闭 ANSYS Mechanical 模块，返回项目页。

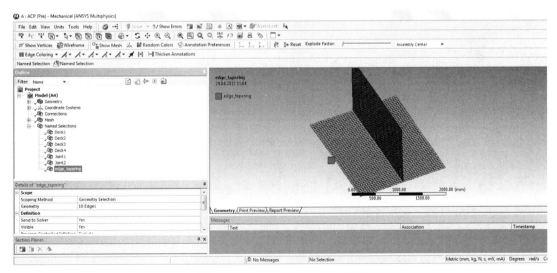

图 5-50 ANSYS Mechanical 界面

2. T型接头铺层定义5个步骤

第一步,基板铺层;第二步,定义粘结加强铺层;第三步,定义纵梁;第四步,定义粘结加强铺层;第五步,定义覆盖铺层。如图5-51所示。

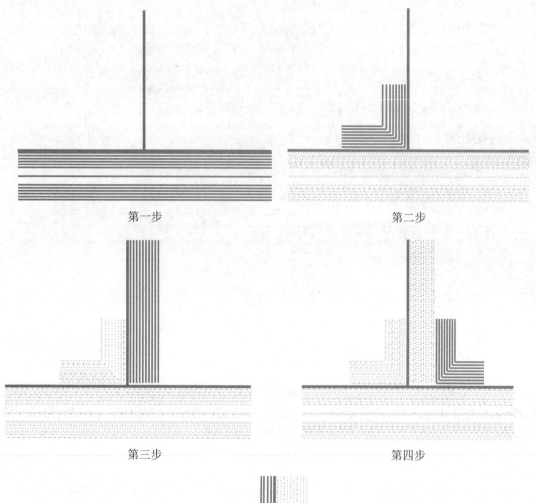

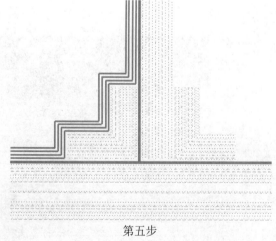

图5-51 T型接头铺层5个步骤

3. 材料属性添加（织物新建）

（1）定义 0.02in 厚的 Epoxy_Carbon_UD_395GPa_Prepreg 碳纤维铺层。

（2）定义厚度为 4in 的 Honeycomb 蜂窝芯材。如图 5-52 所示。

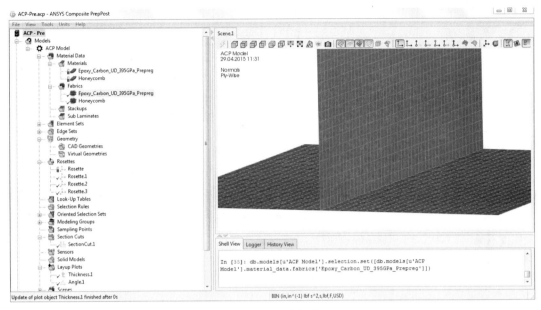

图 5-52　新建织物

4. 切面图新建

为方便后续步骤查看铺层定义信息，按照图 5-53 定义切面图。

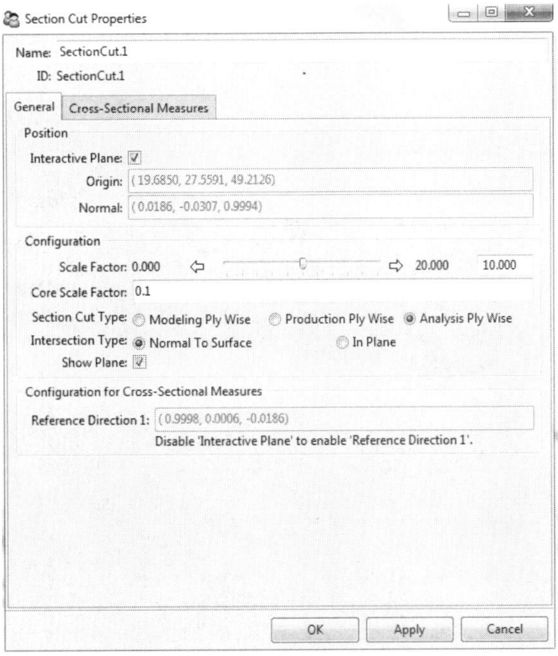

图 5-53　定义切面图

5. 第一步，基板铺层定义

（1）新建名为 Rosette.1 的直角坐标系，如图 5-54 所示。

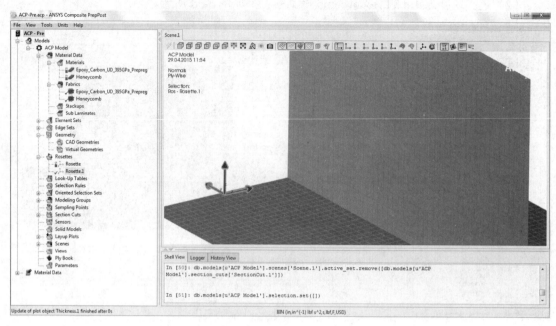

图 5-54　新建直角坐标系

（2）新建方向选择集，命名为 OrientedSelectionSet.1。Element Sets 选项选择 Deck1、Deck2、Deck3 和 Deck4。任意选择单元集中的单元定义方向点，查看方向选择集方向，确保朝向基板下方（如果不朝下，使用 Flip 按钮进行反向操作）。Rosettes 选择 Rosette.1。如图 5-55 所示。

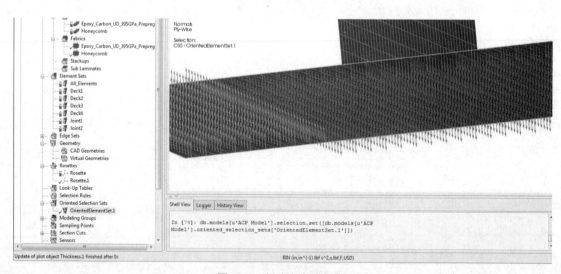

图 5-55　新建方向选择集

（3）新建基板碳纤维铺层组。基于方向选择集 OrientedSelectionSet.1 和 Epoxy_Carbon_

UD_395GPa_Prepreg 织物定义一层铺层，复制并粘贴该铺层 5 次。依次修改建模铺层 Modeling Ply.1,Modeling Ply.2,…，Modeling Ply.6 的铺层角度为 90°,0°,45°,-45°,90°和 0°。如图 5-56 所示。

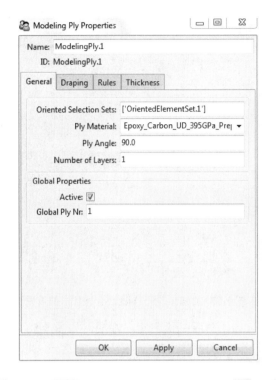

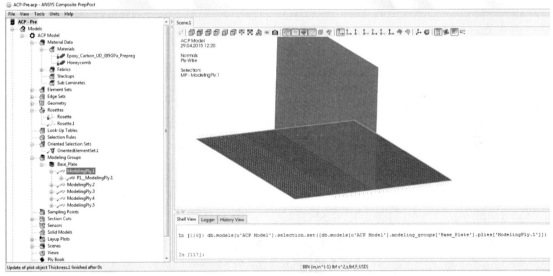

图 5-56 新建基板碳纤维铺层组

（4）新建基板芯材铺层组。在 Modeling Ply.6 之后，基于方向选择集 OrientedSelectionSet.1 和 Honeycomb 定义一层芯材铺层。芯材厚度选项卡锥度渐变控制为在 Edge_tapering 节点集的 20°渐变。General 和 Thickness 选项卡的设置如图 5-57 所示。

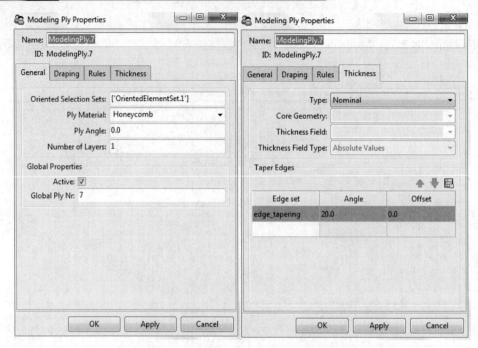

图 5-57　General 和 Thickness 选项卡的设置

（5）使用切面 SectionCut.1 查看基板已定义铺层，如图 5-58 所示。

图 5-58　查看基板已定义铺层

（6）继续定义基板铺层。复制基板铺层组中的 ModelingPly.1，粘贴到基板铺层组中 7 次，并依次修改铺层角度为 0°、90°、0°、45°、-45°、90°、0°，如图 5-59 所示。

6. 第二步，粘结加强铺层定义

粘结加强铺层方向选择集的定义中，选择方法的使用非常重要，接下来使用最小/最大角选择方法定义粘结加强铺层的方向选择集。结果如图 5-60 所示。

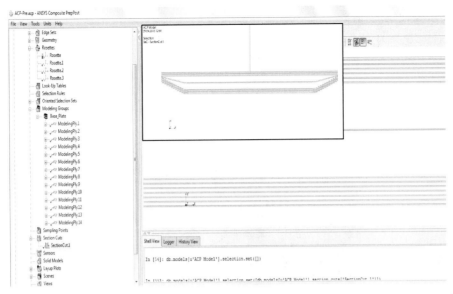

图 5-59 修改铺层角度

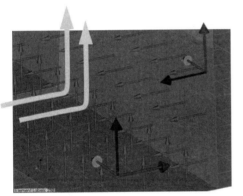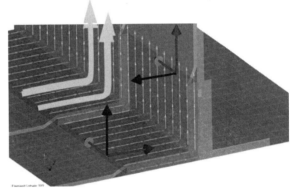

图 5-60 粘结加强铺层定义效果

(1) 按照图 5-61 设置,新建工具坐标系 Rosette.2。

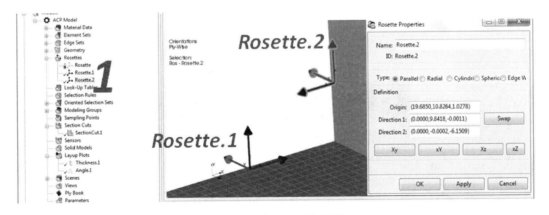

图 5-61 新建工具坐标系

(2)新建粘结加强铺层方向选择集，命名为 OrientedSelectionSet.2。Element Sets 选择 Deck1、Deck2。选择方向点和方向向量。Rosettes 选项选择 Rosette.1、Rosette.2。Selection Method 选项选择 Minimum Angle。如图 5-62 所示。

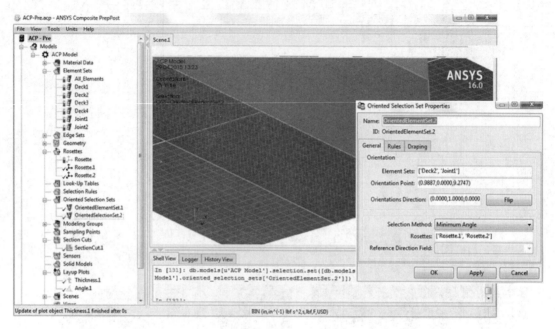

图 5-62　新建粘结加强铺层方向选择集

(3)新建粘接胶加强铺层组 Bonding，并新建两层粘接胶加强铺层。两层铺层的方向角分别为 45°和-45°，织物为 Epoxy_Carbon_UD_395GPa_Prepreg，铺敷区域为 OrientedSelectionSet.2。如图 5-63 所示。

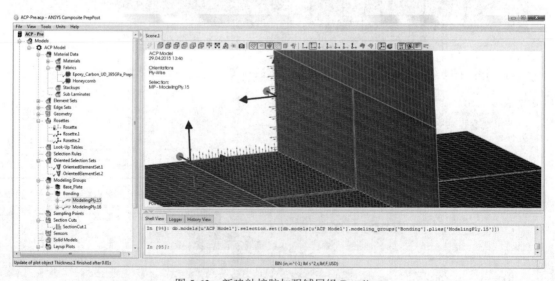

图 5-63　新建粘接胶加强铺层组 Bonding

(4)通过复制方式新建其余铺层。复制建模铺层 ModelingPly.15 和 ModelingPly.16。在特征树 ModelingPly.16 节点右击选择 Paste after 命令，将复制的两层铺层粘贴到 Bonding 铺层组。粘贴 3 次之后，粘接胶加强铺层共 8 层，修改铺层角，实现（45°, -45°, 45°, -45°, 45°, -45°, 0°,90°）铺敷。如图 5-64 所示。

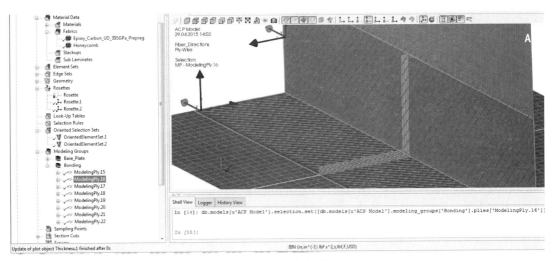

图 5-64　新建其余铺层

7. 第三步，纵梁铺层定义

（1）新建方向选择集，命名为 OrientedSelectionSet.3。Element Sets 选项选择单元集 Joint1 和 Joint2。定义方向点和方向向量。Rosettes 选项选择工具坐标系 Rosette.2。如图 5-65 所示。

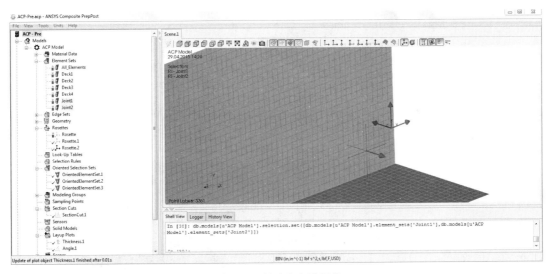

图 5-65　新建方向选择集

（2）新建纵梁铺层组，命名为 Stringer。基于方向选择集 OrientedSelectionSet.3 和碳纤维单向带，添加 10 层铺层，方向角分别为（0°, 90°, 0°, 90°, 0°, 0°, 90°, 0°, 90°,0°）。如图 5-66 所示。

8. 第四步，粘结加强铺层定义

（1）新建工具坐标系，命名为 Rossette.3，如图 5-67 所示。

（2）新建粘结加强铺层方向选择集，命名为 OrientedSelectionSet.4。Element Sets 选项选择

Deck3、Joint1。选择方向点和方向向量。Rosettes 选项选择 Rosette.2、Rosette.3。Selection Method 选项选择 Maximum Angle。如图 5-68 所示。

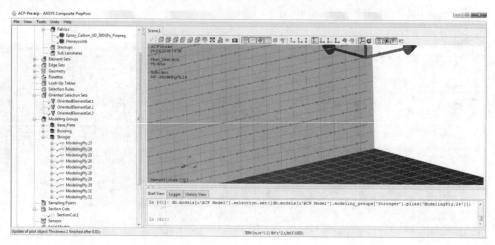

图 5-66 新建纵梁铺层组

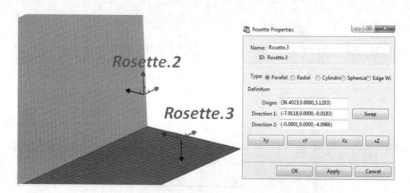

图 5-67 命名坐标系

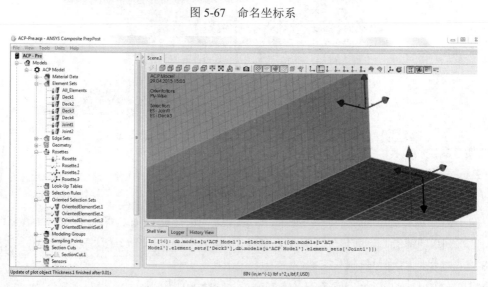

图 5-68 新建粘结加强铺层方向选择集

（3）新建粘接胶加强铺层组 Bonding，并新建 8 层粘接胶加强铺层。织物为 Epoxy_Carbon_UD_395GPa_Prepreg，铺敷区域为 OrientedSelectionSet.4。铺层角度依次为 45°、-45°、45°、-45°、45°、-45°、0°、90°。如图 5-69 所示。

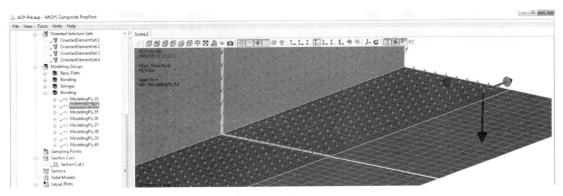

图 5-69　新建粘接胶加强铺层组

9. 第五步，覆盖铺层定义

（1）新建方向选择集，命名为 OrientedSelectionSet.5。Element Sets 选择 Deck1、Decl2、Joint1 和 Joint2。选择方向点和方向向量。Rosettes 选项选择 Rosette.1，Rosette.2。Selection Method 选项选择 Minimum Angle。如图 5-70 所示。

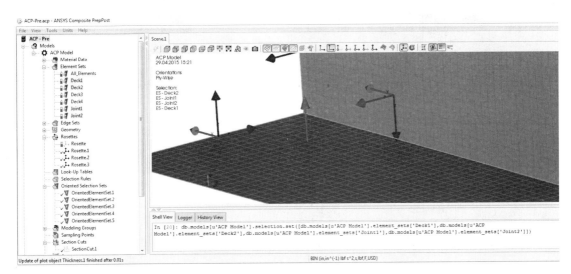

图 5-70　新建方向选择集

（2）新建覆盖铺层组，命名为 Cover，并新建 4 层覆盖铺层。织物为 Epoxy_Carbon_UD_395GPa_Prepreg，铺敷区域为 OrientedSelectionSet.5。铺层角度依次为（45°、-45°、0°、90°）。如图 5-71 所示。

10. 可视化查看铺层

上文已经完成 T 型接头的铺层定义，最后使用已定义的切面图，查看定义好的接头铺层。如图 5-72 所示。

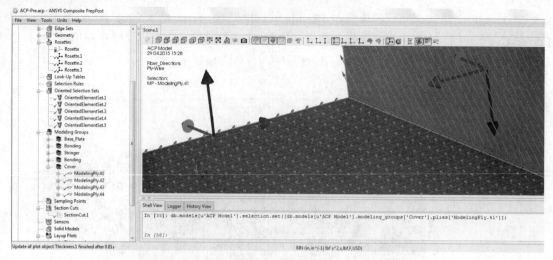

图 5-71　新建覆盖铺层组

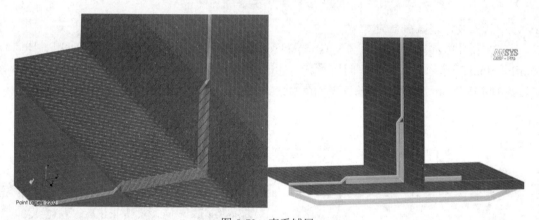

图 5-72　查看铺层

5.4　规则使用练习

5.4.1　案例简介

ACP 模块中方向选择集的覆盖区域由 Mechanical 模块的命名选择来定义。此时通过改变复合材料铺敷区域来改进产品设计，需要更改 Mechanical 模块中的命名选择来实现。这种方式的缺点是效率低，对于复杂曲面模型甚至不能实现。ACP 模块的选择规则功能则提供了一种新的解决方案，使得在不改变几何或命名选择定义的前提下，在单元集内部进行网格筛选。选择规则可以应用到方向选择集或单一建模铺层中。

案例的目标是练习选择规则的使用，其中包括：平行选择规则、随边管道选择规则；选择规则模板等。

案例主要步骤包括：恢复存档并查看基础数据；创建基本铺层；基于平行选择规则创建铺层；基于随边管道选择规则创建铺层；基于平行选择规则模板规则创建铺层。

5.4.2 案例实现

1. 恢复存档并查看基础数据

（1）启动 Workbench，恢复存档文件 Rules_FROM_START.wbpz。编辑 ACP（Pre）流程的 Setup，进入 ACP（Pre）模块。

（2）查看模型。模型中已经定义了一个碳纤维织物 Epoxy_Carbon_Woven_395GPa_Prepreg，以及一个笛卡尔工具坐标系 Rosette.1。如图 5-73 所示。

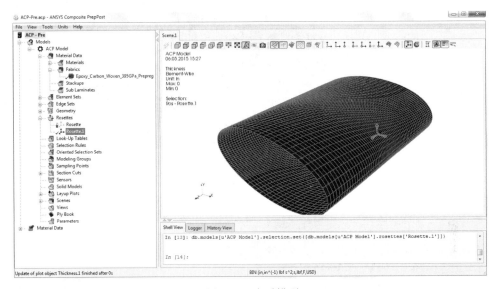

图 5-73 查看模型

2. 创建基本铺层

（1）新建方向选择集，名为 OrientedSelectionSet.1。Element Sets 选项选择 All_Elements。按图 5-74 定义方向点和方向向量。Rosettes 选择 Rosette.1。

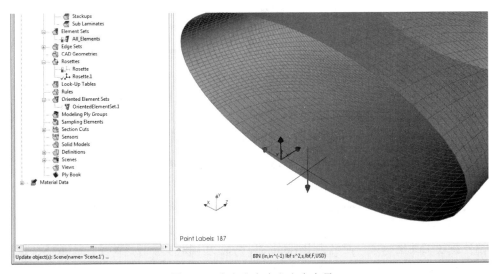

图 5-74 定义方向点和方向向量

（2）新建碳纤维铺层组。基于方向选择集 OrientedSelectionSet.1 和 Epoxy_Carbon_Woven_395GPa_Prepreg 织物定义 4 层铺层。铺层角度依次为 0°,30°,-30°和 0°。如图 5-75 所示。

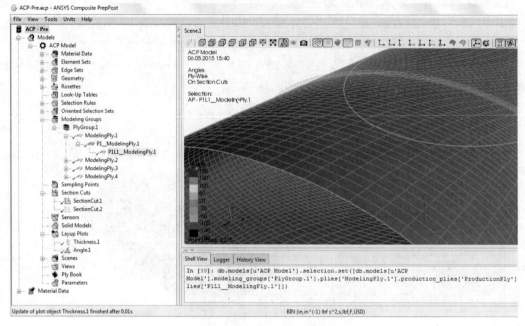

图 5-75　新建碳纤维铺层组

3. 基于平行选择规则创建铺层

（1）新建平行选择规则。规则原点在（0,0,1.2）。方向向量为（0,0,1），即整体坐标系 z 轴方向。规则的上下限分别为（-0.5,0.5）。如图 5-76 所示。

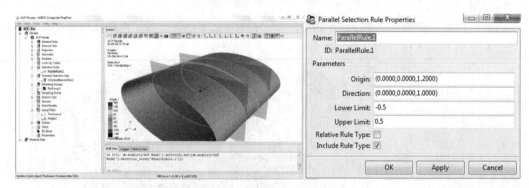

图 5-76　新建平行选择规则

（2）虽然 ACP 模块中的节点集 Edge Sets 通常情况下在 Mechanical 模块中通过命名选择来定义，但是有些节点集在 ACP 模块中能够更加方便地定义。新建节点集，名为 EdgeSet.1。Element Set 选项选择 All_Elements。Origin 选项选择外部边附近坐标点（通过在图形显示区选择单元或节点实现）。如图 5-77 所示。

（3）新建工具坐标系，命名为 Rosette.2。Type 选项选择 Edge Wise。Edge Set 选项选择之前建立的 EdgeSet.1。如图 5-78 所示。

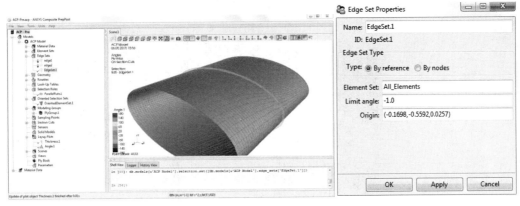

图 5-77 新建节点集

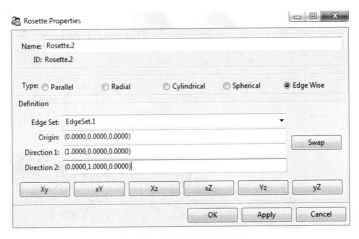

图 5-78 新建工具坐标系

(4) 新建方向选择集,名为 OrientedSelectionSet.2。Element Sets 选项选择 All_Elements。按图 5-79 定义方向点和方向向量。Rosettes 选择随边工具坐标系 Rosette.2。Rules 选项卡中,Selection Rules 选择平行选择规则 ParallelRule.1。

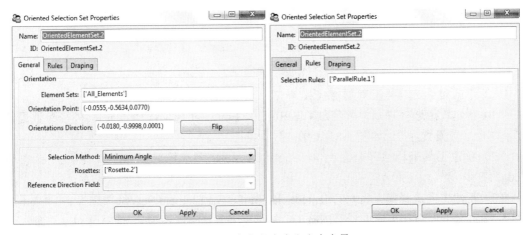

图 5-79 定义方向点和方向向量

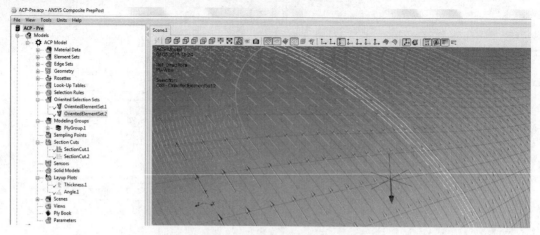

图 5-79　定义方向点和方向向量（续图）

（5）新建碳纤维铺层组。基于方向选择集 OrientedSelectionSet.2 和 Epoxy_Carbon_Woven_395GPa_Prepreg 织物定义 2 层铺层。铺层角度均为 0°。如图 5-80 所示。

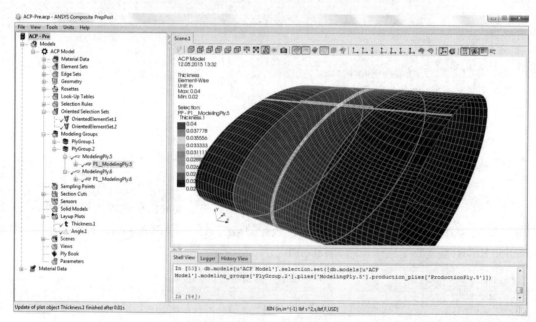

图 5-80　新建碳纤维铺层组

4. 基于随边管道选择规则创建铺层

（1）新建管道选择规则，命名为 TubeRule.1。Edge Set 选项选择 edge1。外径参数设置为 0.35，内径参数设置为 0。如图 5-81 所示。

（2）新建工具坐标系，命名为 Rosette.3。Type 选项选择 Edge Wise。Edge Set 选项选择 edge1。

（3）新建方向选择集，名为 OrientedSelectionSet.3。Element Sets 选项选择 All_Elements。按图 5-82 定义方向点和方向向量。Rosettes 选择随边工具坐标系 Rosette.3。Rules 选项卡中，Selection Rules 选择管道选择规则 TubeRule.1。

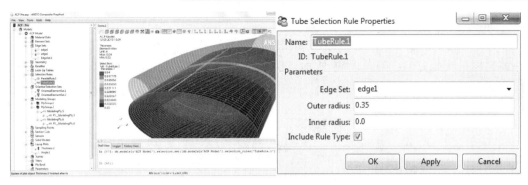

图 5-81　新建管道选择规则

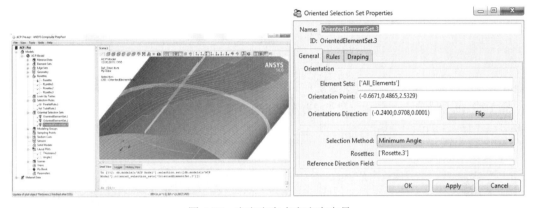

图 5-82　定义方向点和方向向量

（4）新建碳纤维铺层组。基于方向选择集 OrientedSelectionSet.3 和 Epoxy_Carbon_Woven_395GPa_Prepreg 织物定义 2 层铺层。铺层角度均为 0°。如图 5-83 所示。

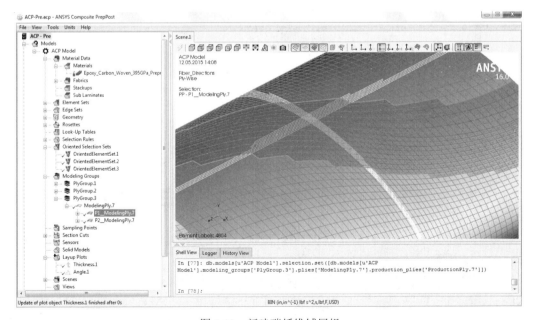

图 5-83　新建碳纤维铺层组

5. 基于平行选择规则模板创建铺层

（1）新建平行选择规则，命名为 ParallelRule.2。规则原点在（0,0,1.2）。方向向量为（0,0,1），即整体坐标系 z 轴方向，如图 5-84 所示。规则的上下限可以为 0，具体值在定义铺层使用时进行定义。

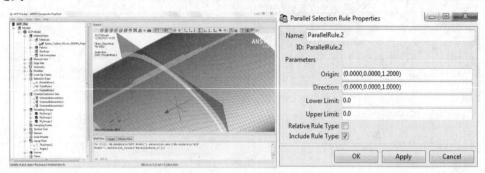

图 5-84 新建平行选择规则

（2）新建碳纤维铺层组。基于方向选择集 OrientedSelectionSet.1 和 Epoxy_Carbon_Woven_395GPa_Prepreg 织物定义 1 层铺层。铺层角度为 0°。Rules 选项卡中，Selection Rules 选择平行选择规则 ParallelRule.2，且将 Template 列中 False 改为 True，定义规则上下限分别为 -0.25、+0.25。如图 5-85 所示。

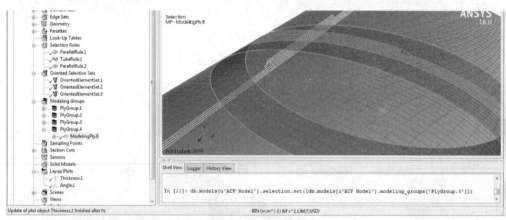

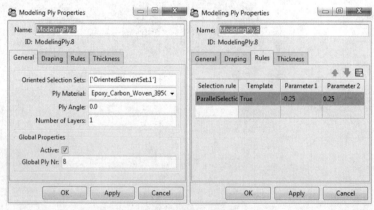

图 5-85 新建碳纤维铺层组

(3) 在当前碳纤维铺层组中新建两层铺层。可以将 ModelingPly.8 复制 2 次得到。依次修改平行选择规则的上下限，ModelingPly.9 改为（-0.5,0.5），ModelingPly.10 改为（-2,2）。如图 5-86 所示。

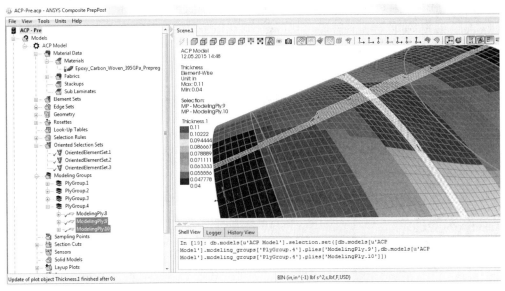

图 5-86　新建两层铺层

5.5　铺敷性分析练习

5.5.1　案例简介

案例的目标是通过球形曲面的铺敷性分析，熟悉 ACP 模块的建模铺层铺敷性分析功能和方向选择集的铺敷性分析功能。案例效果如图 5-87 所示。

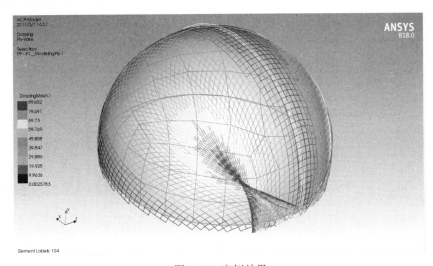

图 5-87　案例效果

5.5.2 案例实现

1. 恢复存档并查看模型

(1) 启动 Workbench,恢复存档文件 Draping_FROM_START.wbpz。更新 ACP(Pre)流程的 Model。编辑 ACP(Pre)流程的 Setup,进入 ACP(Pre)模块。如图 5-88 所示。

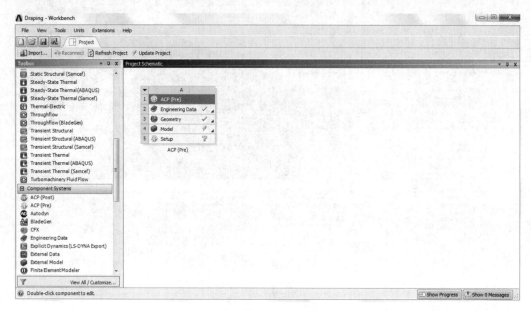

图 5-88 ACP(Pre)界面

(2) 查看已经定义的 3 层建模铺层,查看其纤维方向。如图 5-89 所示。

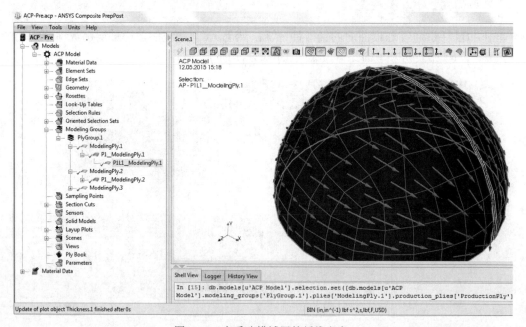

图 5-89 查看建模铺层的纤维方向

2. 建模铺层铺敷性分析

（1）编辑 ModelingPly.1 的铺敷性属性。右击 ModelingPly.1，选择 Properties 命令，打开建模铺层的属性窗口，切换到铺敷性 Draping 选项卡，在视图窗口选择球面顶部一点作为种子点，其余设置采用默认选项。如图 5-90 所示。

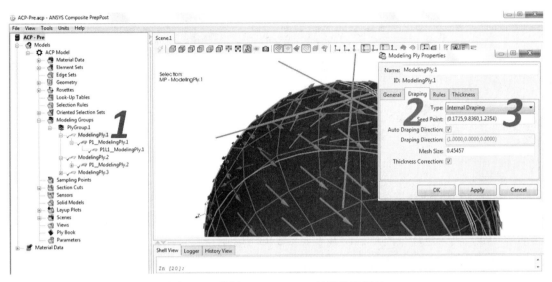

图 5-90　编辑 ModelingPly.1 的铺敷性属性

（2）分别通过 和 按钮，显示纤维方向和铺敷性分析之后的纤维方向，如图 5-91 所示。比较是否经过铺敷性分析，纤维方向的差异。

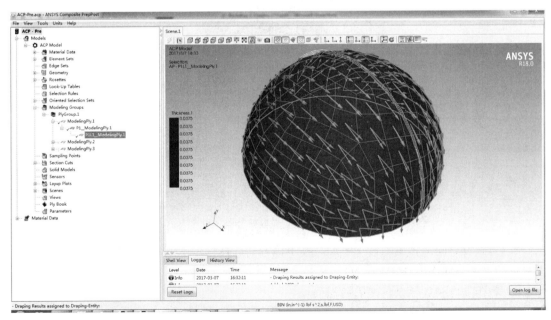

图 5-91　查看铺敷性分析后的纤维方向

3. 方向选择集铺敷性分析

（1）右击 ModelingPly.1，选择 Properties 命令，打开建模铺层的属性窗口，切换到铺敷性 Draping 选项卡，将铺敷性分析的类型 Type 设置为 No Draping，如图 5-92 所示，关闭建模铺层的铺敷性分析选项。

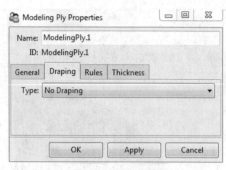

图 5-92　设置建模铺层属性

（2）打开方向选择集 OrientedElementSet.1 的属性窗口，切换到 Draping 选项卡。选择 Draping 复选项，打开方向选择集的铺敷性分析。Draping Material 选择 Epoxy_Carbon_Woven_230GPa_Wet，其余选项采用默认设置。如图 5-93 所示。

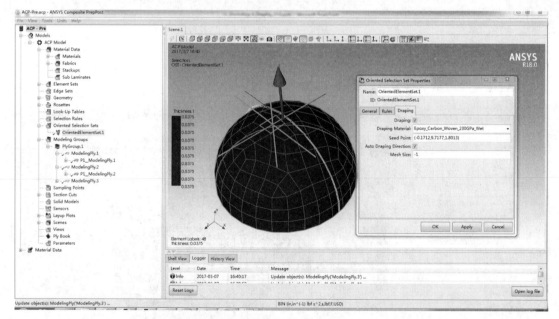

图 5-93　设置方向选择集属性

（3）查看方向选择集的参考方向。基于该方向选择集定义的复合材料铺层将以铺敷性分析之后的参考方向作为 0°方向。如图 5-94 所示。

4. 种子点对铺敷性分析结果的影响

（1）关闭方向选择集的 Draping 功能，如图 5-95 所示。

（2）编辑建模铺层 ModelingPly.1 的 Draping 选项卡。选择图中点作为种子点。如图 5-96 所示。

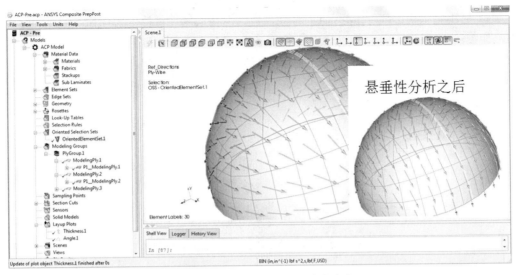

图 5-94　查看方向选择集的参考方向

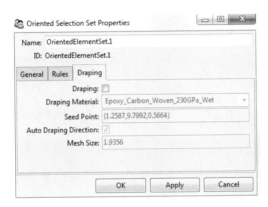

图 5-95　关闭 Draping 功能

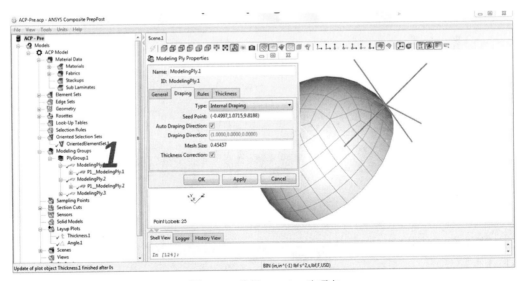

图 5-96　编辑 Draping 选项卡

（3）右击特征树 DrapingMesh.1，打开铺敷性网格的属性窗口。选择 Show Draping Mesh 选项，如图 5-97 所示。选择特征树中产品铺层 P1_ModelingPly.1，查看铺敷性网格图，图中红色区域为平均剪力最大，即扭曲最大，铺敷过程中产品铺层会出现重叠。

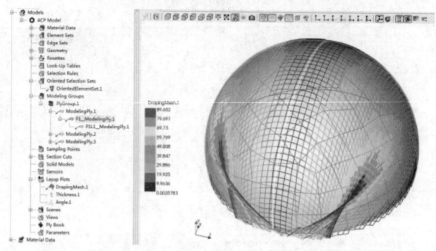

图 5-97　设置铺敷性网格属性

5.6　复合材料实体模型装配体练习

5.6.1　案例简介

案例的目标是通过复合材料零件与金属零件装配模型，熟悉复合材料实体单元建模及分析流程。案例效果如图 5-98 所示。

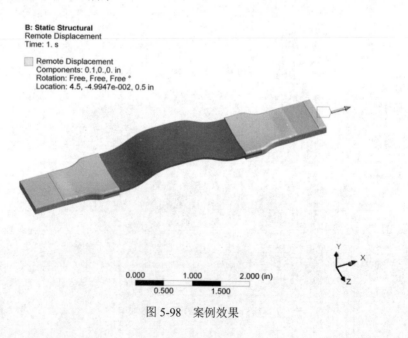

图 5-98　案例效果

案例主要步骤包括：恢复存档并查看模型；使用拉伸向导生成实体单元模型；装配流程建立；Mechanical 模块中装配金属件和复材件；ACP 模块进行复合材料实体单元模型结果的后处理。

5.6.2 案例实现

1. 恢复存档并查看模型

（1）启动 Workbench，恢复存档文件 SolidModeling_FROM_START.wbpz。编辑 ACP（Pre）流程的 Setup，进入 ACP（Pre）模块。

（2）查看模型。模型中包含两个分析流程：流程 A 是 ACP（Pre）模块，用于建立复合材料零件；流程 B 是 Mechanical 模块，用于建立金属零件模型。在复合材料零件的实体单元模型生成之后，两个流程的零件将进行装配，如图 5-99 所示。

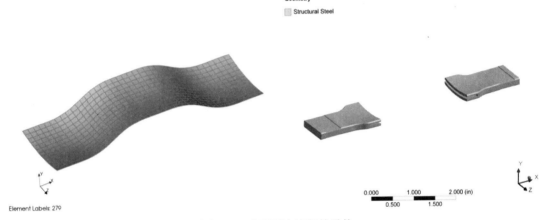

图 5-99 装配两个流程的零件

2. 使用拉伸向导生成实体单元模型

（1）进入流程 A 的 ACP（Pre）模块，其中壳网格和材料已经完成定义。

（2）新建织物材料，命名为 Epoxy_Carbon_Woven_395GPa_Prepreg，厚度为 0.008in。如图 5-100 所示。

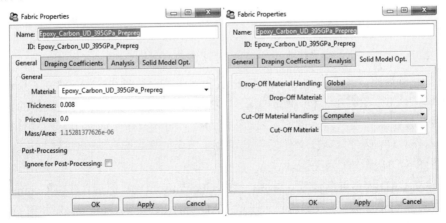

图 5-100 新建织物材料

（3）新建工具坐标系，命名为 Rosette.EdgeWise。Edge Set 选项选择 Edge1。如图 5-101 所示。

图 5-101　新建工具坐标系

（4）新建方向选择集，命名为 OrientedSelectionSet.1。Element Sets 选项选择 All_Elements。按图 5-102 定义方向点和方向向量。Rosettes 选项选择 Rosette.EdgeWise。

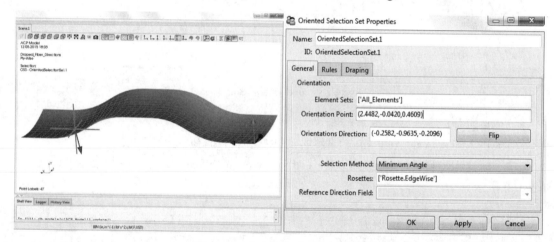

图 5-102　定义方向点和方向向量

（5）新建铺层组。基于织物 Epoxy_Carbon_Woven_395GPa_Prepreg 建立 6 层铺层，纤维方向角分别为 0°、0°、-30°、30°、0°、0°，如图 5-103 所示。至此，复合材料壳模型的铺层信息已经定义完成，接下来将使用导入的 CAD 文件作为拉伸向导拉伸生成复合材料实体单元模型。

（6）用作拉伸向导的 CAD 文件采用的单位制是美制（inch），因此需要先将 ACP 模块的单位制按照图 5-104 操作改为美制。

（7）建立 CAD 模型导入流程。首先，插入 Geometry 组件；然后，连接 Geometry 到 ACP（Pre）流程的 Setup；最后，导入练习目录下的 CAD 文件 extrusion_guide.stp，并更新 ACP（Pre）工作流。如图 5-105 所示。

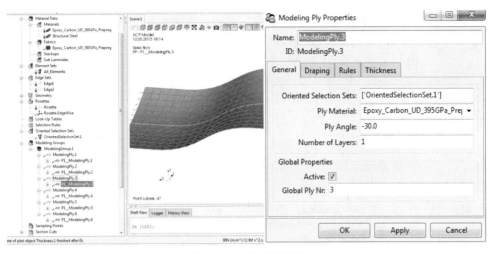

图 5-103　新建铺层组

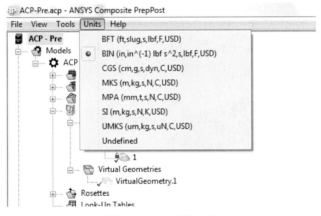

图 5-104　改变单位制

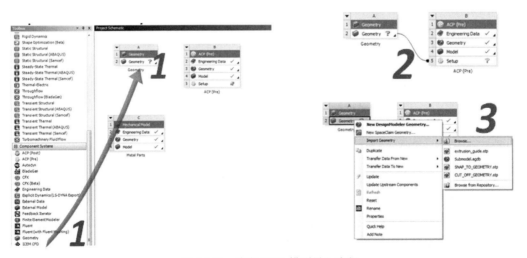

图 5-105　建立 CAD 模型导入流程

(8）进入 ACP（Pre）模块，在特征树 Geometry 分支查看已导入的 CAD 文件。基于该文件新建一个虚几何体，Sub Shapes 选项选择 extrusion_guide.stp。如图 5-106 所示。

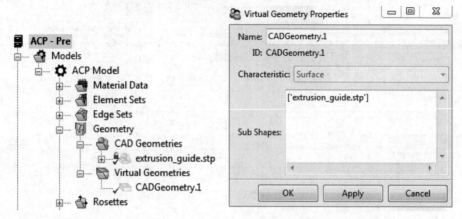

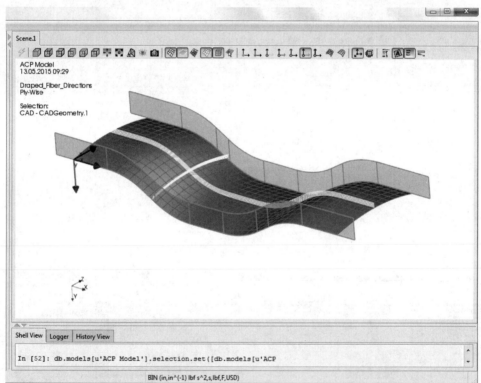

图 5-106　新建虚几何体

（9）新建实体模型和拉伸向导。实体模型的设置为：Element Sets 选项选择 All_Elements；拉伸方法选项选择 Analysis Ply Wise；Global Drop-Off Material 选项选择 Resin_Epoxy。新建 2 个拉伸向导。拉伸向导 1 的名称为 ExtrusionGuide.1，Edge Set 选项选择 Edge1，向导类型选择 Geometry，CAD Geometry 选项选择 CADGeometry.1。拉伸向导 2 的定义与向导 1 类似，区别仅在于 Edge Set 选项选择 Edge2。如图 5-107 所示。

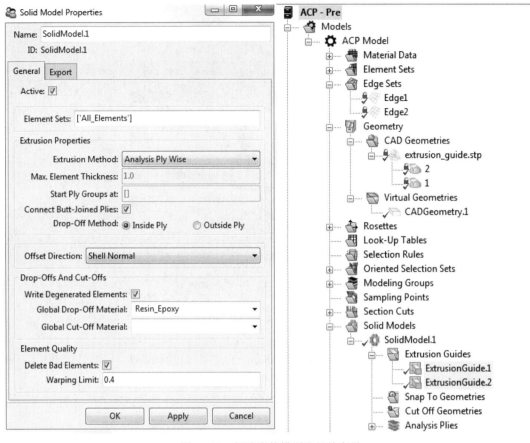

图 5-107　新建实体模型和拉伸向导

（10）查看拉伸生成的复合材料三维实体单元模型。注意是否使用 CAD 文件拉伸向导的区别，如图 5-108 所示。

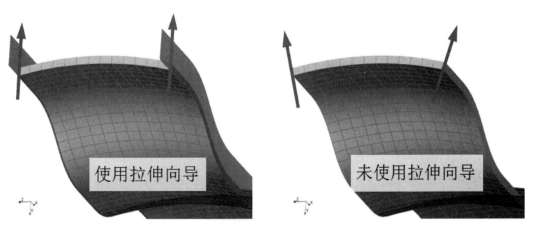

图 5-108　是否使用拉伸向导的区别

3．装配流程建立

（1）关闭 ACP 模块界面并更新 ACP（Pre）流程的 Setup，由工具箱拖放 Static Structural

分析流程到项目中成为独立的分析流程。如图5-109所示。

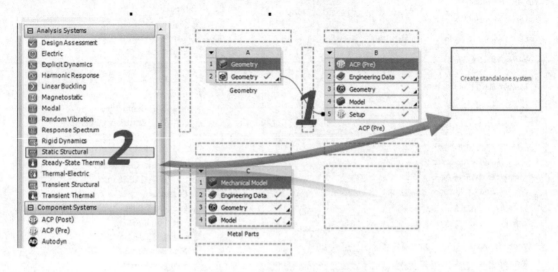

图5-109 拖放独立的分析流程

（2）首先，拖放ACP（Pre）流程的Setup到静强度分析流程的Model，选择Transfer Solid Composite Data。然后，拖放金属件分析流程Mechanical Model的Model到静强度分析流程的Model，如图5-110所示。最后，更新静力分析流程。

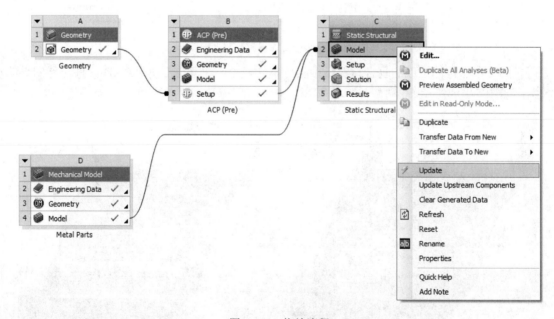

图5-110 拖放流程

4. Mechanical模块中装配金属件和复材件

（1）双击静力分析流程的Model，进入Mechanical模块。查看导入的复合材料实体模型和金属件模型，如图5-111所示。在这里不能对复合材料和金属件的材料属性和网格进行更改。

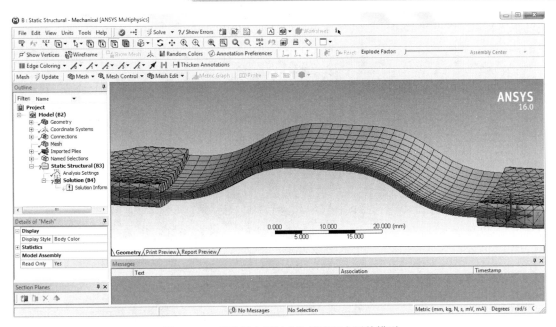

图 5-111 查看复合材料实体模型和金属件模型

(2) 查看 ANSYS Mechanical 模块自动探测并定义的接触对,如图 5-112 所示。接触对的类型为绑定接触。

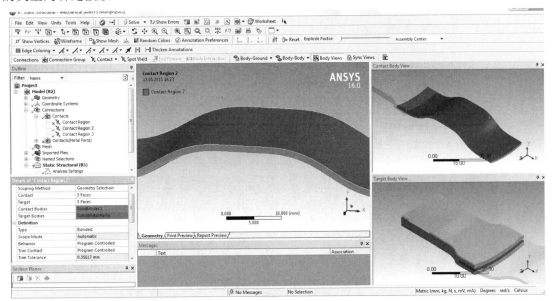

图 5-112 查看自动探测并定义的接触对

(3) 装配体一端施加固定约束,另一端施加远端位移,详细设置如图 5-113 所示。远端位移的分量为:x 方向 0.01inch,而其他方向位移为零。

(4) 求解模型,得到装配体变形云图,如图 5-114 所示。

5. ACP 模块进行复合材料实体单元模型结果的后处理

(1) 拖放 ACP(Post)工作流程到 ACP(Pre)工作流程,共享 B2:B4。连接 Static Structural

分析流程 C 的 Solution 到 ACP（Post）工作流程的 Results，如图 5-115 所示。

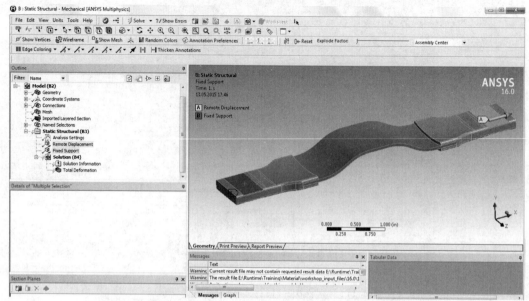

图 5-113　设置装配体

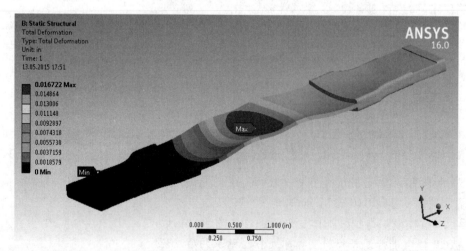

图 5-114　装配件的云变形图

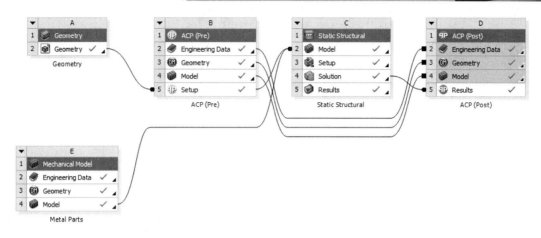

图 5-115　连接流程

（2）更新工作流程并打开 ACP（Post）界面。新建失效准则，名称为 FailureCriteria.1，选择 4 个失效准则：最大应变、最大应力、蔡吴、蔡希尔，如图 5-116 所示。一方面，ANSYS 求解器自动计算复合材料实体单元的层间应变和应力，ACP 模块直接使用；另一方面，实体单元结果进行后处理时，需要打开失效准则的 3D 选项：Max Strain、Max Stress、Tsai-Wu、Tsai-Hill、Hashin、Puck、Cuntze。

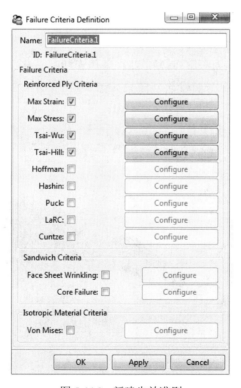

图 5-116　新建失效准则

（3）在特征树 Solutions→Solution.1 节点添加 Failure.1。失效准则结果按照单层显示，即将 Ply-Wise 复选项选中。如图 5-117 所示。

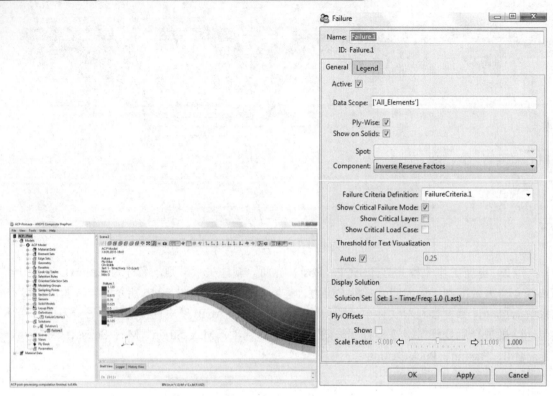

图 5-117 添加 Failure.1

(4) 设置图形显示控制为 ▨▨▨▨,即打开单元边、面高亮、单元高亮和实体单元高亮选项。在铺层组中选择第一个分析铺层,结果如图 5-118 所示。

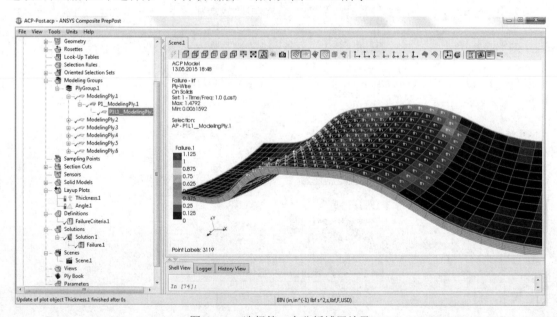

图 5-118 选择第一个分析铺层效果

(5) 关闭单元边和面高亮选项,选择内部铺层,查看内部铺层结果,如图 5-119 所示。

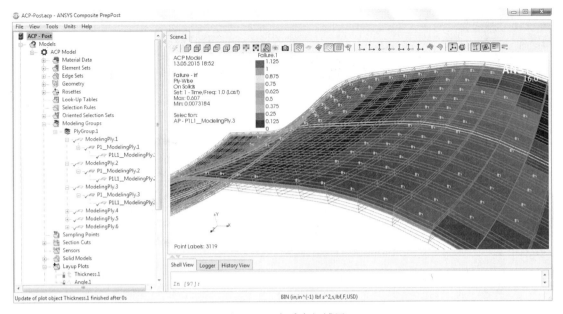

图 5-119　查看内部铺层

（6）是否打开失效准则的 3D 选项，对该模型的结果云图有较大影响，如图 5-120 所示。这说明层间应力和应变是该结构安全性的重要影响因素。

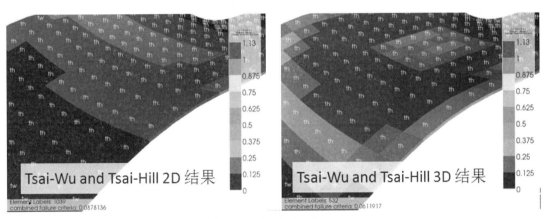

图 5-120　结果云图的区别

5.7　复合材料压力容器实体建模练习

5.7.1　案例简介

案例的目标是进一步熟悉复合材料实体单元建模及分析流程。案例的分析对象是裙座支承的碳纤维增强环氧树脂复合材料卧式容器，载荷为内压 0.2MPa。案例效果如图 5-121 所示。

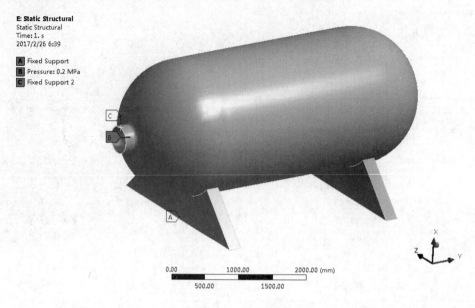

图 5-121 案例效果

5.7.2 案例实现

（1）启动 Workbench，恢复存档文件：pressure_vessel_from_start.wbpz。模型中包含 3 个分析流程：流程 A，Geometry 流程建立了压力容器壳体的壳几何；流程 B 和 C 建立了容器的金属支承几何和有限元模型。如图 5-122 所示。

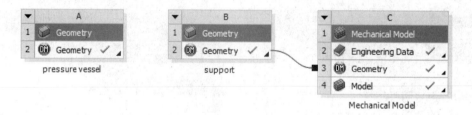

图 5-122 3 个分析流程

（2）由工具箱中拖放 ACP（Pre）工作流到项目页，并连接流程 A 的 Geometry 到 ACP（Pre）流程的 Geometry，结果如图 5-123 所示。

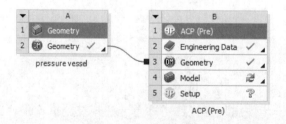

图 5-123 连接流程

（3）在 Engineer Data 模块中，将复合材料库 Composite Materials 中的碳纤维环氧树脂单向带 Epoxy Carbon UD (230 GPa) Prepreg 和环氧树脂 Resin Epoxy 添加到项目中。如图 5-124 所示。

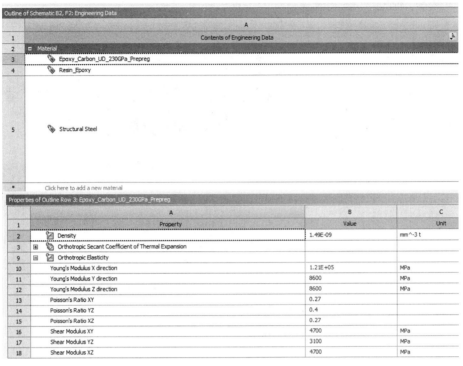

图 5-124 添加材料到项目中

（4）在 Mechanical 模块界面指定 Surface Body 厚度为 1mm，如图 5-125 所示。这个厚度值使得流程能够正常往下游传递数据，最终 ACP 模块会重新根据铺层信息计算单元厚度输出给求解器，而不使用该值。

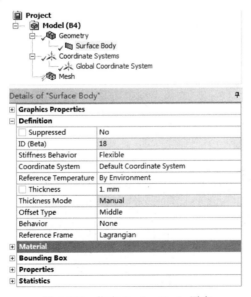

图 5-125 指定 Surface Body 厚度

（5）在 Mechanical 模块界面添加网格控制。容器接管圆柱面单元尺寸定义为 50mm，容器壳体单元尺寸设置为 100mm。如图 5-126 所示。

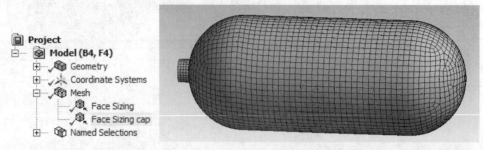

图 5-126　添加并定义网格

（6）进入 ACP 模块。新建 1mm 厚碳纤维环氧树脂织物（注意查看 ACP 模块当前的单位制）。新建 1 个工具坐标系。新建 1 个方向选择集。如图 5-127 所示。

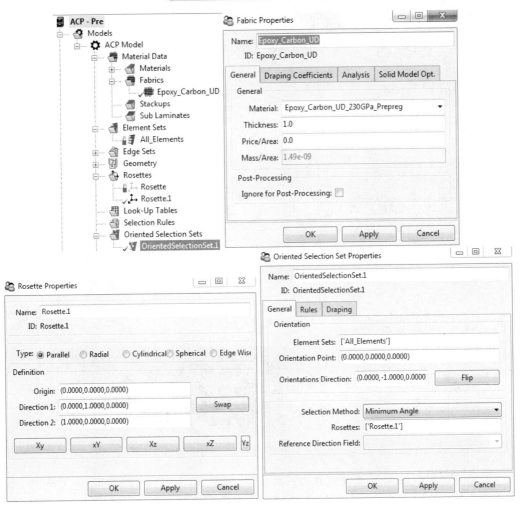

图 5-127　新建工具坐标系和方向选择集

（7）新建铺层组，添加 5 层碳纤维增强环氧树脂织物，如图 5-128 所示。

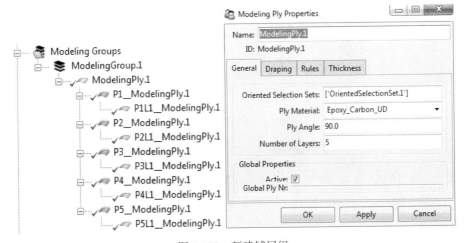

图 5-128　新建铺层组

（8）新建复合材料实体单元模型。拉伸方法选项选择 Analysis Ply Wise，断层材料属性选择环氧树脂 Resin_Epoxy，如图 5-129 所示。更新 ACP（Pre）模块。

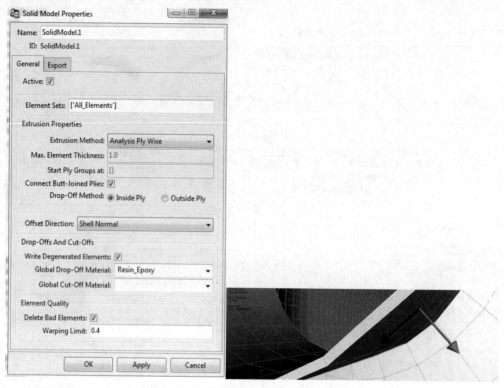

图 5-129　新建复合材料实体单元模型

（9）在 Workbench 项目页新建静力分析流程。连接 ACP（Pre）的 Setup 和名称为 support 工作流程的 Model 到新建静力分析流程的 Model，实现复合材料压力容器实体单元模型和支承结构的装配。如图 5-130 所示。

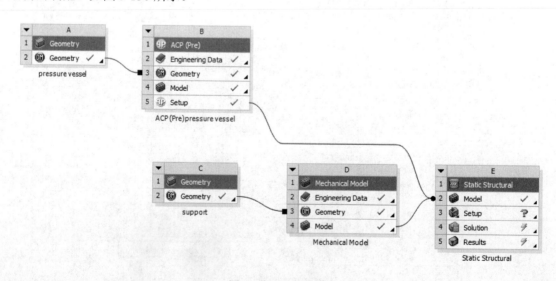

图 5-130　连接流程

（10）查看程序自动定义的两个接触对，接触类型为绑定。支承底面完全固定约束，容器接管外边完全固定约束，容器内压 0.2MPa。求解模型，提取模型总体变形结果。如图 5-131 所示。

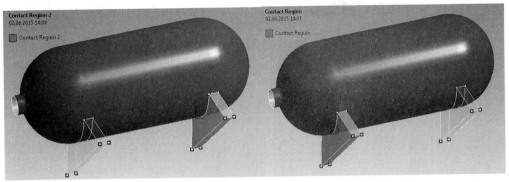

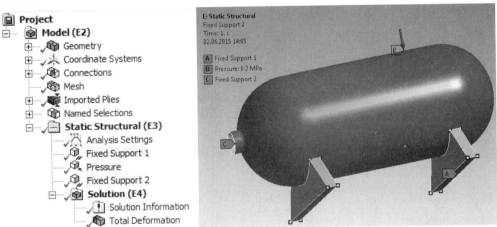

图 5-131　查看自定义接触对

（11）在 Mechanical 模块查看容器整体变形结果，最大位移值为 10.89mm，如图 5-132 所示。

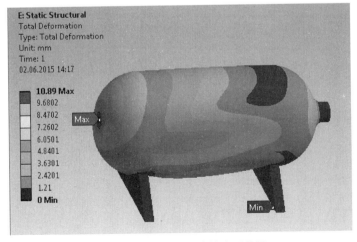

图 5-132　查看容器整体变形结果

（12）建立 ACP（Post）工作流程，如图 5-133 所示。

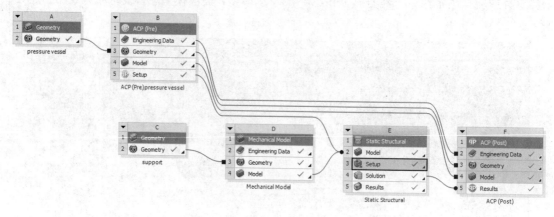

图 5-133　建立 ACP（Post）工作流程

（13）新建失效准则定义，包含最大应变和最大应力失效准则。在特征树 Solutions→Solution.1 节点，添加 Failure.1，如图 5-134 所示。从结果云图中可以看出，容器接管部位为危险区域，需要建立更加详细的局部模型进行分析。

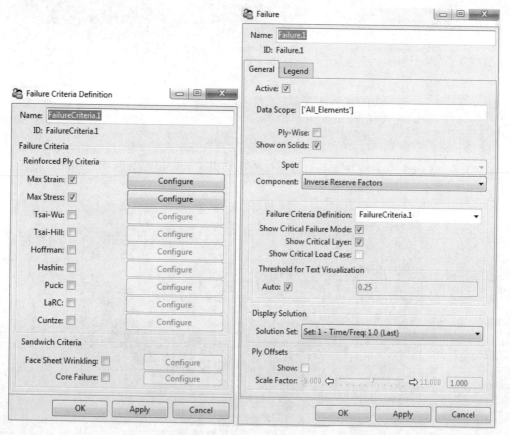

图 5-134　新建失效准则定义

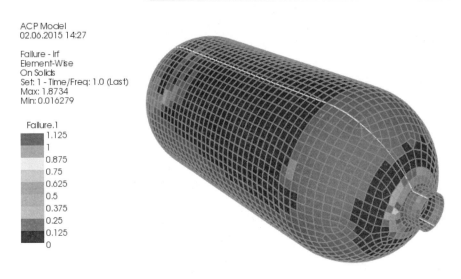

图 5-134　新建失效准则定义（续图）

5.8　高级复合材料实体建模练习

5.8.1　案例简介

案例的目标是练习断层和几何切割功能在复杂外形复合材料产品建模中的应用。案例效果如图 5-135 所示。

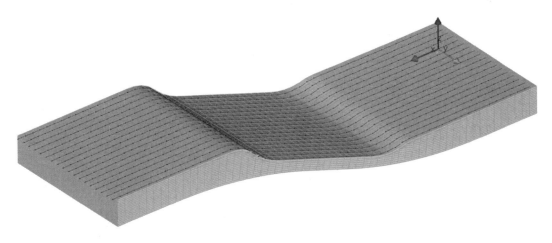

图 5-135　案例效果

5.8.2　案例实现

1. 定义复合材料基本铺层

（1）启动 Workbench，恢复并查看存档文件 Solid_Modeling_PLy_Drop_Off_FROM_START.wbpz。模型包含一个 ACP（Pre）分析流程，网格和材料属性已经定义完成。

（2）进入 ACP 模块，查看模型。如图 5-136 所示。模型中已经定义了：碳纤维 Epoxy_Carbon_UD_230GPa_Prepreg 和水晶树脂 Resin_Polylite_413；0.02inch 厚织物；工具坐标系和方向选择集。

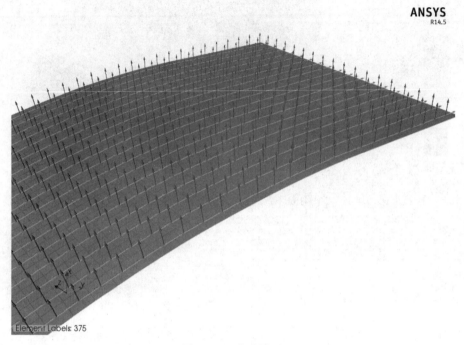

图 5-136 查看模型

（3）新建铺层组。添加 20 层 Epoxy_Carbon_UD_230GPa_Prepreg 织物铺层，如图 5-137 所示。

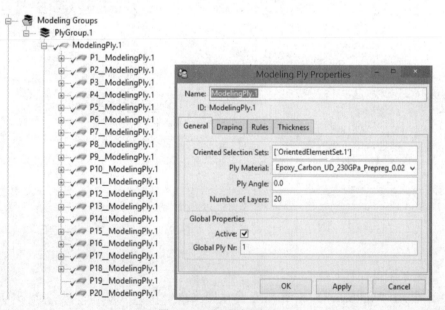

图 5-137 新建铺层组

2. 使用导入的 CAD 文件实现铺层渐变

（1）查看 ACP 模块单位制，为 BIN，如图 5-138 所示。

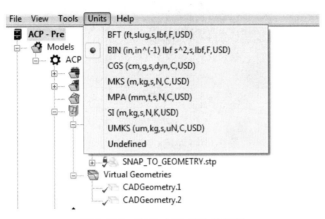

图 5-138　查看 ACP 模块单位制

（2）在 Workbench 项目页插入 2 个新的 Geometry 组件，重命名为 Geometry, cutoff 和 Geometry, snap to。将 2 个新建组件均连接到 ACP（Pre）工作流程的 Setup，如图 5-139 所示。Geometry, cutoff 组件导入项目目录 Solid Model and Ply Drop Offs_files\user_files 下的 CUT_OFF_GEOMETRY.stp 文件。Geometry, snap to 组件导入项目目录 Solid Model and Ply Drop Offs_files\user_files 下的 SNAP_TO_GEOMETRY.stp 文件。更新 ACP（Pre）的 Setup，并进入 ACP 模块。

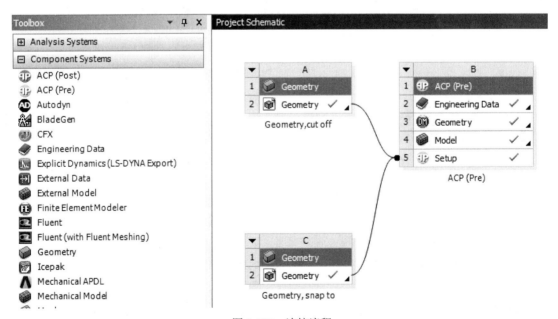

图 5-139　连接流程

（3）新建 CAD 虚拟几何，命名为 CADGeometry.1，Sub Shape 选项选择 CUT_OFF_GEOMETRY.stp。如图 5-140 所示。

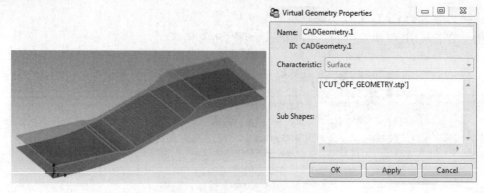

图 5-140　新建 CAD 虚拟几何

（4）新建切割规则，重命名为 CutoffRule.1，类型选为 Geometry。Cutoff Geometry 选择 CADGeometry.1。Ply Cutoff Type 复选项选择 Analysis Ply Cutoff。选中 Ply Tapering 复选项。如图 5-141 所示。

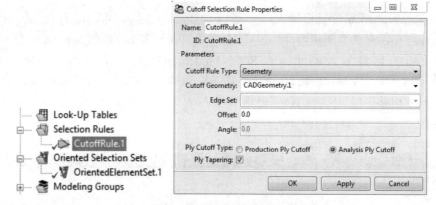

图 5-141　新建切割规则

（5）应用切割选择规则。打开建模铺层 ModelingPly.1 的属性窗口，切换到 Rules 选项卡。添加切割选择规则 CutoffRule.1，如图 5-142 所示。单击 Apply 按钮更新模型，在切面图中查看铺层渐变结果。

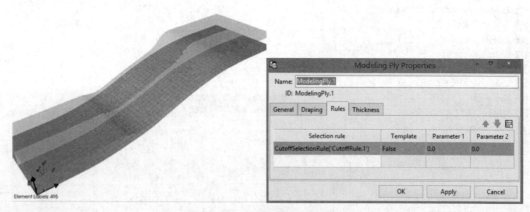

图 5-142　应用切割选择规则

（6）新建建模铺层。方向选择集选择 OrientedElementSet.1。铺层材料选择 Epoxy_Carbon_UD_230GPa_Prepreg_0.02in。铺层角度为 0°。Number of Layers 设置为 2。如图 5-143 所示。

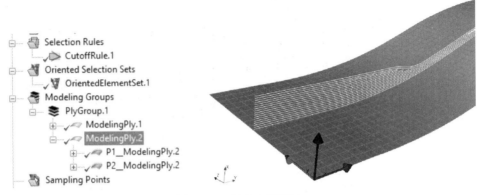

图 5-143　新建建模铺层

（7）新建实体单元模型。单元集选项选择 All_Elements。拉伸方法选择 Analysis Ply Wise。Global Drop-Off Material 选择 Resin_Polylite_413。如图 5-144 所示。

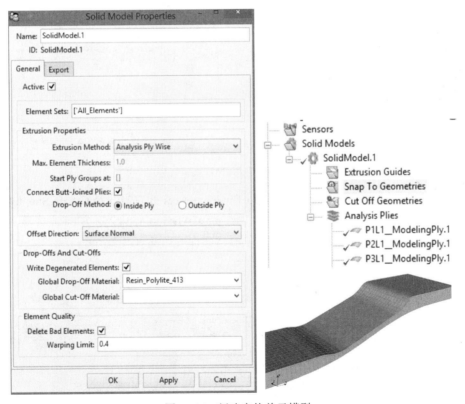

图 5-144　新建实体单元模型

3. 使用导入的 CAD 文件光顺实体单元模型

虽然上述步骤拉伸出的复合材料实体单元质量可以满足求解器要求，但是采用捕捉到几何功能之后的实体单元模型更加符合实际产品外形,对比如图 5-145 所示。因此,接下来,使用捕捉到几何功能来光顺复合材料实体单元模型。

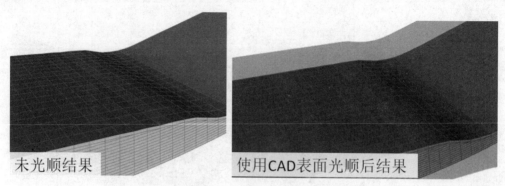

图 5-145　光顺前后效果对比

(1) 新建 CAD 虚拟几何。Sub Shapes 选项选择 SNAP_TO_GEOMETRY.stp,如图 5-146 所示。

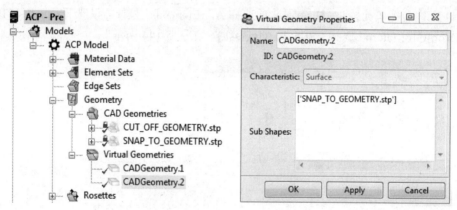

图 5-146　新建 CAD 虚拟几何

(2) 在特征树 SolidModel.1 子节点 Snap To Geometries 处右击选择 Create SnaptoGeometry 命令,设置捕捉到几何的属性。几何模型选择 CADGeometry.2,方向选择集选项选择 OrientedElementSet.1,如图 5-147 所示。

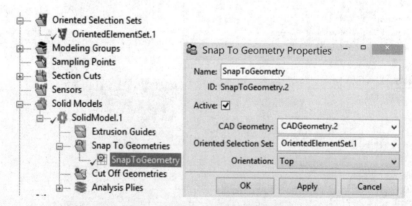

图 5-147　设置捕捉到几何的属性

（3）应用捕捉到几何功能。查看光顺后的实体单元模型，如图 5-148 所示。另外，从图中也可以看到铺层错层区域的各向同性树脂材料单元。

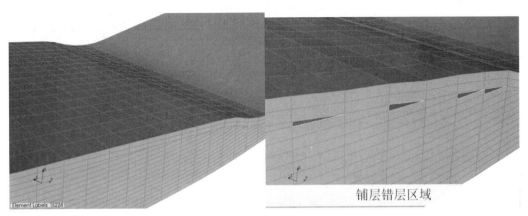

图 5-148　查看光顺后的实体单元模型

5.9　复合材料搭接接头脱胶（Debonding）模拟

5.9.1　案例简介

本案例将模拟由上下两部分复合材料粘结连接的搭接接头在外载荷作用下的脱胶问题。其中内聚区模型用来模拟固化的粘结胶。

5.9.2　案例实现

1. 定义接头下部零件实体有限元模型

（1）恢复 ANSYS Workbench 存档文件 lap_joint_test_from_start.wbpz，如图 5-149 所示。

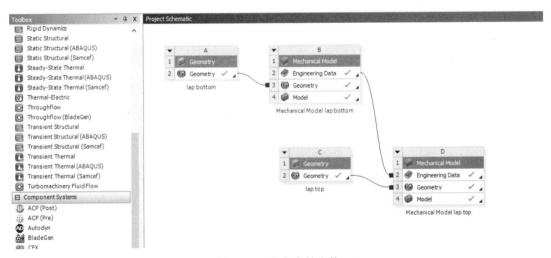

图 5-149　恢复存档文件

（2）拖放 ACP（Pre）到流程 B 的 Model，如图 5-150 所示，并将新建立的 ACP（Pre）流程重命名为 ACP（Pre） lap bottom。更新流程 C。

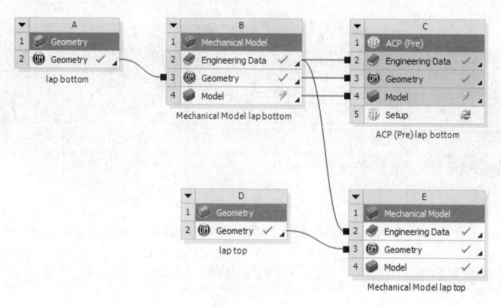

图 5-150　拖放流程

（3）进入 ACP（Pre）模块。添加名为 Fabric.1 的织物，材料为 Epoxy_Carbon_UD_230GPa_Preprag，厚度为 1mm，如图 5-151 所示。添加 2 个方向选择集：一个选择集命名为 OrientedSelectionSet.down，单元集选择 All_Elements；另一个选择集命名为 OrientedSelectionSet.up，单元集选择 low non bonded，即没有被胶接的区域。

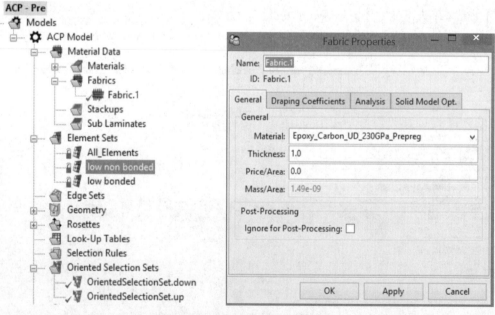

图 5-151　添加织物和方向选择集

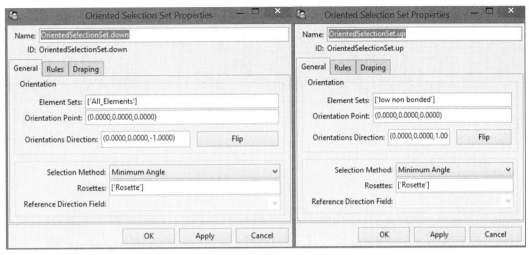

图 5-151 添加织物和方向选择集（续图）

（4）新建 2 个建模铺层，每个建模铺层包含 5 层织物，纤维方向为整体坐标系 x 向。如图 5-152 所示。

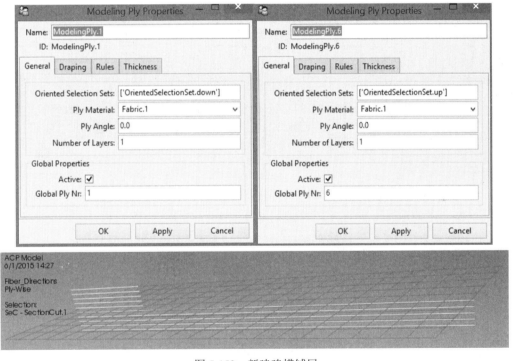

图 5-152 新建建模铺层

（5）拉伸复合材料实体单元模型，拉伸方法设置为 Analysis Ply Wise，Global Drop-Off Material 设置为 Resin_Epoxy，如图 5-153 所示。更新项目，并关闭 ACP（Pre）界面。

2. 定义接头上部零件实体有限元模型

（1）与上面步骤类似，拖放 ACP（Pre）到流程 E 的 Model，如图 5-154 所示，并重命名为 ACP（Pre） lap top。

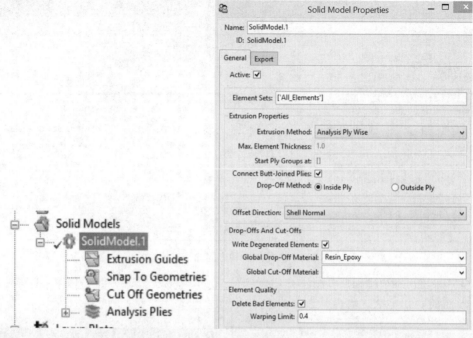

图 5-153　设置拉伸方法

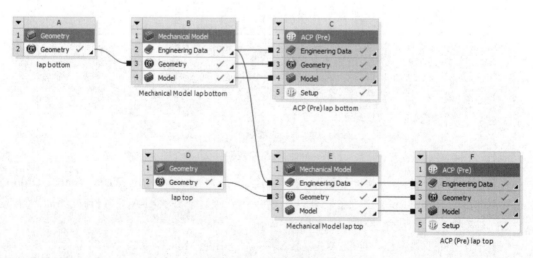

图 5-154　拖放流程

(2)进入 ACP（Pre）模块。添加名为 Fabric.1 的织物，材料为 Epoxy_Carbon_UD_230GPa_Preprag，厚度为1mm。添加2个方向选择集：一个选择集命名为OrientedSelectionSet.1，单元集选择 All_Elements；另一个选择集命名为 OrientedSelectionSet.2，单元集选择 top non bonded，即没有被胶接的区域。如图 5-155 所示。

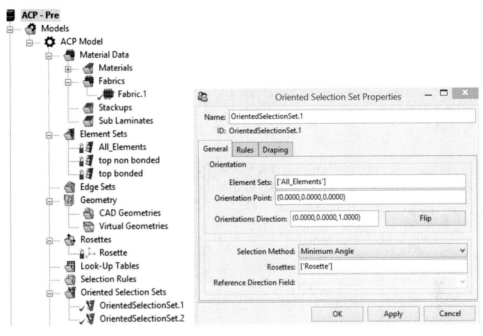

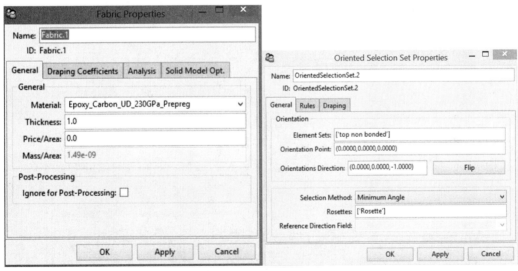

图 5-155　添加织物和方向选择集

(3)新建2个建模铺层，每个建模铺层包含5层织物，纤维方向为整体坐标系 x 向，如图 5-156 所示。

(4)拉伸复合材料实体单元模型，拉伸方法设置为 Analysis Ply Wise，Global Drop-Off Material 设置为 Resin_Epoxy，如图 5-157 所示。更新项目，并关闭 ACP（Pre）界面。

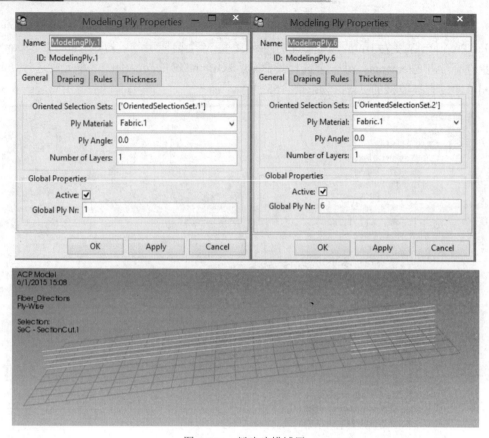

图 5-156　新建建模铺层

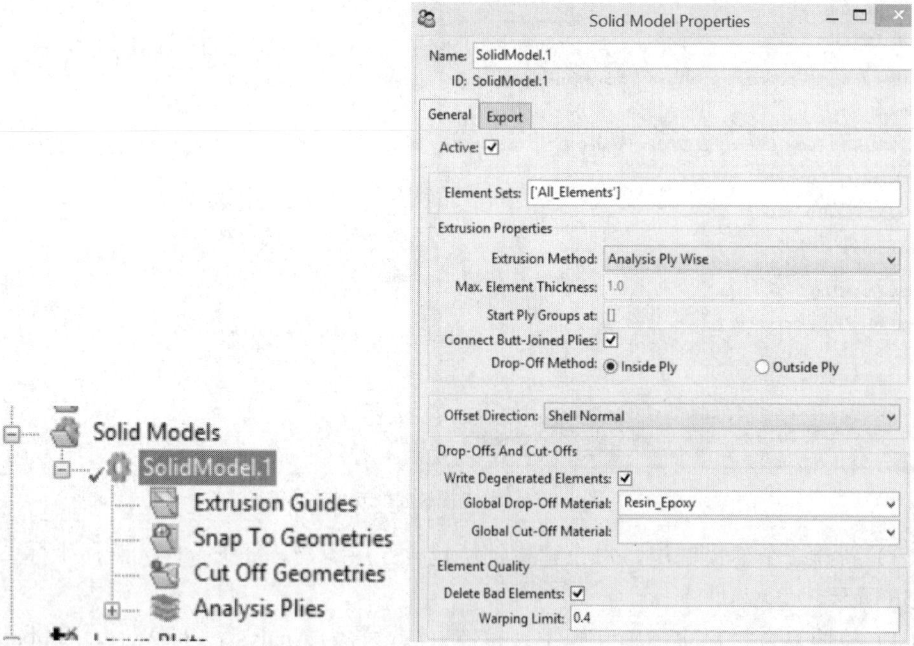

图 5-157　设置拉伸方法

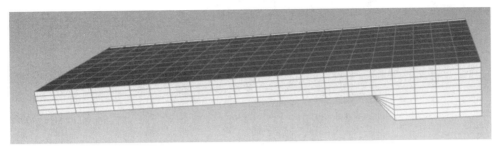

图 5-157　设置拉伸方法（续图）

3. 接头装配及受载分析

（1）查看 Engineering Data 模块中的粘接胶材料数据，如图 5-158 所示。

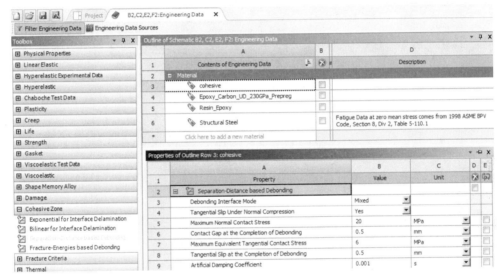

图 5-158　查看粘接胶材料数据

（2）添加 Static Structural 分析流程到项目视图，并连接 2 个 ACP（Pre）流程的 Setup 到新建流程的 Model，选择传递实体模型数据，如图 5-159 所示。更新项目，并双击 Static Structural 流程的 Solution，进入 Mechanical 界面。

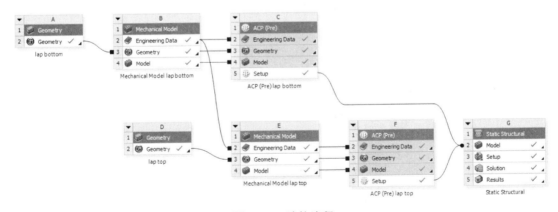

图 5-159　连接流程

（3）查看 Workbench 自动创建的接触对，将接触对的 Formulation 选项指定为 Pure Penalty，如图 5-160 所示。

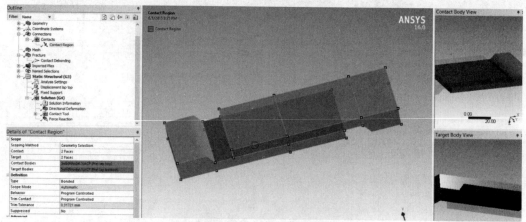

图 5-160　查看接触对

（4）在特征树 Fracture 分支插入 Contact-Debonding，选择 CZM 方法，材料 Material 选项设置为 cohesive，接触区域设置为自动探测出来的接触，如图 5-161 所示。

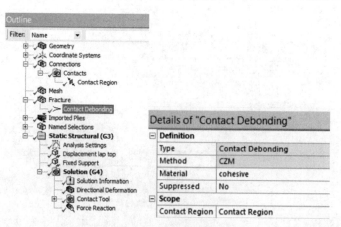

图 5-161　插入流程

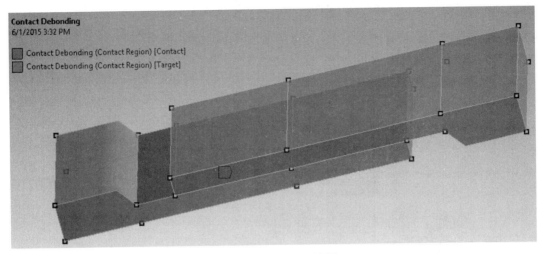

图 5-161　插入流程（续图）

（5）定义边界条件。左端面固定约束，右端面为 x 轴负方向 0.8mm 位移，如图 5-162 所示。

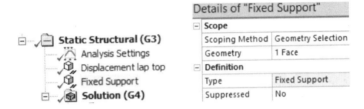

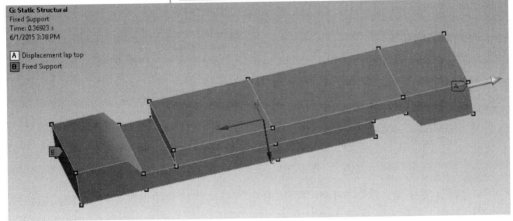

图 5-162　定义边界条件

（6）在 Analysis Settings 的细节栏中设置非线性分析的载荷子步。在 Solution（G4）节点插入 x 方向位移结果、位移边界条件的支反力结果、接触对的接触状态、摩擦力和压力结果，如图 5-163 所示。求解模型。

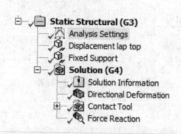

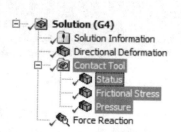

图 5-163　设置载荷子步

（7）分析计算结果。从图 5-164 中可以看出随着位移载荷的增加，支反力先增大后减小，接头上部和下部由粘结状态转变为滑移状态。

最大摩擦力

最大法向力

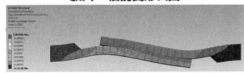

放大57倍的变形云图

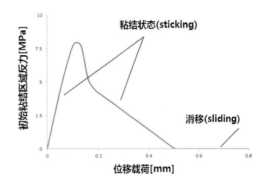

图 5-164 分析计算结果

6 专题技术

6.1 复合材料模型参数化

6.1.1 案例简介

案例的目标是熟悉 ACP 模块中复合材料模型的参数化及优化设计。

案例主要步骤为：将已定义 6 个铺层的铺层角度定义为输入参数；求解模型并将模型的弯曲和扭转刚度定义为输出参数；将失效准则结果定义为输出参数；在 Workbench 中指定设计变量的变化，更新所有设计点。

6.1.2 案例实现

（1）恢复 ANSYS Workbench 存档文件 Parameters_in_ACP.wbpz，如图 6-1 所示。该文件包含一个复合材料矩形截面梁试件的 ACP 模型。

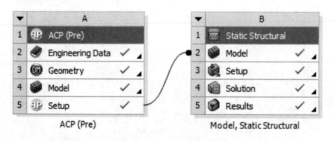

图 6-1 恢复存档文件

（2）进入 ACP 模块。查看已经定义的 6 层铺层。6 层铺层的铺层角度均为 0°。如图 6-2 所示。

（3）在特征树 Parameters 节点下新建参数。Category 选项选择 Input。Object 选项选择特征树中的 ModelingPly.1。Property 选项选择 Ply Angle。如图 6-3 所示。

（4）采用同样方法，新建 5 个输入参数，对象分别为 ModelingPly.2、ModelingPly.3、ModelingPly.4、ModelingPly.5、ModelingPly.6，如图 6-4 所示。至此，可以在项目视图查看输入参数。

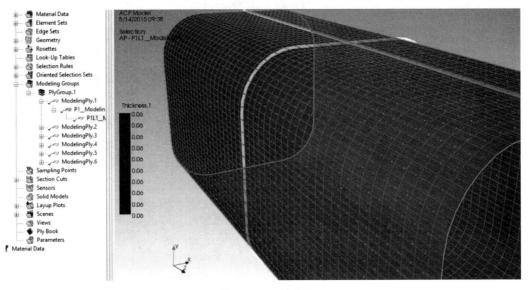

图 6-2 ACP 界面

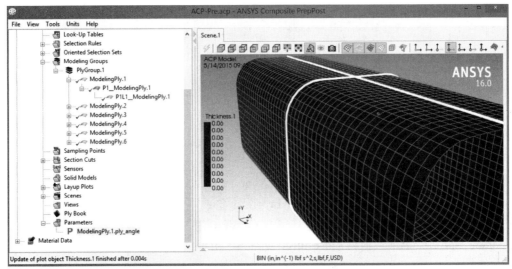

图 6-3 新建参数

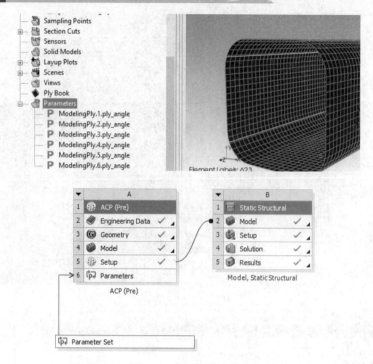

图 6-4　新建 5 个参数

（5）更新 ACP（Pre）流程的 Setup。进入 Mechanical 模块界面，查看模型中已经定义的载荷。第 1 个载荷步为弯曲载荷，第 2 个载荷步为扭转载荷，如图 6-5 所示。模型中边界条件和载荷在一个 Remote Displacement Load 中实现。

（6）求解模型。查看远端位移的支反力矩结果：绕 Z 轴扭矩、绕 X 轴弯曲。新建两个输出参数。Moment Reaction Torsion 细节栏中 Minimum Value Over Time 项，单击 Z Axis 左侧方框，使其参数化。Moment Reaction Bending 细节栏中 Minimum Value Over Time 项，单击 X Axis 左侧方框，使其参数化，如图 6-6 所示。返回 Workbench 项目页，查看参数管理器。如图 6-7 所示。

（7）新建 ACP（Post）分析流程，共享 ACP（Pre）的 A2:A4。连接 Static Structural 流程的 Solution 到 ACP（Post）流程的 Results。如图 6-8 所示。

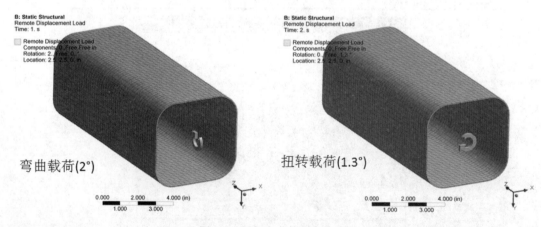

图 6-5　已经定义的两个载荷

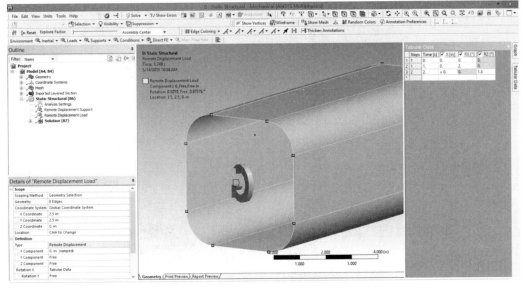

图 6-5　已经定义的两个载荷（续图）

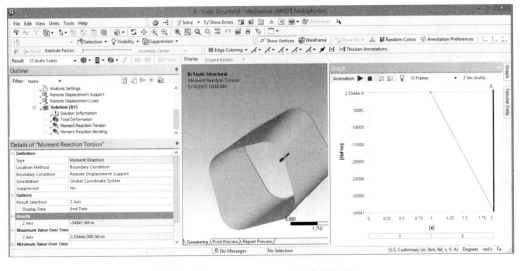

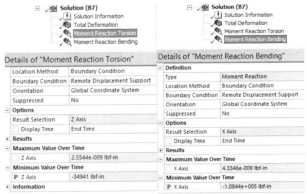

图 6-6　查看远端位移的支反力矩结果

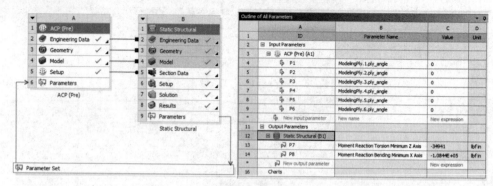

图 6-7 新建两个参数并查看参数管理器

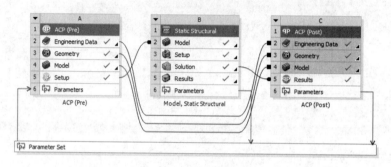

图 6-8 连接流程

（8）新建失效准则定义，命名为 FailureCriteria.1。在特征树 Solutions→Solution.1 节点，添加失效结果 Failure.1，Failure Criteria Definition 选项选择 FailureCriteria.1，Solution Set 选项选择 Set：1-Time/Freq:1.0。如图 6-9 所示。

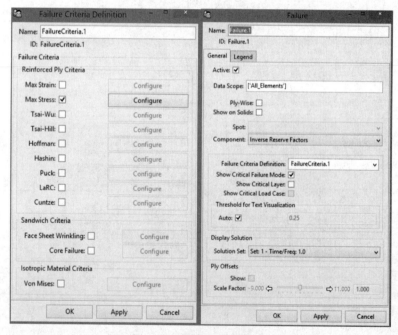

图 6-9 新建失效准则定义

（9）在特征树 Solutions 节点，右击选择 Import Results 命令，新建结果集合，命名为 Solution2。File Path 选项由 Solution1 结果集合的属性中复制过来。在 Solution2 节点新建失效结果云图 Failure.2，Failure Criteria Definition 选项选择 FailureCriteria.1，Solution Set 选项选择 Set:2-Time/Freq:2.0(Last)。如图 6-10 所示。

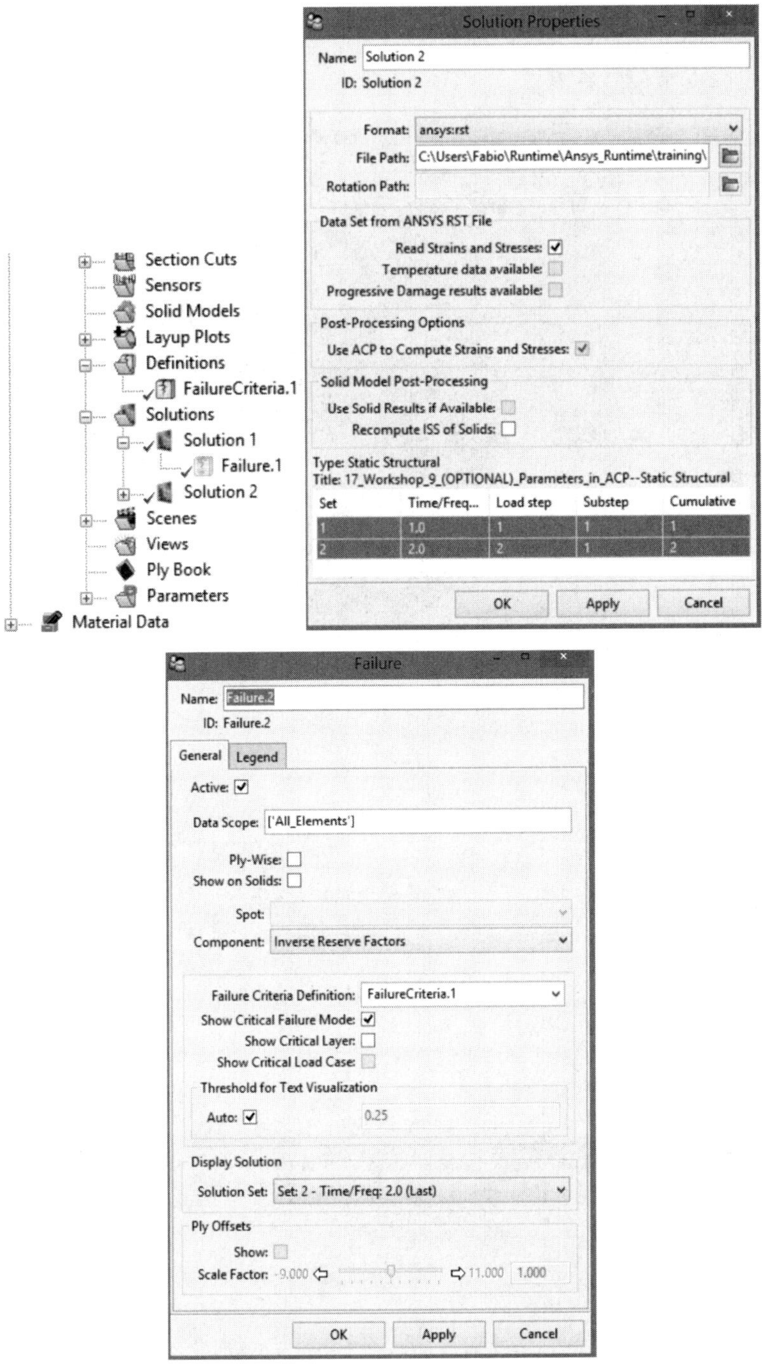

图 6-10　新建结果集合

（10）为每个失效云图创建 1 个参数，名称分别为 MAX IRF Loadstep 1 和 MAX IRF Loadstep 2。参数分类为 Expresssion Output。第一个表达式为 return_value=db.active_model.solutions['Solution 1'].plots['Failure.1'].minmax[1]，第二个表达式为 return_value=db.active_model.solutions['Solution 2'].plots['Failure.2'].minmax[1]，如图 6-11 所示。表达式中的名称一定要与前面定义时的名称相符，否则会提示错误。表达式定义的源代码段中"#"号开头的语句为解释说明语句。定义的两个参数将分别返回对应云图中结果的最大值。ACP 模块不仅可以定义整体参数，也可以定义单层结果参数。

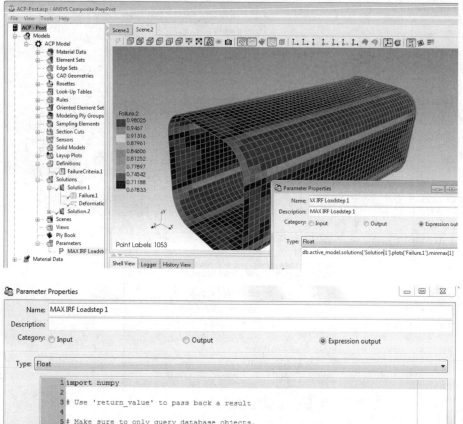

图 6-11　新建参数

（11）关闭 ACP 模块，返回项目页。项目流程如图 6-12 所示，参数管理器中能够查看所有已定义参数。

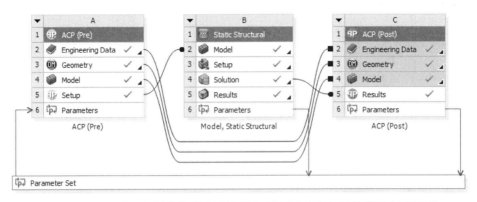

图 6-12　项目流程

（12）在参数管理器界面定义新的设计点，更新设计点，得到不同铺层角度下的设计结果，如图 6-13 所示。

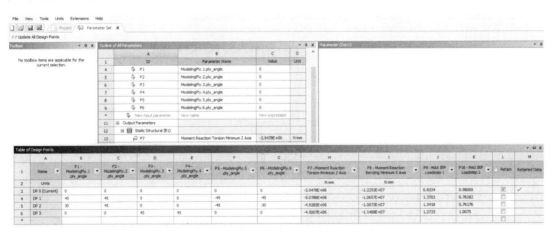

图 6-13　不同铺层角度下的设计结果

6.2 分层和脱胶模拟

6.2.1 理论及技术路线

ANSYS Mechanical 模块有两种技术路线，实现界面分层的模拟。

第一种技术路线，基于断裂力学原理和断裂失效准则，如图 6-14 所示。失效准则触发开裂，裂纹沿预定义路径扩展。该技术路线可以在 ACP 模块中定义界面层来实现。如果失效准则值大于或等于 1，那么失效发生。该方法中能够使用的失效准则包括：界面能量释放率；基于材料属性模块定义的失效准则。

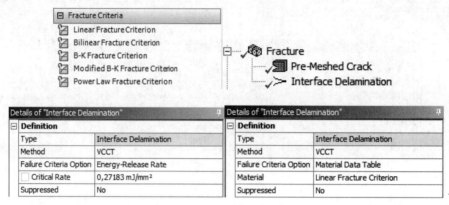

图 6-14 第一种技术路线

第二种技术路线，基于强化－软化材料本构（Cohesive Zone Materials）进行模拟，如图 6-15 所示。该技术路线有两种方法实现：一是通过 ACP 模块中界面层定义界面单元（Interface Delamination）；二是使用接触单元模拟（Contact Debonding）。

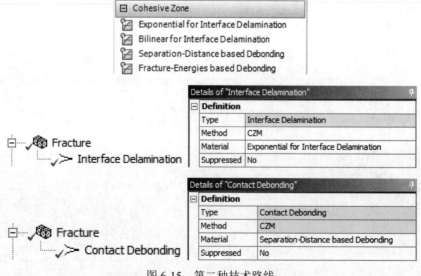

图 6-15 第二种技术路线

复合材料分层和脱胶模拟的流程如图 6-16 所示。

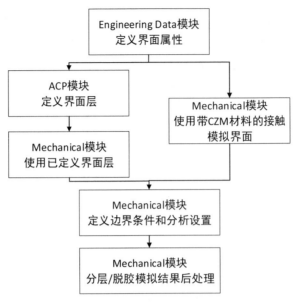

图 6-16　复合材料分层和脱胶模拟的流程

6.2.2　应用案例

1. 案例简介

案例的目标是练习分层界面的两种定义方式：ACP 模块定义界面单元（Delamination）和采用 CZM 本构的接触对（Debonding）。

案例研究的问题是图 6-17 所示的简单拉伸试件。试件为复合材料件，一端固定，另一端上下表面施加反向位移。试件中间层已经存在裂纹，裂纹尖端如图中所示。预制裂纹为图中节点所示的区域。通过建立该问题的有限元模型，研究层间分离位移随外加载荷的变化趋势。

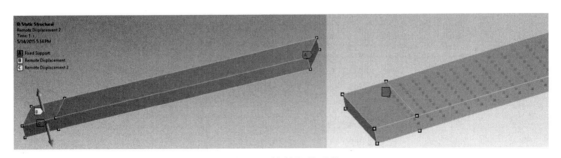

图 6-17　简单拉伸试件

2. 界面单元分层模拟

（1）恢复 ANSYS Workbench 存档文件 Delamination_FROM_START.wbpz。该文件包含一个简单拉伸试件的 ACP 模型。因为界面单元是在实体单元复合材料模型中使用，所以需要根据复合材料壳模型生成复合材料实体单元。

（2）进入 Engineering Data 界面，新建名为 cohesive zone 的材料。材料属性值如图 6-18 所示。

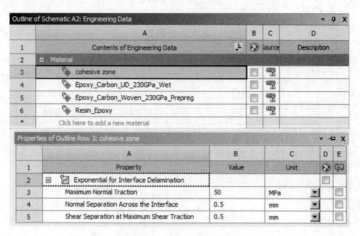

图 6-18　新建材料属性值

（3）更新并刷新 ACP 分析流程，进入 ACP-Pre 模块。

（4）定义上部铺层。首先，新建铺层组，命名为 PlyGroup.Top。然后，新建界面层 InterfaceLayer.1（虽然界面层位于特征树第 1 位置，但是最终效果处于模型的中间，这是因为方向选择集 OrientedElementSet.Interface_top 和 OrientedElementSet.Interface_Bottom 的方向不同），其方向选择集选项选择 OrientedElementSet.Interface_top，结构已经开裂区域 Open Area 的单元集选择 open interface。最后，添加 3 层单向带和 1 层织物铺层，方向角均设置为 0°，方向选择集和界面层相同，结果如图 6-19 所示。

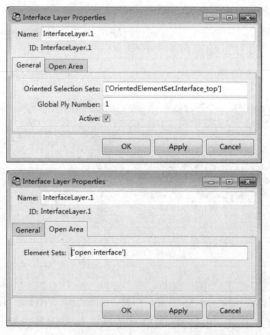

图 6-19　定义上部铺层

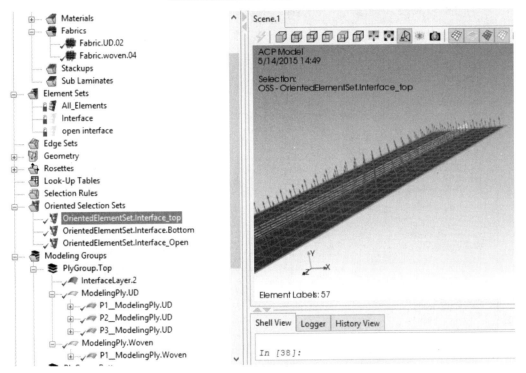

图 6-19 定义上部铺层（续图）

（5）定义下部铺层。新建铺层组，命名为 PlyGroup.Bottom。使用 OrientedElementSet.Interface_Bottom 方向选择集，按照相同的顺序定义与 PlyGroup.Top 相同的 4 层铺层（不需要再次定义界面层），结果如图 6-20 所示。

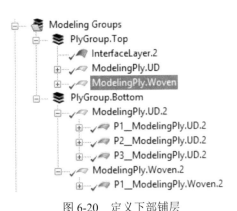

图 6-20 定义下部铺层

（6）生成复合材料实体单元模型。新建复合材料实体模型，其单元集选项选择 All_Element，拉伸方法选项选择 Analysis Ply Wise，全局退化材料选择 Resin_Epoxy。操作的设置和结果如图 6-21 所示。

（7）关闭 ACP 模块界面，返回 Workbench 项目页，进入 Mechanical 模块界面。

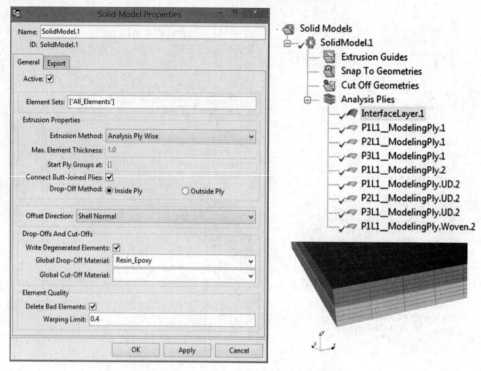

图 6-21 新建并设置复合材料实体模型

（8）按照图 6-22 设置，指定裂纹前端坐标系的坐标轴，定义裂纹前端坐标系的坐标轴。

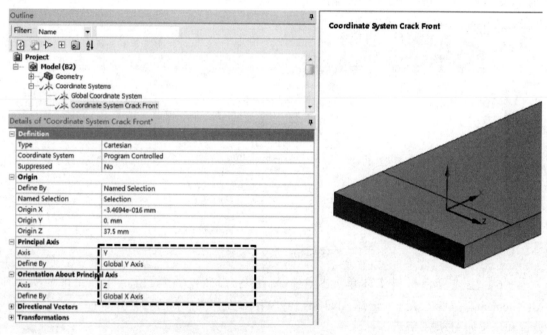

图 6-22 定义裂纹前端坐标系的坐标轴

(9) 设置特征树中 Fracture 的子节点 Pre-Meshed Crack，如图 6-23 所示。

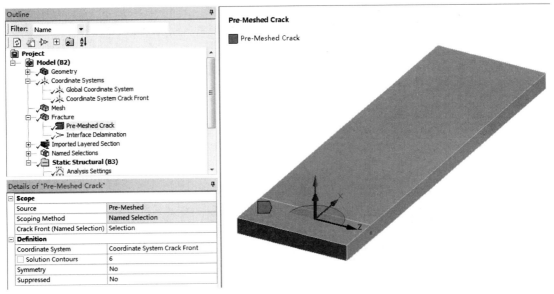

图 6-23　设置子节点 Pre-Meshed Crack

(10) 设置特征树中 Fracture 的子节点 Interface Delamination，如图 6-24 所示。

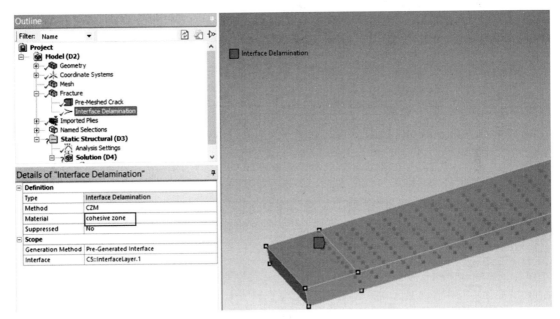

图 6-24　设置子节点 Interface Delamination

(11) 定义固支约束条件和位移载荷并求解如图 6-25 所示。

(12) 后处理，查看界面分层过程和位移载荷的反力，如图 6-26 所示。

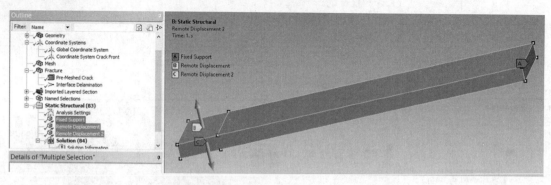

图 6-25　定义并求解固支约束条件和位移载荷

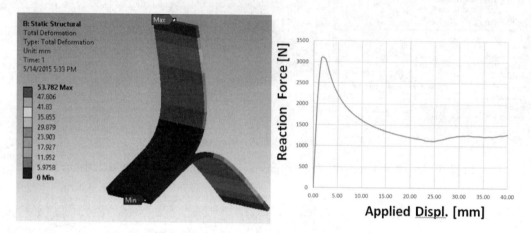

图 6-26　查看界面分层过程和位移载荷的反力

3. 接触单元分层模拟

（1）恢复 ANSYS Workbench 存档文件 Debonding_FROM_START.wbpz。该文件包含一个简单拉伸试件的 ACP 模型，并且复合材料壳模型已经生成了两个复合材料实体单元零件。

（2）进入 Engineering Data 界面，新建名为 cohesive zone 的材料。材料属性值如图 6-27 所示。

	A Property	B Value	C Unit
2	☐ Separation-Distance based Debonding		
3	Tangential Slip Under Normal Compression	No	
4	Debonding Interface Mode	Mode I	
5	Maximum Normal Contact Stress	50	MPa
6	Contact Gap at the Completion of Debonding	0.5	mm
7	Maximum Equivalent Tangential Contact Stress	50	MPa
8	Tangential Slip at the Completion of Debonding	0.5	mm
9	Artificial Damping Coefficient	0.001	s

图 6-27　新建材料属性值

（3）更新并刷新 ACP 分析流程，进入 Mechanical 模块（壳单元铺层已经定义好，而且已经生成两个实体单元模型）。

（4）手动添加接触对，接触对设置如图 6-28 所示。接触类型为绑定 Bonded。接触行为为 Asymmetric，接触算法为罚函数法 Penalty，接触探测半径为 10mm。

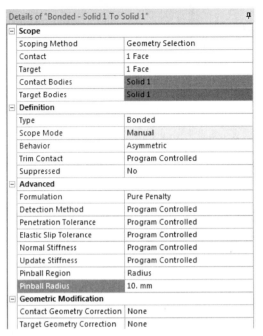

图 6-28 设置接触对

（5）在特征树 Fracture 下插入 Contact Debonding，设置材料为 cohesive zone，接触区域为 Bonded-Solid 1 To Solid 1。如图 6-29 所示。

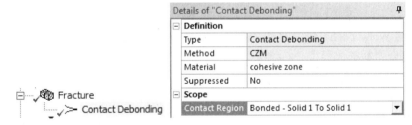

图 6-29 插入新材料

（6）查看边界条件和载荷并进行求解，求解完成之后进行后处理。如图 6-30 所示。

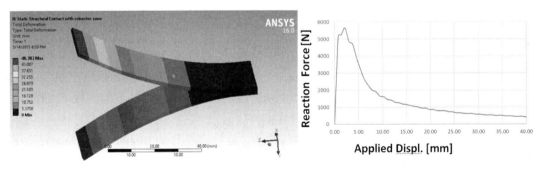

图 6-30 查看并求解边界条件和载荷

6.3 整体结构局部细化分析——子模型技术

6.3.1 案例简介

通常采用壳单元建立复合材料产品的仿真模型，进行刚强度校核更加经济。但是，当需要关注局部细节的强度和安全性时，可以采用子模型技术来实现。

本案例的目标是练习整体模型到局部模型的子模型技术路线。案例示意图如图 6-31 所示。

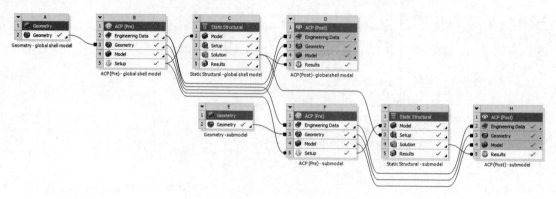

图 6-31　案例示意图

6.3.2 案例实现

（1）启动 Workbench，恢复存档文件 Submodeling_FROM_START。查看项目文件，已经完成了包含复合材料整体模型分析结果。如图 6-32 所示。

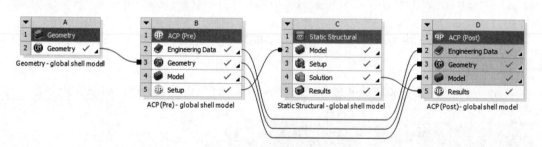

图 6-32　查看项目文件

（2）首先，右击工作流程 C 的 Solution，选择 Clear Generated Data，清空已经生成的数据。然后更新整个项目。最后，进入 ACP（Post）模块，确定模型中的危险区域。如图 6-33 所示。

（3）新建 ACP（Pre）工作流程，到项目视图。连接流程 B 的 Engineering Data 到流程 E 的 Engineering Data，连接流程 B 的 Setup 到流程 E 的 Setup，如图 6-34 所示，实现材料属性和复合材料定义信息的共享。在流程 E 的 Geometry 右击选择 Import Geometry→Browse，弹出文件选择窗口，选择练习源文件目录下的 Submodel.agdb。

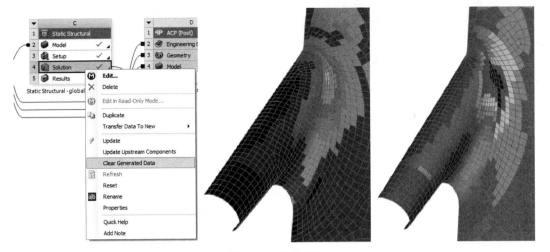

图 6-33　更新项目

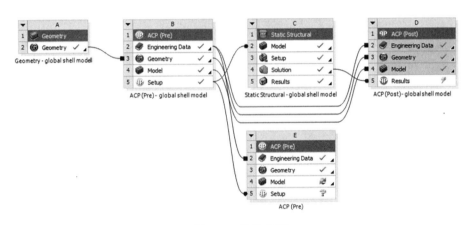

图 6-34　连接流程

（4）双击流程 E 的 Model 进入 Mechanical 模块界面，查看模型中已经定义的命名选择。这些命名选择用来控制整体模型的分析结果插值到局部子模型中的位置。如图 6-35 所示。

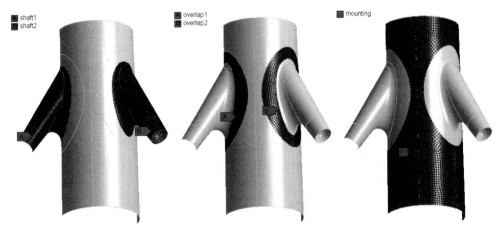

图 6-35　模型界面

（5）实体单元零件 insert1 和 insert2 的材料属性定义为 Stainless Steel。壳单元零件的所有 Surface Body 的厚度均设置为 1mm，材料属性定义为 Epoxy_Carbon_UD_230GPa_Prepreg。为不同的 Surface Body 指定体网格尺寸，如图 6-36 所示，并生成网格。关闭 Mechanical 界面，并更新项目。

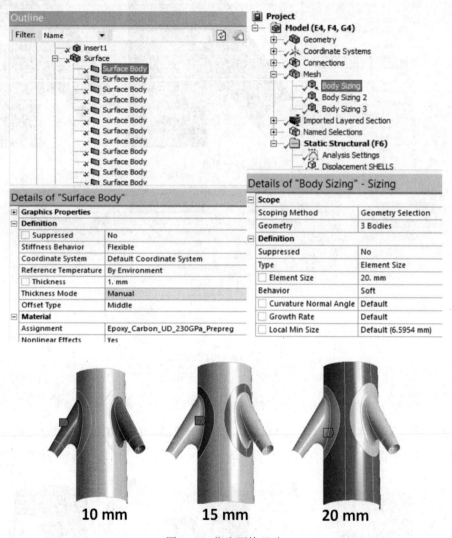

图 6-36　指定网格尺寸

（6）在项目视图中，新建静力分析 Static Structural 工作流程。连接流程 E 的 Setup 和新建流程 F 的 Model，并选择 Transfer Shell Composite Data，实现铺层铺敷信息的共享。如图 6-37 所示。

（7）连接流程 C 的 Solution 到流程 F 的 Setup，实现整体模型分析结果到局部子模型分析边界条件的传递。如图 6-38 所示。

（8）双击流程 F 的 Model，进入 Mechanical 模块界面，新建两个 Imported Cut Boundary Constraint，如图 6-39 所示，实现整体模型的分析结果插值到壳模型的 6 条边和实体模型的 3 个表面。右击特征树中的 Submodeling，选择 Import Load 命令，查看插值结果。如图 6-39 所示。

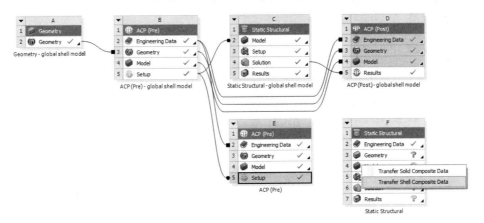

图 6-37 连接流程

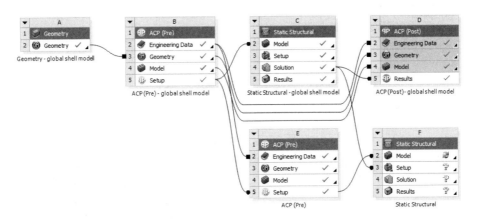

图 6-38 连接流程

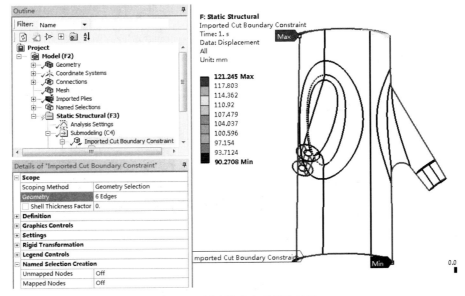

图 6-39 新建边并查看插值结果

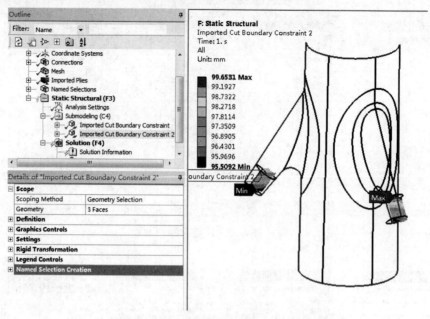

图 6-39 新建边并查看插值结果（续图）

（9）新建坐标系，命名为 Coordinate System Symmetry，坐标原点、Y 轴和 Z 轴设置如图 6-40 所示。

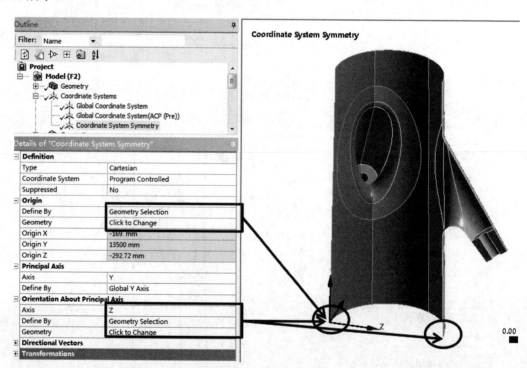

图 6-40 设置新坐标系

（10）新建局部坐标系 Coordinate System Symmetry 下的 X 方向位移约束，如图 6-41 所示，约束对象为壳模型对称面上 11 条边。

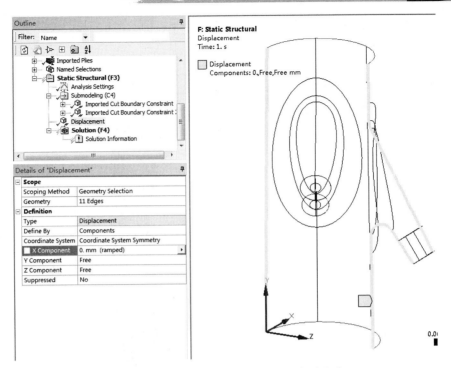

图 6-41　新建局部坐标系下的 X 方向位移约束

（11）再次，新建局部坐标系 Coordinate System Symmetry 下的 X 方向位移约束，如图 6-42 所示，约束对象为实体模型对称面上两个面。

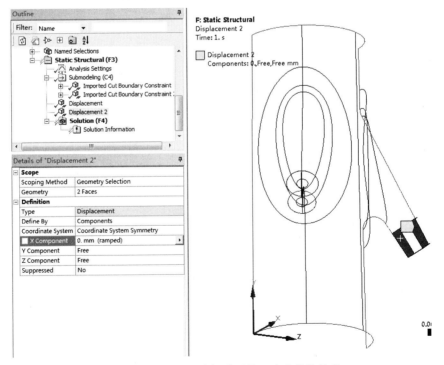

图 6-42　新建局部坐标系下的 X 方向位移约束

（12）新建局部坐标系 Coordinate System Symmetry 下的 Z 方向压力载荷，如图 6-43 所示，使得局部子模型的载荷和整体模型完全一致。

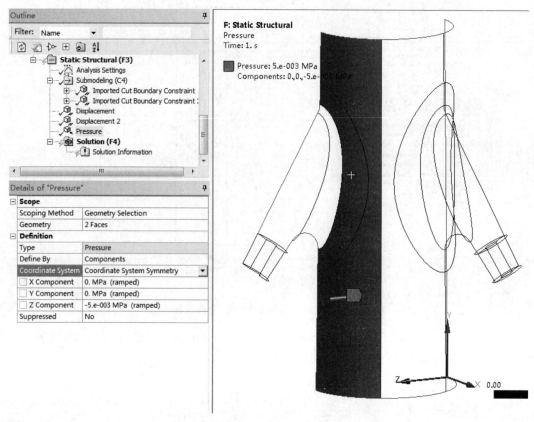

图 6-43　新建局部坐标系下的 Z 方向压力载荷

（13）抑制 Mechanical 模块自动创建的接触组 Contacts（ACP（Pre）），通过在特征树中右击选择 Suppress 命令实现。右击 Connections 插入 Connection Group，将自动探测选项 Group by 和 Search Across 均设置为 Parts，即要求 Mechanical 仅探测不同零件间的接触对，而不探测零件自身多个面间接触。右击 Connection Group 选择 Create Automatic Connections，自动生成接触对。右击自动生成的接触对，选择 Rename Based on Definition，重命名接触对。如图 6-44 所示。

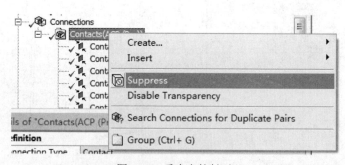

图 6-44　重命名接触对

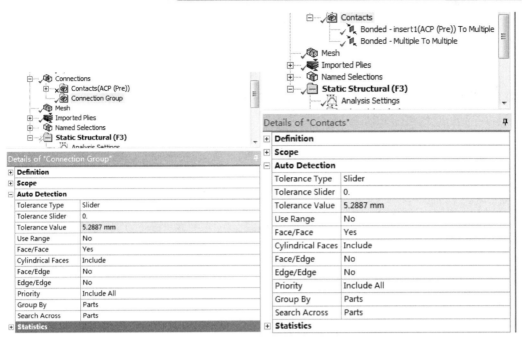

图 6-44 重命名接触对（续图）

（14）更新项目视图，完成子模型仿真分析求解，如图 6-45 所示。查看模型的变形结果，并与整体模型的计算结果进行对比。

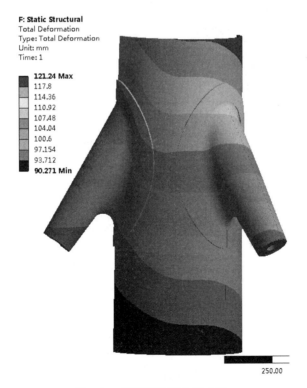

图 6-45 子模型仿真分析求解

（15）新建 ACP（Post）工作流程，对复合材料子模型的分析结果进行评估。如图 6-46 所示。

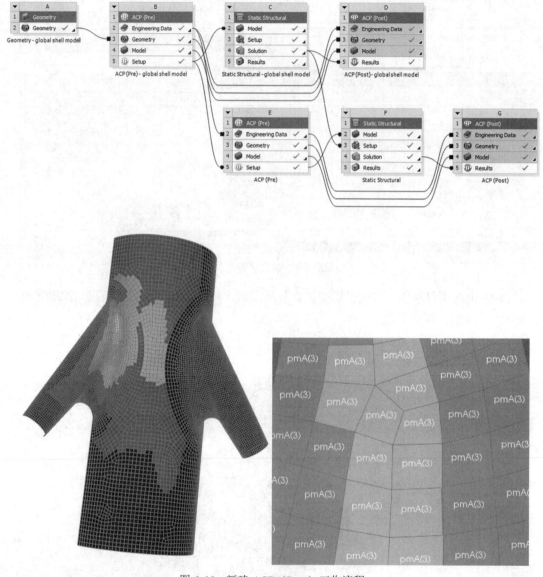

图 6-46　新建 ACP（Post）工作流程

6.4　复合材料转子动力学分析

6.4.1　案例简介

本案例将建立与钢轴刚性连接的复合材料转盘有限元实体单元模型，分析其瞬态响应及临界转速。案例效果如图 6-47 所示。

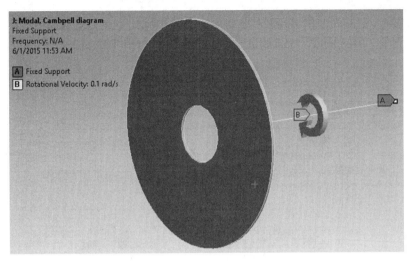

图 6-47 案例效果

案例中复合材料盘由 5 层同种织物铺敷而成，相对于盘径向的铺层角度分别为 0°、90°、45°、-90°、0°。

6.4.2 案例实现

（1）启动 Workbench，恢复存档文件 rotor_from_start_17.0.wbpz，如图 6-48 所示。查看当前项目文件，其中转子和盘均为钢材料，分析的类型是瞬态动力学和转子动力学临界转速。接下来，将项目中盘的材料钢替换为复合材料，重新设计盘，并计算新转子系统的瞬态响应和临界转速。

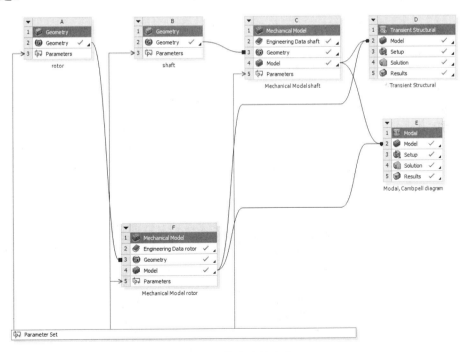

图 6-48 恢复存档文件

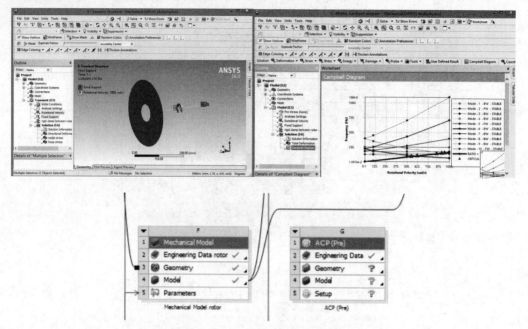

图 6-48 恢复存档文件（续图）

（2）拖放 ACP（Pre）流程到项目视图中，首先连接 Mechanical Model 流程 F 的 Model 到 ACP（Pre）流程 G 的 Model，然后连接二者的 Engineering Data rotor，如图 6-49 所示。

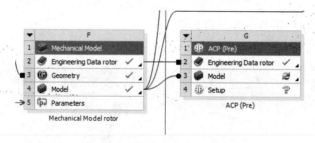

图 6-49 连接 Engineering Data rotor

（3）双击 Mechanical Model 流程 F 的 Engineering Data rotor，进入材料属性定义模块，从复合材料数据库中添加两个新材料到项目中：Resin_Epoxy 和 Epoxy_Carbon_Woven_230GPa_Prepreg，如图 6-50 所示。关闭材料属性定义模块，返回 Workbench 项目页。

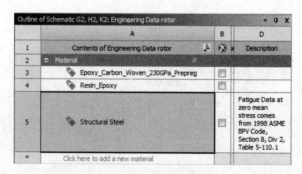

图 6-50 添加新材料

（4）双击 ACP（Pre）流程的 Setup，进入 ACP 模块。新建织物，名称为 Fabric.1，材料为 Epoxy_Carbon_Woven_230GPa_Prepreg，厚度为 1mm（注意当前 ACP 模块的单位制）。新建圆柱坐标系，命名为 Rosette.1。新建方向选择集，名称为 OrientedSelectionSet.1，其 Element_Sets 选项选择 All_Elements，Rosettes 选项选择 Rosette.1。如图 6-51 所示。

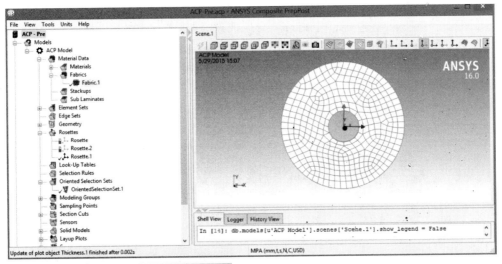

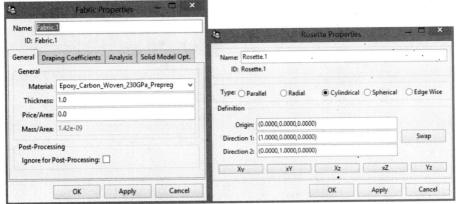

图 6-51　新建织物、圆柱坐标系、方向选择集

(5) 新建铺层组。添加 5 层 Fabric.1 织物，方向选择集选择 OrientedSelectionSet.1，铺层角度依次为 0°, 90°, 45°, -90°, 0°。如图 6-52 所示。

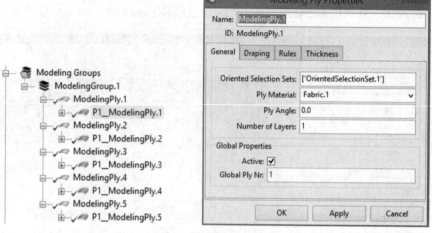

图 6-52　新建铺层组

(6) 新建复合材料实体单元。Element Sets 选项选择 All_Elements，拉伸选项选择 Analysis Ply Wise，Global Drop-Off Material 选项选择 Resin_Epoxy，如图 6-53 所示。更新并关闭 ACP（Pre）模块。

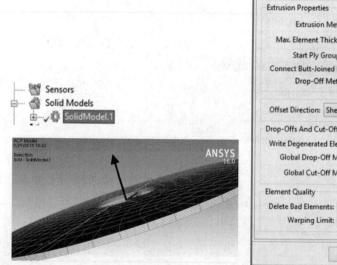
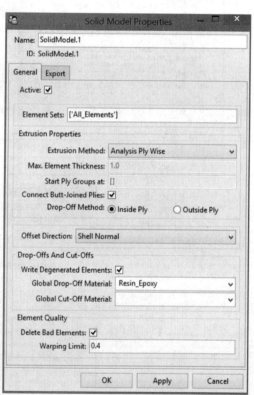

图 6-53　新建复合材料实体单元

(7) 在 Workbench 项目页新建 Transient Structural 分析流程 H，如图 6-54 所示。

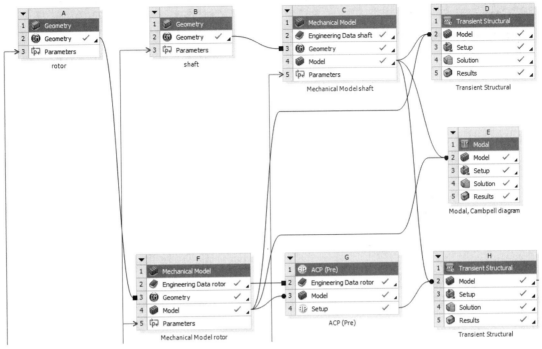

图 6-54　新建分析流程

(8) 进入流程 H 的 Mechanical 界面。新建转速 Rotational Velocity 载荷，受载对象为所有体，方向为 Z 向，转速值为 100rad/s，渐进加载。新建固支约束条件，约束位置为转轴远离盘的一端（边界条件和载荷与钢盘转子模型完全相同，可以参考）。如图 6-55 所示。

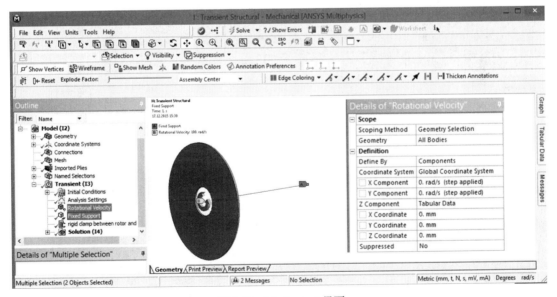

图 6-55　Mechanical 界面

(9) 转子盘与轴的连接为刚性连接,通过约束方程实现。轴上与盘连接点的质量为 6.8748ton,绕 X、Y 轴的转动惯量为 0.0282ton·mm^2,绕 Z 轴的转动惯量为 0.0355ton·mm^2。插入 Command Snippet 到特征树中,并写入图 6-56 中的命令流(另一种简便的方式是,由钢盘转子模型中复制该段命令流)。

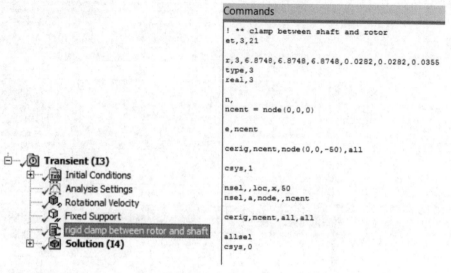

图 6-56 写入命令流

(10) 在 Analysis Setting 细节栏中设置详细的求解器参数。初始子步数为 20,最小子步数为 1,最大子步数为 100。大变形 Large Deflection 选项设置为 On。求解单位制设置方式 Solver Units 设置为手动 Manual。求解单位制 Solver Units 设置为毫米单位制 nmm,如图 6-57 所示(在使用 Command Snippet 时,求解单位制的设置非常重要,影响所插入脚本的正常运行)。

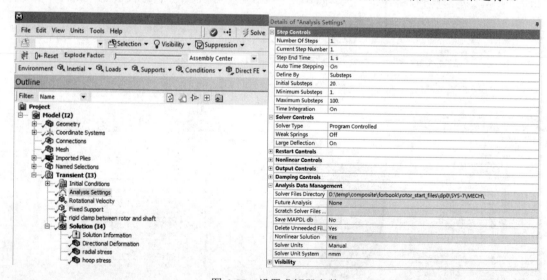

图 6-57 设置求解器参数

(11) 在特征树 Solution 节点提取 Coordinate System Cyl 坐标系下的径向变形、周向应力和径向应力。如图 6-58 所示。

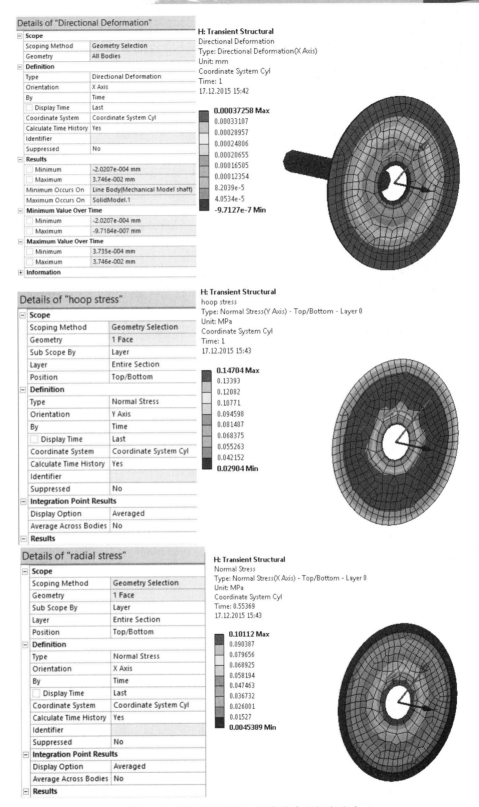

图 6-58 提取径向变形、周向应力和径向应力

（12）新建 ACP（Post）工作流程。拖放 ACP（Post）到 ACP（Pre）流程的 Model，然后连接 Transient Structural 流程的 Solution 到 ACP（Post）流程的 Results，如图 6-59 所示。更新项目并打开 ACP（Post）模块。

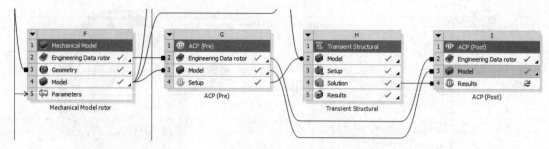

图 6-59　连接流程

（13）新建失效准则定义，命名为 FailureCriteria.1，选择最大应变和最大应力失效准则。在特征树 Solution.1 节点，右击选择 Create Stress，添加应力结果 Stress.1。如图 6-60 所示。

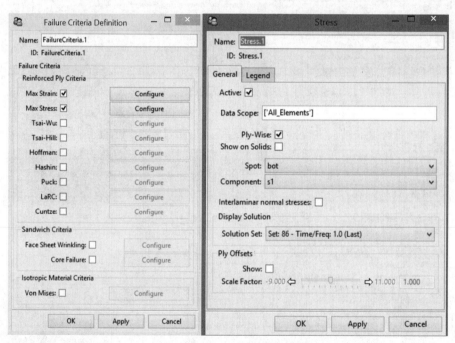

图 6-60　新建失效准则定义

（14）选择要进行后处理的铺层，查看应力结果，如图 6-61 所示。退出 ACP（Post）模块。

（15）新建 Modal 工作流程。双击新建流程的 Setup，进入 Mechanical 模块。如图 6-62 所示。

（16）首先，设置 Modal 工作流程的 Analysis Setting，指定求解器、Campbell 图参数及求解单位制。将 Transient Structural 工作流程 H 中已定义的约束 Fixed Support 和命令流 rigid clamp between rotor and shaft 复制到新建立的 Modal 工作流程 J，如图 6-63 所示。并在 Modal 工作流程中新建转速载荷。

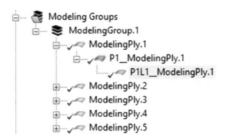

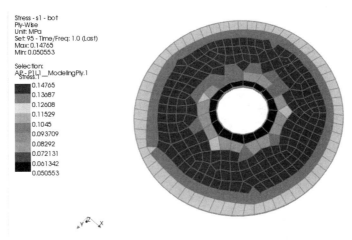

图 6-61　应力结果

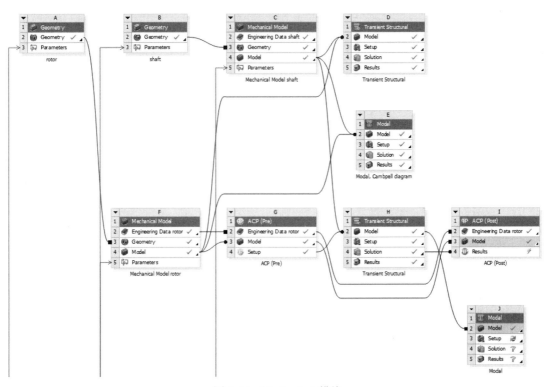

图 6-62　Mechanical 模块

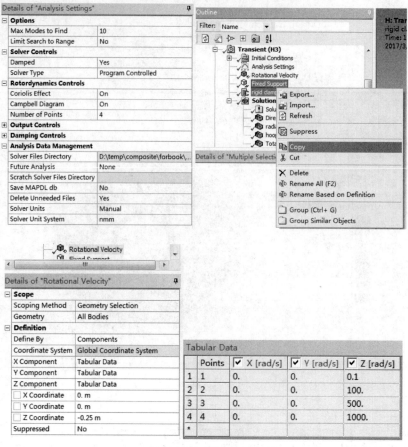

图 6-63 复制流程

（17）在特征树 Solution 节点插入 Campbell Diagram，提取结果，查看坎贝尔图及系统的临界转速，如图 6-64 所示。

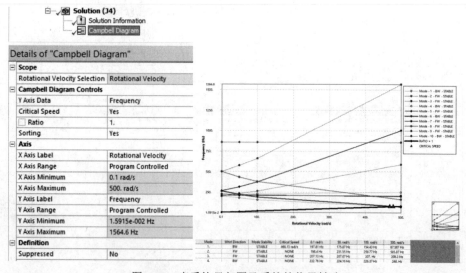

图 6-64 查看坎贝尔图及系统的临界转速

6.5 渐进损伤模拟技术

6.5.1 理论及技术路线

ANSYS 渐进损伤模拟需要在基础复合材料属性的基础上，增加刚度衰减材料性能定义。ANSYS 渐进损伤模拟支持失效准则包括：最大应力、最大应变、Puck、Hashin、LaRC03 和 LaRC04。失效模式包括四种：纤维拉伸、纤维压缩、基体拉伸、基体压缩。案例效果如图 6-65 所示。

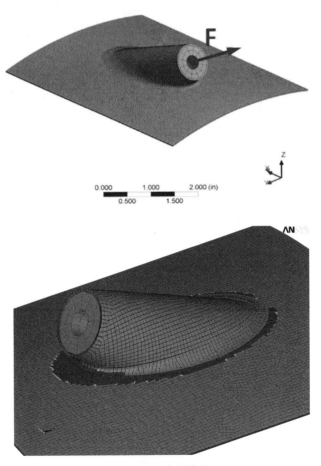

图 6-65 案例效果

复合材料渐进损伤过程模拟包含以下主要步骤：Engineering Data 模块定义渐进损伤材料属性；Engineering Data 模块定义损伤初始及损伤演化变量；ACP 模块定义复合材料铺层；Mechanical 模块施加载荷、边界，并进行求解；Mechanical 模块渐进损伤模拟结果后处理。

6.5.2 应用案例

（1）恢复 ANSYS Workbench 存档文件 PD-WS.wbpz。

（2）进入 Engineering Data 界面，将材料库中的 Epoxy_EGlass_UD 添加到项目中，如图 6-66 所示。

图 6-66　添加项目

（3）为 Epoxy_EGlass_UD 材料添加损伤初始和演化参数。选择最大应力失效准则作为 4 种失效模式的损伤初始准则。损伤演化参数（即纤维拉伸刚度衰减因子、纤维压缩刚度衰减因子、基体拉伸刚度衰减因子、基体压缩刚度衰减因子）均设置为 0.75，如图 6-67 所示。

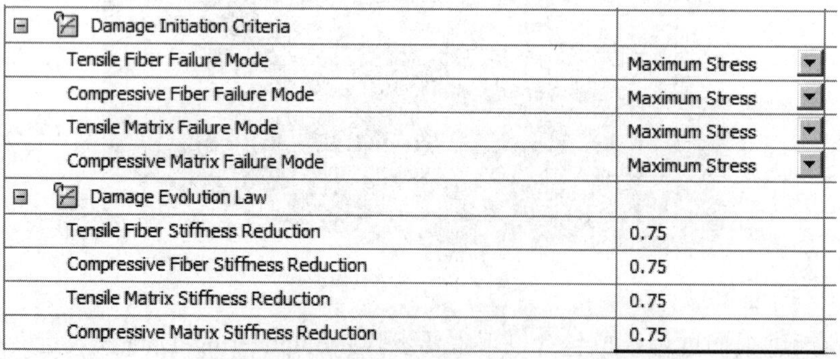

图 6-67　为材料添加损伤初始和演化参数

（4）进入 ACP（Pre）模块界面，新建 1mm 厚 E 玻纤单向带，基于该单向带新建 3 层铺层，铺层角度分别为 0°、45°和 0°。如图 6-68 所示。

（5）进入 Mechanical 模块界面，定义边界条件。左端完全固定约束，孔边完全固定约束，右端边施加向右侧 2mm 位移。整个模型面 Z 方向完全固定。如图 6-69 所示。

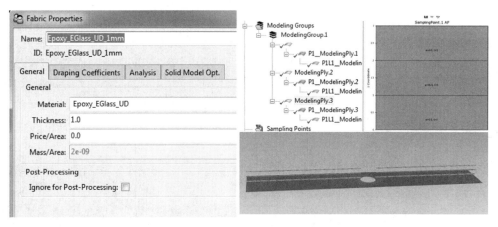

图 6-68 新建 E 玻纤单向带

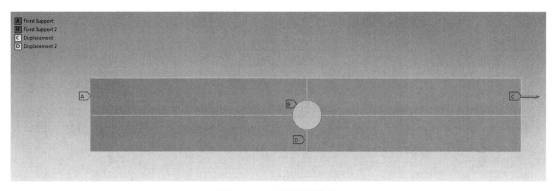

图 6-69 定义边界条件

（6）在 Mechanical 界面后处理损伤结果，如图 6-70 所示。

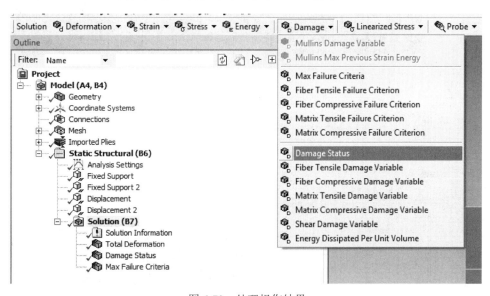

图 6-70 处理损伤结果

（7）损伤状态结果如图 6-71 所示。图中：损伤状态值等于 0（即 DS=0）的区域没有发生损伤；损伤状态值等于 1（即 DS=1）时，结构部分损伤；损伤状态值等于 2（即 DS=2）时，结构完全损伤。图中左侧的 Legend 已经被减少为三种颜色，以方便查看损伤状态。

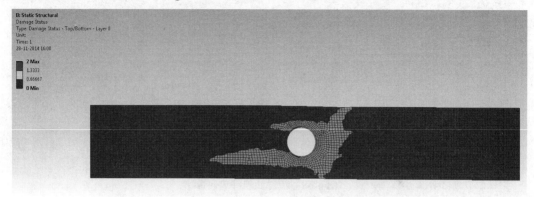

图 6-71　损伤状态结果

（8）纤维拉伸损伤变量值云图如图 6-72 所示。图中一个小区域中拉伸损伤变量值等于 0.75，此时纤维已经拉伸失效，纤维拉伸损伤因子 0.75 赋给了失效单元。过渡区域是 Mechanical 后处理光滑云图的结果。

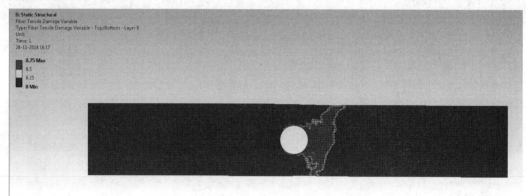

图 6-72　纤维拉伸损伤变量值云图

（9）Mechanical 模块不仅能查看整个结构的损伤结果，而且能查看单层损伤结果。如图 6-73 所示。

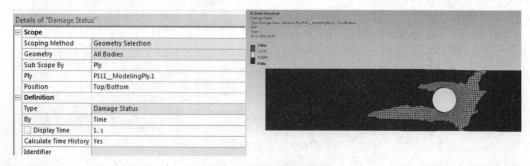

图 6-73　单层损伤结果

（10）渐进损伤的分析结果同样可以在 ACP（Post）模块中进行查看，如图 6-74 所示。ACP 模块中的损伤云图与 Mechanical 界面中有些差别需要注意：ACP（Post）模块显示单元所有积分点的最大损伤状态，而 Mechanical 模块显示顶面/底面的损伤状态。

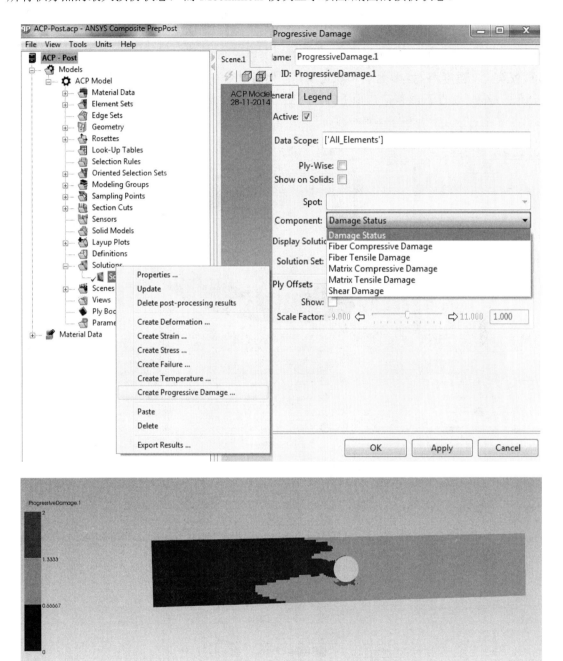

图 6-74　渐进损伤的分析结果

6.6 温度相关复合材料属性

6.6.1 案例简介

案例将练习温度相关复合材料属性的使用，案例效果如图 6-75 所示。首先在 Engineering Data 模块定义温度相关的复合材料织物属性；然后定义温度场分析边界条件，得到管路温度场分布；最后，分析温度载荷作用下的管路变形，以对比温度场对结构刚度的影响。

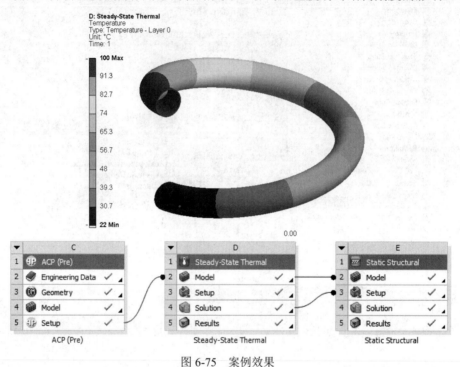

图 6-75　案例效果

6.6.2 案例实现

（1）启动 Workbench，恢复存档文件 temperature_dependent_material_FROM_START.wbpz。如图 6-76 所示。

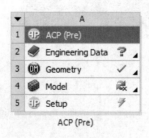

图 6-76　恢复存档文件

（2）进入 Engineering Data 模块，导入 Material_Temp_Dep.xml 文件中的材料数据。该文

件中包含了的名为 Epoxy_Carbon_Woven_230GPa_Wet_TEMP 的材料，其属性包含温度相关材料数据。可以看出，随着温度的升高，复合材料弹性模量和泊松比降低。如图 6-77 所示。

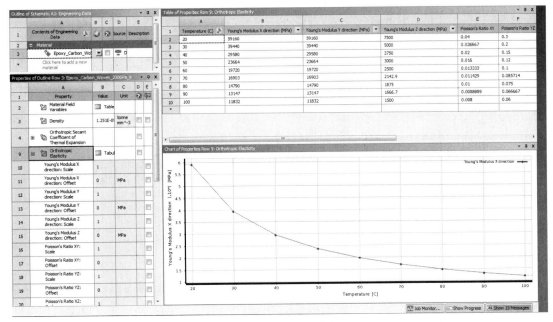

图 6-77　导入材料数据

（3）关闭 Engineering Data 模块界面，更新项目。双击 ACP（Pre）工作流程的 Setup，进入 ACP-Pre 模块，将新导入的材料赋给织物 Epoxy_Carbon_Woven，如图 6-78 所示。关闭 ACP-Pre 模块界面。

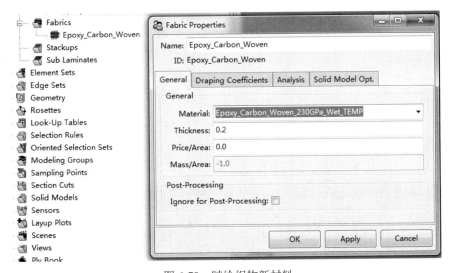

图 6-78　赋给织物新材料

（4）拖放 Steady-State Thermal 分析流程到项目视图中，并连接 ACP（Pre）流程的 Setup 到 Steady-State Thermal 流程的 Model，如图 6-79 所示，选择传递实体复合材料数据。

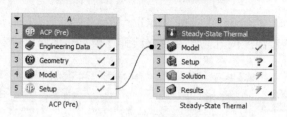

图 6-79 连接流程

(5) 拖放 Static Structural 分析流程到 Steady-State Thermal 流程的 Solution，如图 6-80 所示，建立热应力分析流程。

图 6-80 建立热应力分析流程

(6) 双击 Steady-State Thermal 流程的 Model，进入 Mechanical 界面。首先，在 Analysis Settings 中定义两个载荷步，具体设置如图 6-81 所示。然后，在管路的两端定义温度边界条件。

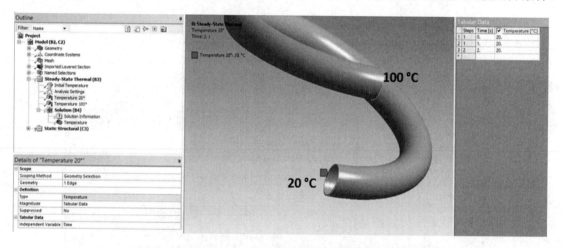

图 6-81 定义两个载荷步

Tabular Data

	Steps	Time [s]	✔ Temperature [°C]
1	1	0.	20.
2	1	1.	20.
3	2	2.	20.

Tabular Data

	Steps	Time [s]	✔ Temperature [°C]
1	1	0.	20.
2	1	1.	20.
3	2	2.	100.

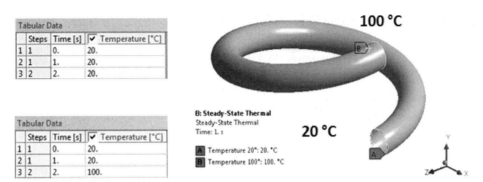

图 6-81　定义两个载荷步（续图）

（7）求解温度场。第 1 个载荷步为均匀温度场，第 2 个载荷步为非均匀温度场，如图 6-82 所示。在第 2 个载荷步中，顶端温度最高为 100℃，底部温度最低为 20℃。

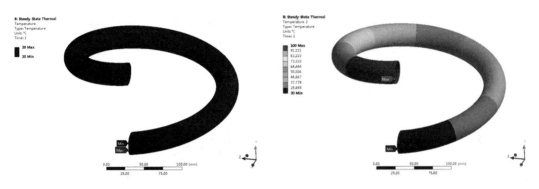

图 6-82　求解温度场

（8）编辑 Static Structural 的 Analysis Settings，定义两个载荷步，载荷子步设置如图 6-83 所示。

Details of "Analysis Settings"	
Step Controls	
Number Of Steps	2.
Current Step Number	1.
Step End Time	1. s
Auto Time Stepping	On
Define By	Substeps
Initial Substeps	3.
Minimum Substeps	3.
Maximum Substeps	10.
Solver Controls	
Solver Type	Direct
Weak Springs	Off
Large Deflection	On

Details of "Analysis Settings"	
Step Controls	
Number Of Steps	2.
Current Step Number	2.
Step End Time	2. s
Auto Time Stepping	On
Define By	Substeps
Carry Over Time Step	Off
Initial Substeps	5.
Minimum Substeps	5.
Maximum Substeps	10.
Solver Controls	
Solver Type	Direct
Weak Springs	Off
Large Deflection	On

图 6-83　设置载荷子步

（9）定义两个 Remote Displacement 位移载荷。管路底部端面除了绕 Z 轴扭转为自由边界 Free 之外，其余方向的位移或转角值均为 0。管路顶部端面绕 Z 轴扭转为自由边界 Free，且在两个载荷步均有 Y 方向的-50mm 位移值，其余方向的位移或转角值均为 0。如图 6-84 所示。

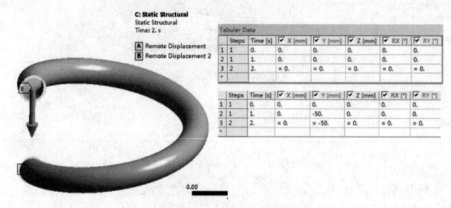

图 6-84　定义位移载荷

（10）设置 Static Structural 分析的温度场载荷。选择特征树 Imported Load 下的 Imported Body Temperature，在 Data View 窗口指定每个载荷步的温度场载荷，如图 6-85 所示。

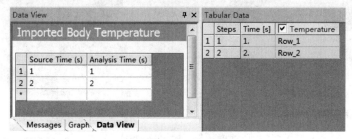

图 6-85　设置温度场载荷

（11）求解温度场载荷作用下的结构变形，并提取 Remote Displacement 位移载荷上的支反力结果，如图 6-86 所示。可以看出：①载荷步 1 的最后，支反力达到最大值；②在载荷步 2 中，随着温度的升高，材料刚度减小，进而支反力减小。

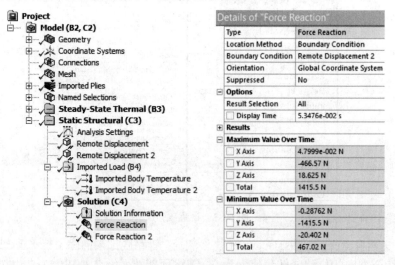

图 6-86　求解温度场载荷作用下的结构变形

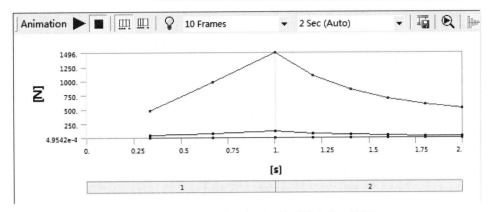

图 6-86　求解温度场载荷作用下的结构变形（续图）

6.7　温度、剪力和退化相关复合材料属性

6.7.1　案例简介

练习的目标是模拟温度场、由于制造铺敷性分析引起的剪力、由于制造或其他人为因素导致的材料退化对复合材料刚度和强度的影响。

案例的模型为一个简化的压缩机叶片，载荷为叶片表面压力及叶片转速，叶片的铺层为虚构的，仅用于说明软件的使用方法。如图 6-87 所示。

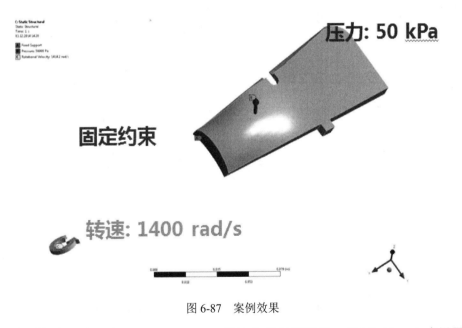

图 6-87　案例效果

练习主要包含 5 步：在 Engineering Data 模块定义材料属性；在 Workbench 中设置分析选项；定义温度场载荷；在 ACP（Pre）模块进行铺敷性分析，获得铺层剪力结果，并基于表定义材料的局部退化参数；进行分析和后处理。

6.7.2 案例实现

（1）启动 Workbench，将 temp_shear_degra_dependent_blade_example_17.0.wbpz 存档文件恢复到练习目录，如图 6-88 所示。查看已经完成的分析流程。

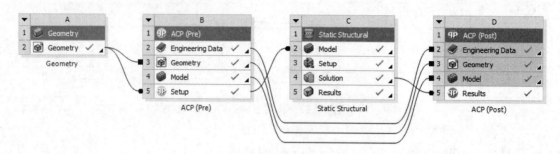

图 6-88 恢复存档文件

（2）进入流程 B 的 Engineering Data 模块，查看已经定义的场变量相关复合材料属性，如图 6-89 所示。

Orthotropic Elasticity	Tabular		
Young's Modulus X direction: Scale	1		
Young's Modulus X direction: Offset	0	Pa	

Shear Modulus XZ: Offset	0	Pa
Field Variables		
Temperature	Yes	
Shear Angle	Yes	
Degradation Factor	Yes	
Orthotropic Stress Limits		

Table of Properties Row 28:

	A	B
1	Degradation Factor	Shear Angle (deg)
2	0.8	0
3	0.8	5
4	0.8	10
5	0.9	0
6	0.9	5
7	0.9	10
8	1	0
9	1	5
10	1	10

	C	D	E	F	G
1	Temperature (C)	Young's Modulus X direction (Pa)	Young's Modulus Y direction (Pa)	Young's Modulus Z direction (Pa)	isson's Ratio X
2	22	5.916E+10	5.916E+10	7.5E+09	0.04
3	45	5.6202E+10	5.6202E+10	7.125E+09	0.038
4	65	5.4427E+10	5.4427E+10	6.9E+09	0.0368
*					

图 6-89 Engineering Data 模块

（3）进入流程 C Mechanical 界面，查看已定义的温度场相关设置，如图 6-90 所示。其中包括：初始环境温度 22℃，热载荷 65℃。

（4）查看建模铺层的 Draping 设置，如图 6-91 所示。由于 Draping 剪力导致的材料属性改变会在计算过程中自动考虑。

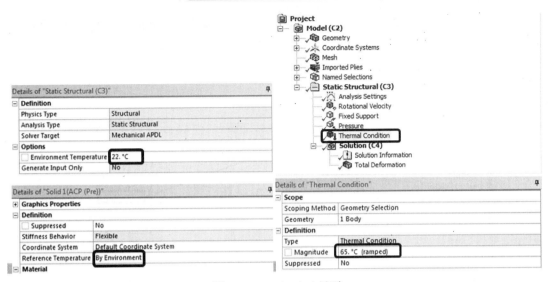

图 6-90 Mechanical 界面

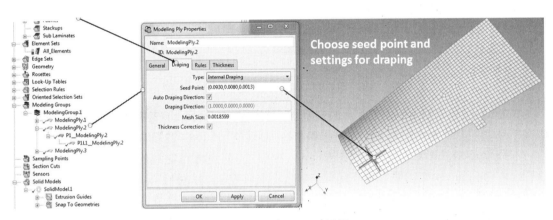

图 6-91 查看 Draping 设置

（5）使用 1D 或 3D 速查表定义退化场变量，并通过速查表云图可视化查看退化场变量，如图 6-92 所示。退化场变量的值根据单元中心坐标在速查表中插值得到，精度取决于单元的疏密。

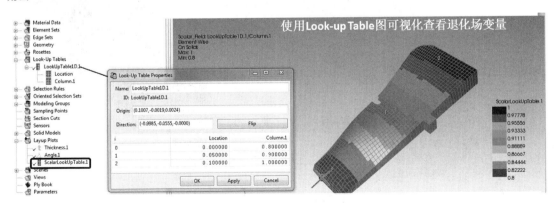

图 6-92 速查表云图

（6）进入流程 D ACP-Post 模块界面，查看已定义的最大应变和最大应力失效准则，如图 6-93 所示。创建实体单元的失效云图结果。

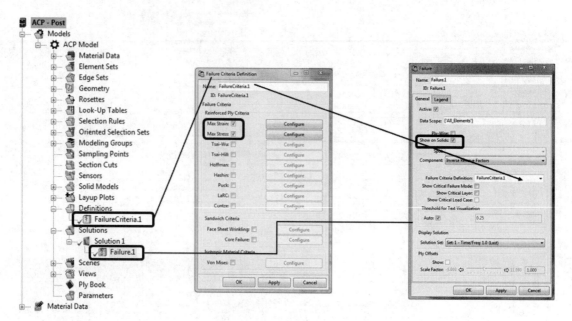

图 6-93　ACP-Post 模块界面

（7）对比考虑不同因素下叶片的安全性，如图 6-94 所示。不考虑材料退化和 Draping 的模型，是仅考虑转速和压力情况下的计算结果。可以看出，在 22℃时，叶片根部和缺口区域的一部分单元 IRF 值大于 0.75。考虑 Draping 的模型，叶片根部区域的 IRF 值有所增加，但可以看出由 Draping 引起的剪力对该模型的影响不大。考虑温度对材料属性影响的模型，叶片根部和缺口部位的 IRF 值进一步增大，这些区域的安全裕度达到临界值。考虑材料属性退化的模型，可以看出叶片根部和缺口区域继续增加，有明显的危险区域。

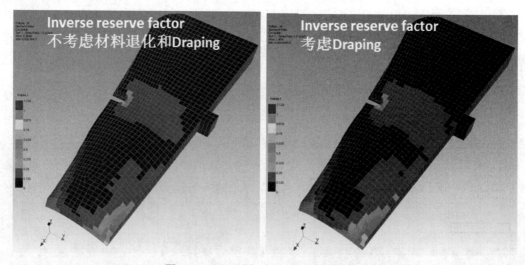

图 6-94　不同因素下叶片安全度的对比

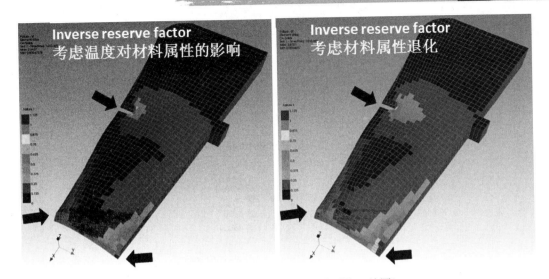

图 6-94 不同因素下叶片安全度的对比（续图）

（8）通过这个练习，可以看出：ACP 模块能够简单方便地考虑温度、铺层剪力和退化因素对材料刚度及强度的影响；这一工作流程不仅适用于壳单元，而且适用于实体单元；材料退化效应可以按照材料或分析铺层进行控制。

6.8 ACP 模块中的脚本应用

6.8.1 案例简介

案例将使用脚本实现不同工况下结果云图自动抓取。案例的模型与 5.1 节中冲浪板练习相同。案例效果如图 6-95 所示。

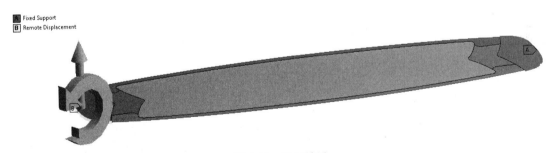

图 6-95 案例效果

6.8.2 案例实现

（1）启动 Workbench，恢复存档文件 WORKSHOP_17_scripting_in_ACP_start.wbpz。通过右键流程 C、E 和 F 的 Solution，选择 Clear Generated Data 命令清空已经生成的数据。通过工具栏 Update Project 按钮更新项目。流程 D 的 Results 更新失败。如图 6-96 所示。

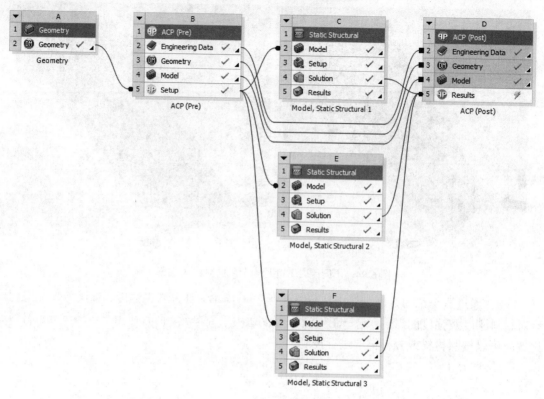

图 6-96 清空已生成的数据并更新项目

（2）进入 ACP（Post）模块，Solution 2 和 Solution 3 的失效准则没有定义，不能完成更新。因此，打开 Failure.2 和 Failure.3 的属性窗口，设置 Failure Criteria Definitions 为 FailureCriteria.1，如图 6-97 所示。成功更新流程。

（3）查看模型的特征树。每一个 Solution 节点均已定义失效云图和变形云图。在 Layup Plots 下定义了厚度云图。在 Views 下定义了两个视角，等轴侧视图 iso_view 和俯视图 top_view。

（4）在 File 下拉菜单选择 Run Script 运行脚本文件 acp_change_plot_scales.py。脚本文件的功能是设置图例的最大值为 7.2、最小值为 1.44。通过查看 Failure.1 和 Deformation.1 属性的 Legend，查看脚本运行的效果，如图 6-98 所示。可以看出，更改只对失效云图有效，而对变形云图无效，这是因为变形云图的默认行为是自动设置最大值和最小值。

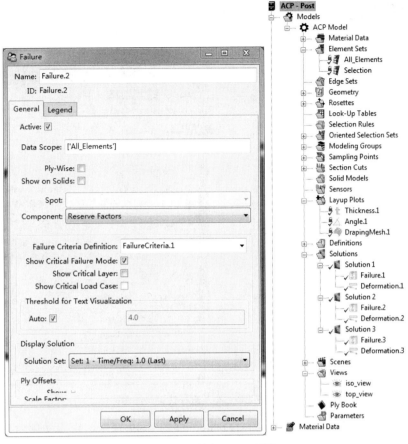

图 6-97　设置 Failure 属性

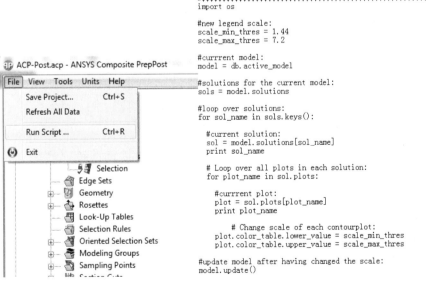

图 6-98　脚本文件及运行效果

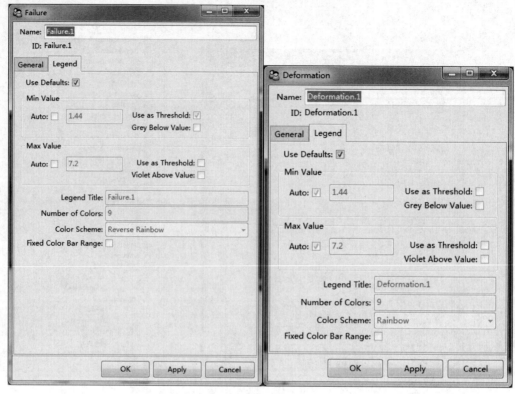

图 6-98　脚本文件及运行效果（续图）

（5）运行脚本文件 acp_create_snapshots.py，如图 6-99 所示。脚本文件的功能是循环所有结果和厚度云图，以两种视角输出为图片，图片的存储路径在脚本存放路径。

```
mod_name = 'kiteboard'
#currrent model:
model = db.active_model
#directory where the snapshots pictures are added:
#save_dir = r'..\WORKSHOP_28_KITEBOARD_SOLVED_version2_files\user_files'
#solutions for the current model:
sol_group = model.solutions
# Loop over all solutions:
for sol_name in sol_group:
  #current solution:
  sol = model.solutions[sol_name]
  print sol_name
  # Loop over all plots in each solution:
  for plot_name in sol.plots:
    #currrent plot:
    plot = sol.plots[plot_name]
        #clear current plot, add all the elements, add contourplot:
    model.active_scene.active_set.clear()
    model.active_scene.active_set.add(model.element_sets['All_Elements'])
    model.active_scene.active_set.add(plot)
        #name used for the snapshot file:
    plot_desc = plot_name
    # Loop over all views:
    for view_name in model.views:
          #change the model in the current view:
      model.active_scene.view = model.views[view_name]
          #if 'iso' in view name activate fit to window:
      if view_name.find('iso')>=0:
        db.active_model.active_scene.fit_to_window=False
      #show labels with failure modes:
      #model.active_scene.show_failure_modes = False
          #file name for the snapshot:
      file_name = mod_name + '_' + plot_desc + '_' + view_name + '.png'
          #path for the snapshot:
      #save_path = os.path.join(save_dir, file_name)
      save_path = os.path.join(file_name)
      print ''
      print 'Plot Description: %s' %plot_desc
      print 'Save Path: %s' %file_name
          #create the snapshot:
      model.active_scene.save_snapshot(path=save_path)
```

```
#--------------------
# Save Thickness Plot
#-------------------

print ''
print 'Thickness Plot'

#ACP name of thickness plot
plot_name = 'Thickness.1'

#currrent plot:
plot = model.layup_plots[plot_name]

#clear current plot, add all the elements, add contourplot:
model.active_scene.active_set.clear()
model.active_scene.active_set.add(model.element_sets['All_Elements'])
model.active_scene.active_set.add(plot)

#file name for the snapshot:
plot_desc = plot_name

# Loop over all views
for view_name in model.views:

  #change the model in the current view:
  model.active_scene.view = model.views[view_name]

  #activate fit to window:
  db.active_model.active_scene.fit_to_window=False


  #file name for the snapshot:
  file_name = mod_name + '_' + plot_desc + '_' + view_name + '.png'

  #path for the snapshot:
  #save_path = os.path.join(save_dir, file_name)
  save_path = os.path.join(file_name)
  print ''
  print 'Plot Description: %s' %plot_desc
  print 'Save Path: %s' %file_name

  #create the snapshot:
  model.active_scene.save_snapshot(path=save_path)
```

图 6-99　运行脚本文件

（6）脚本文件的命令及更多的脚本功能，请参考 ANSYS 帮助文档中 ANSYS Composite PrePost User's Guide→6.The ACP Python Scripting User Interface，如图 6-100 所示。

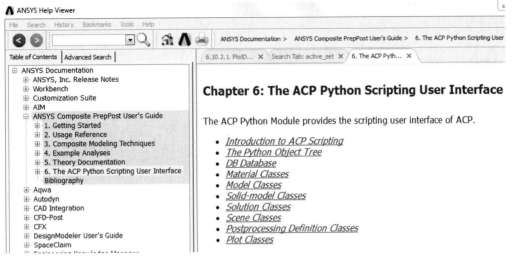

图 6-100　帮助文档

附录 A
英美制单位与标准国际单位的换算关系

长度：
mil（密耳）=0.001in=25.4μm
in=2.54cm
ft=12in=0.3048m
ft=0.333yd（码，1yd=3ft）
面积：
in^2=6.452cm^2
ft^2=0.0929m^2
体积：
in^3=16.387cm^3
ft^3=0.02832m^2
1L（升）=10^3cc（毫升）=1dm^3=$10^{-3}m^3$
压力：
psi=6.8948kPa
ksi=6.8948MPa
Msi=6.8948GPa
inHg（32℉）=3.3864kPa
质量：
lb=0.4563kg
oz（盎司）=0.1lb=28.35g
密度：
lb/in^3=27.68g/cc（克/毫升）
lb/ft^3=0.6243kg/m^3

温度：

℉=(9/5)℃+32

热膨胀系数：

in/in ℉×10^{-6}=1.8K×10^{-6}

热导率（导热系数）：

Btu×in/h×ft^2×℉=0.1442（W/m）·K

冲击能量：

lbf·ft=1.3558J

国际单位常用前缀：

G（吉）——10^9

M（兆）——10^6

k（千）——10^3

h（百）——10^2

da（十）——10^1

d（分）——10^{-1}

c（厘）——10^{-2}

m（毫）——10^{-3}

μ（微）——10^{-6}

n（纳）——10^{-9}

附录 B
波音 787（梦幻飞机）简介

本附录所有数据和资料均来自参考文献[3]，仅供参考，正确或最终的数据应以波音公司提供的波音 787 数据为准。

波音 787 使用了大量复合材料，用于制造其机翼、机身、水平尾翼和垂直尾翼、内装饰以及舱门等部件和构件。复合材料的用量占到了整个飞机重量的 50%左右，此外，采用电传操纵系统和先进的气动外形、改进的发动机等，使飞机的燃油效率至少提高了 20%，每英里每个座位的运营成本比现代的商用喷气飞机降低了 10%。波音 787 使复合材料在飞机结构上的应用真正向前跨了一步，无论是在新技术数量还是在专门工程知识方面都取得了重大进展。

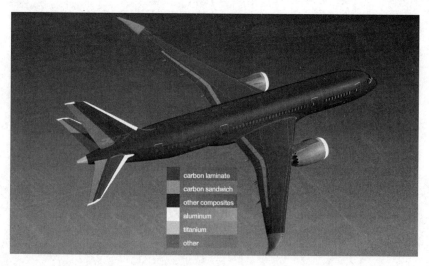

1. 概述

（1）波音 787 的型号种类：

- 波音 787-8 型飞机预计用来取代波音 767-200ER 和波音 767-300ER，并不断扩展新的市场，用于更大飞机运营经济上不合适的航线；
- 波音 787-3 是一种短程型飞机，可用于区域航线的运营；
- 波音 787-9 是一种加长型的飞机；
- 波音 787 的货机型也在考虑之中。

（2）波音787是一架不从发动机引气的全电气化喷气型运输机，它几乎没有用到气体力学，用电传系统取代了传统的气压和液压传动系统，以减轻重量。

（3）结构使用的材料：
- 复合材料50%（主要用于机翼和机身结构）；
- 铝合金20%（主要用于机翼和尾翼前缘）；
- 钛合金15%（主要用于发动机和接头）；
- 钢10%（用在不同的地方）；
- 其他材料5%。

（4）大部分结构用的复合材料是日本Toray公司生产的T800/3900碳纤维增强环氧树脂预浸料增韧体系。

（5）复合材料所带来的好处：
- 不发生腐蚀；
- 没有疲劳裂纹；
- 与金属飞机结构相比，需要进行的维护工作较少；
- 铆钉和紧固件的数量大幅度减少。

（6）过去，制造技术的精确度不是很高，结构制造中需要大量使用垫片；现在，由于计算机系统的使用，情况发生了很大变化，复合材料机身段的装配以及飞机机翼－机身的连接都能够精确配合，所以大量减少了垫片的用量。

（7）利用工效学进行设计：
- 不再需要大量传统的装配工夹具；
- 不再需要使用在头顶上运动的起重机进行飞机大型结构件的搬运；
- 使用自驱动地面工夹具来保证机翼和机身零部件就位；
- 使用自动钻孔/紧固件系统等周向连接工夹具。

（8）低成本制造原则：
- 把更大的责任留给供应商；
- 标准化设计概念与数据传输系统；
- 波音不再生产部件，但会继续开展设计，如何生产、组装和试验整个系统的工作。

（9）维护检查间隔：

结构维护水平	波音767	波音787
A-检查	500h	1000h
C-检查	1.5年	3年
D-检查	6年	12年

注意：商用运输机维护水平：A-检查，为常规维护；B-检查，为对系统和结构的维护；C-检查，为大修。

上述延长的维护间隔使波音787预定的维修工作量比现有的喷气式运输机少60%。

2. 机身

机身段（共6段，即机头41、前机身43、中机身44和46、后机身47和48）由预浸单向带铺贴的实心层合板制成，所使用的预浸带缠绕机为 VIPER6000。两段后机身（47 和 48）通过后压力加强框连接，其中的后段（48）使用铝合金框支持水平尾翼、垂直尾翼和尾椎。后压力球面框（14ft×15ft）是一个用树脂注射系统成型的复合材料浅壳，因其深度较浅，所以航空公司可以增加一排甚至多排旅客座椅。

舱内压力从 11psi（76kN/m^2，飞行高度为 8000ft 时）增加到 12psi（83kN/m^2，飞行高度为 6000ft 时）；舱内湿度增加至 10%～15%，而现有的飞机一般都是 5%～10%；每段都是在计算机控制下，将碳纤维预浸单向带铺贴到旋转的芯模上，然后利用热压罐固化制成的；固化这些机身段所用热压罐的直径为 30ft（9.2m），长度为 75ft（23m），其压力和温度分别可达 139psi 和 400℉；固化后的机身没有窗户、舱门以及管线与接头安装孔，所有这些开口或孔都是在固化后的机身上加工出来的；使用周向连接工具对机身段进行连接；第一架波音 787 飞机机身上的开孔数量超过了 50 个，开口切下的部分用于验证机身结构的生产技术质量。

（1）机身。

机身外缘宽 226in，高 235in；用预浸单向带缠绕工艺整体制造各机身段结构；整体桁条（帽型截面）固化到蒙皮上；大部分隔框使用碳纤维树脂注射成型工艺制造，但有些还是采用钛合金和铝合金制造（数量较少）；隔框和蒙皮采用金属紧固件和剪切带连接；机身蒙皮外表面至内侧壁板内表面的厚度为 4.5in。

（2）组合模具（分块模具）。

芯模应该重量轻、刚度大，并且在制件固化后容易从中取出；使用带动态密封（在组合模具分离面的连接区）的低温模塑（LTM）模具成型方法；动态密封是通过将高温橡胶管（在大约 29～44psi 的热压罐固化压力下仍然能够膨胀）放在蒙皮与键槽构成的沟槽内实现的。

（3）机身层合板的大致厚度。

舱门周围和其他易受损区域（如机身腹部）的厚度约为 1.0in；机身顶部区域的厚度约为 0.1in；单独制作机身段之间的接头（对缝拼接）区厚度为 0.5in。

（4）风挡与舷窗开口区。

飞行驾驶舱只使用 4 块较大的风挡玻璃，而传统的运输机通常采用 6 块风挡玻璃；舷窗尺寸为 18.4in×10.7in，比一般商用运输机的窗户约大 50%；复合材料窗框开创了新的制造工艺，采用 HexMC 这种模塑成型工艺，制造具有复杂形状的碳纤维/环氧树脂窗框零件，制造的零件能够满足小公差的严格要求；舷窗使用自动变暗的智能玻璃（电镀着色异常的材料）。

（5）舱内照明采用三色照明二极管（用发光二极管取代荧光灯管）。

3．机翼

（1）全复合材料机翼由上蒙皮壁板、下蒙皮壁板、翼梁以及翼肋构成：I 型截面长桁二次胶结到蒙皮上；翼梁为整体碳纤维增强复合材料 C 型槽结构；采用双梁多肋扭力盒构造；整体铝合金翼肋；机翼主接头为钛合金；向所有的油箱内充入一种浓缩的氮气，以防止在雷击或其他条件下发生爆炸；中央翼盒，前后长 209in、左右宽 228in、平均高度 48in。

（2）机翼长桁（I 型截面）胶结在机翼蒙皮上，然后通过金属螺栓与翼肋连接。

（3）机翼前缘缝翼用铝合金制造，在其内部装有电加热垫，主要用来通电加热防冰（而不是利用热空气来防冰）。

（4）机翼整流罩、副翼、襟副翼、扰流板以及内/外襟翼等结构采用真空辅助树脂转移模塑（VARTM）工艺成型，所用材料为碳纤维布。

4. 水平尾翼

共固化水平安定面翼盒由 27 个预固化元件在热压罐中一次固化而成。

（1）多梁翼盒是共固化成型的单个整体翼盒，展长 62ft、两个外翼盒、组合式中央三角翼盒。

（2）在铝合金前缘蒙皮内装有电加热垫。

5. 垂直尾翼

（1）双梁多肋翼盒：复合材料蒙皮－桁条壁板；实心复合材料蒙皮壁板；铝合金翼肋。

（2）在铝合金前缘蒙皮下装有电加热垫。

（3）方向舵的构造为蜂窝夹层壁板和少数几根肋。

6. 梦幻运输机（DreamLifter，波音 747-400LCF 大型货机）

波音公司将 4 架旧的波音 747-400 改为超大型货机，专门用于将从海外供应商生产的波音 787 超大型部件运输到美国 Everett 的波音总装厂，需要飞行 8～10 小时，而如果采用船运则需要 30 天。通过梦幻运输机将次承包商制造的完整部件运抵公司的总装厂，可以缩短总装时间。

（1）扩大的机身中段：扩大的上机身（地板梁以上）；货物装载区为无增压段，但会对其进行加热；增压机头段；货舱的体积为 $65000ft^3$（$1840m^3$），大约是波音 747-400 货架的 3 倍；在机头和尾椎处使用了改进的机身过渡区；垂直安定面增加了 5ft，以改善飞机的操纵性能；波音 747-400 的机翼、发动机、起落架和大部分飞行系统都没有变动；采用已经在用的旧波音 747 飞机（4 架），改为梦幻运输机更容易通过 FAA 的适航认证。

（2）装载：为了从后面装卸货物，后机身采用铰链连接；为了适应波音 787 和机翼翼盒装配件的运输，采用了侧边回转的后机身和尾椎结构。

7. 波音的维修

（1）可用螺栓固定金属补片进行修理的能力，这可使航空公司继续采用他们习惯的修理方法修理飞机。

（2）结构修理手册中的修理区域最大可到 1.0m×1.0m。

（3）虽然修理材料可能是复合材料或钛合金，但螺栓固定补片仍保留在修理手册中。

（4）将来可将螺栓及其固定的补片去除，改用胶结修理，如在工厂进行大"维修"时。

（5）小的预固化复合材料补片就像"自行车胎补片"一样容易，可以在 130℉ 的温度下固化。

术 语

复合材料

复合材料（composites, composite materials）——由两种或两种以上材料独立物理相通过复合工艺组合而成的新型材料。其中，连续相称为基体，分散相称为增强体。它既能保留原组分材料的主要特点，又通过复合效应获得原组分材料所不具备的性能。可以通过材料设计使各组分的性能互相补充并彼此联系，从而获得新的优越性能。

先进复合材料（advanced composites）——主要指结构性能相当或优于铝合金的复合材料，如用高性能增强体碳纤维、芳纶等与高聚物树脂基体构成的复合材料，还包括金属基、陶瓷基和碳（石墨）基复合材料以及功能复合材料。

碳纤维复合材料（CFRP）——以碳或石墨纤维为增强体的树脂基复合材料。

芳纶复合材料（AFRP）——以芳纶为增强体的树脂基复合材料。

玻璃纤维复合材料（GFRP）——以玻璃纤维为增强体的树脂基复合材料，俗称玻璃钢。

硼纤维复合材料（BFRP）——以硼纤维为增强体的树脂基复合材料。

混杂纤维复合材料（hybrid composites）——由两种或两种以上纤维增强体与同一种基体组成的复合材料。

热固性树脂（thermosetting resin）——一类通过分子间的交联可变为固体的高聚物基体材料，如环氧树脂、双马来酰亚胺树脂等，这是复合材料中最常用的一类基体材料。

热固性复合材料（thermosetting composites）——以热固性树脂为基体的复合材料。

热塑性树脂（thermoplastic resin）——一类具有线型或分支型结构的高聚物基体材料，其特点是预热软化或熔融而处于可塑性状态，冷却后又变成坚硬固体，并且这一过程可反复进行，如聚醚醚酮（PEEK）树脂等。它的独特性能是可以产生很大的应变。但另一方面，它在加工中所需的温度和压力要高于热固性树脂。

热塑性复合材料（thermoplastic composites）——以热塑性树脂为基体的复合材料。

预浸料（prepreg）——将树脂基体浸渍到纤维或织物上，通过一定的处理后贮存备用的中间材料。

单向带（tape）——一类预浸料的长条带，由彼此平行的连续纤维或单向织物经浸渍树脂基体，再经晾置或烘干后形成的中间材料。

铺层、单层（lamina, ply）——层合复合材料中的一层纤维或织物，是层合复合材料的最基本单元。

界面（interface）——不同复合材料组分间的接触面。

铺贴（layup）——将含有树脂的铺层组装在一起的一种制造工艺。

层合板（laminate）——由两层或多层同种或不同种材料层合压制而成的复合材料板材。

层合板取向（laminate orientation）——复合材料交叉铺层层合板的结构形态，包括铺层交叉角、每种角度铺层的层数以及每一单层的准确铺贴顺序。

层间（interply）——两种或两种以上不同的增强体组合成离散的铺层，且纤维不混合在同一铺层内。

层内（intraply）——增强体混合在同一铺层内，如编织布内的交互纱线。

层间剪切（Interlaminar Shear, ILS）——理想上是层间剪切试验中施加在复合材料铺层间的纯剪切载荷。短梁剪切（SbS）试验无法施加纯剪切载荷，短梁剪切强度值不能直接用作层间剪切强度，但适合用来进行层间质量控制。

短梁剪切（short beam shear）——采用低跨厚比（如 4:1）试样的弯曲试验，其破坏形式主要是层间剪切破坏。

铺层褶皱（ply wrinkle）——在一层或多个铺层上形成的永久性隆起、凹陷或折痕。

夹层结构（sandwich construction）——由两块平行的结构材料面板与轻质夹芯构成的一种层状结构板。面板相对较薄，而夹芯相对较厚，夹芯夹在两面板之间。

固化（cure）——通过固化反应使热固性树脂的性能发生不可逆转变化的过程。固化过程中可能使用固化剂，有可能还要用到催化剂、加热与加压。

固化周期（cure cycle）——复合材料树脂或预浸料固化过程中的温度/压力随时间变化的过程。

固化监控（cure monitoring）——使用电气技术检测固化过程中树脂分支的电性能变化和或分子流动性。

后固化（postcure）——在温度箱而不是在最初固化的设备内完成层合板的固化周期。

分段加热（staging）——加热预混合的树脂系统，如预浸料中的树脂，直至开始化学反应（固化），但在凝胶点到达前将该反应停止。分段加热通常用于在后续的模压操作中减少树脂的流动。

固化应力（cure stress）——复合材料固化过程中产生的残余内应力。这些内应力是由组成复合材料的增强体和树脂之间热膨胀系数不同引起的。该方法也可以用于测量溶剂与其他挥发物的排出量。

残余应力（residual stress）——在静止平衡状态以及温度均匀的条件下没有受到外力作用而在物体内存在的应力。

差示扫描量热法（Differential Scanning Calorimetry, DSC）——树脂固化过程中吸收（吸热）或产生（升温）能量的测量方法。

差热分析（Differential Thermal Analysis, DTA）——加热过程中，用来监测被测试件和参照物温度差的一项试验分析技术。通过该温度差可以获得相对热容量、溶剂、结构变化（例如，一种成分溶解在树脂内的相变）以及化学反应等信息。

凝胶态（gelation）——复合材料技术中，树脂固化过程中其粘度增加至某一点时对应的状态，此时如果用坚硬的工具进行探测，树脂只能勉强移动。

凝胶温度（gel temperature）——固化过程中，热固性树脂的粘度变得很高，其尺寸不再发生变化时的温度。在这一温度下，通过改变固化周期（加热速度、保持时间等），可使树脂凝胶体发生变化。在凝胶温度（对于任意使用情况）下，层合板的尺寸固定下来，因此，此时模具的尺寸就控制了所固化层合板的尺寸。

凝胶时间（gel time）——树脂从预先确定的常温态到凝胶点所需要的时间。

玻璃（glass）——一种冷至刚硬状态也不结晶的熔融无机物。在复合材料中，"玻璃"一词指的是玻璃长纤维、玻璃编织布、玻璃纱、玻璃毡和短切玻璃纤维等。

玻璃布（glass cloth）——编织的玻璃纤维材料。

玻璃化转变温度（glass transition temperature）——聚合物在一定升温速率下达到一定温度值时，模量－温度曲线出现急速下降拐点，表征在此温度附近，聚合物从一种硬的玻璃状态或脆性固体状态转变为柔韧的弹性体状态，物理参数出现不连续的变化，此种现象称为"玻璃化转变"，所对应的温度称"玻璃化转变温度"。

胶衣（gel coat）——模塑中用于改善复合材料制品表面性能的一种树脂。

铺敷性（drape）——预浸料与不规则型面相符合的能力。如果树脂由于溶剂的挥发或分段运输而变硬，预浸料也会变硬，其铺敷性将会降低。

接合面（faying surface）——一个零件表面需要与另一个零件表面组装的部分。因此，必须对其进行清洁等处理，以便进行胶结。

填料（filler）——加于基本材料中以增进其物理性能、力学性能、热或电性能的一种次要材料。有时特别采用添加剂微粒作为填料。

填充物（filler ply）——通常为夹层边缘处的局部填充层。该层并不延伸到蜂窝夹层表面的任何部位。

空隙（void）——固化过程中，复合材料内部残留气体形成的微小空洞。

空隙率、孔隙率（porosity）——复合材料内部空隙所占的体积百分数。

脱胶（debond）——由于修理或重新加工的目的，而使胶结接头或铺层间发生界面分离的做法。

脱粘（disbond）——胶结接头内粘结界面发生局部或大面积分离的现象。造成脱胶的因素很多，在固化或使用过程中都可能发生脱胶。

分层（delamination）——由层间应力或制造缺陷等引起的复合材料层与层之间的分离。

二次胶结（secondary bonding）——将两个或两个以上已固化的零件通过胶结方法连接在一起的工艺方法。

损伤（damage）——由于加工、制造、装配、搬运或使用引起的结构异常，通常由机械加工、安装紧固件或外部物体碰撞或冲击造成。

冲击损伤（impact damage）——由于外部物体冲击引起的结构异常。

工程干态试样（engineering dry specimen）——树脂基复合材料试样经70℃烘干处理达到脱湿速率稳定在每天质量损失不大于0.02%时为工程干态试样。

吸湿量（moisture content）——复合材料暴露于大气环境中，或在其他环境中吸进水分的度量，用百分数表示。

平衡吸湿量（equilibrium moisture content）——树脂基复合材料工程干态试样在给定温度、湿度条件下，经吸湿达到吸湿速率稳定在每天质量增加不大于0.05%时，试样质量增加的百分数为给定温度、湿度条件下的平衡吸湿量。

饱和吸湿量（saturated moisture content）——又称最大吸湿量，指树脂基复合材料工程干态的吸湿试样，经 70℃浸泡吸湿达到吸湿速率稳定在每天质量增加不大于 0.02%时，试样质量增加的百分数。

环境（environment）——在使用中可能遇到，并且会影响到结构性能的外部条件。这些条件可能单独出现，也可能联合存在，它们包括温度、湿度、紫外线辐射和燃油、冲击等，但不包括机械加载。

退化（degradation）——由于制造异常、重复载荷或因环境条件引起的材料性能（如强度、模量等）下降。

湿热效应（hygrothermal effect）——由于吸湿和温度变化引起复合材料构件结构尺寸和材料性能改变的现象。

环境因子（environment factor）——由于湿热环境引起复合材料或构件力学性能降低的系数。

试样（coupon）——用于评定单层和层合板性能，以及一般结构特征所使用的小试验件，如通常使用的层合板条和胶接或机械连接的板条接头。

元件（element）——复合材料结构件的典型承力单元，如蒙皮、桁条、剪切板、夹层板和各种连接形式的小接头。

细节件（detail）——特殊设计的复杂连接、机械连接接头、桁条端部、较大的检查口等较复杂结构件的薄弱部件。

结构件（subcomponent）——能提供一段完整结构全部特征的较大的三维结构，如盒段、框段、机翼壁板、机身壁板、翼梁、翼肋、框等。

部件（component）——机翼、机身、垂尾、水平安定面等飞机结构的主要组成部分，可以作为完整的机体结构进行试验，以验证结构完整性。

整体复合材料结构（integral composite structure）——含有若干结构单元的复合材料结构。各结构单元在其分别制造后不是通过胶结或机械紧固件装配到一起，而是通过铺贴或固化使之成为单一的、复杂的连续结构，例如，翼盒的梁、肋和加强蒙皮可做成单一的整体件。该术语更多地用于非机械紧固件装配的复合材料结构。

整体加热（integrally heated）——与使用诸如碳棒电热器自加热的工装有关的术语。大多数水压罐的工装是整体加热；一些热压罐工装为了补偿厚截面处的加热，提供高的加热速度，或使得有可能在高于热压罐所能提供的温度下加工也采用整体加热。

弯曲强度（flexural strength）——试验测得的层合板在弯曲载荷作用下的强度。发布出来的强度数据是居于材料在厚度方向上为各向同性的假设计算出来的，对于单向层合板试件，发布的数据与实际弯曲强度基本一致，但是对于角铺层层合板，情况就不是如此；而且试件弯曲会发生压缩破坏、拉伸破坏、层间剪切破坏，或这几种破坏混合在一起的组合破坏等多种破坏形式，因此，试验结果只适合用来做材料比较或进行质量控制。

飞机结构完整性（aircraft structural integrity）——与飞机安全性、经济性和功能有关的机体结构强度、刚度、耐久性（或疲劳寿命）及损伤容限等飞机所要求的结构特性总称。

损伤容限（damage tolerance）——机体结构在给定的不做修理的使用期内，抵抗因结构存在缺陷、裂纹或其他损伤而引起破坏的能力。

缓慢裂纹扩展结构（slow crack growth structure）——缓慢裂纹扩展结构包含了下列设计

概念：不允许缺陷达到失稳快速增长所规定的临界尺寸，并在可检查度确定的使用期内，用裂纹缓慢扩展保证安全；在不修理使用期内，带有亚临界损伤的结构强度和安全性，不应下降到规定水平以下。虽然复合材料结构一般不出现裂纹，但作为一种结构类型，同样适用于复合材料结构。依据复合材料结构有着优异的疲劳性能、冲击损伤的扩展特点以及往往采用损伤无扩展（damage no-growth）概念限制设计应变水平，而把复合材料结构也归入缓慢裂纹扩展结构。

结构可靠性（structural reliability）——结构在战术（技术）要求所规定的使用条件和工作环境下及在规定的使用寿命内，能承受载荷、环境并正常工作的能力。这种能力可以用一种概率来度量，称为"可靠度"。

可靠度（reliability）——结构或产品能按预定要求正常工作的概率值。

ANSYS 软件

Workbench Project Schematic 项目视图——是 Workbench 界面的项目管理环境，用于建立仿真分析流程，以及控制流程间的数据传递。

Workbench Toolbox 工具箱——包含了能够添加到项目中的不同数据和分析流程。工具箱中的分析流程分为以下几类：Analysis Systems 分析系统，Component Systems 组件系统，Custom Systems 用户自定义系统，Design Exploration 设计优化，External Connection Systems 外部连接系统。每一类包含的子流程取决于该流程对应的产品是否已经安装，以及是否有该流程的软件授权。

Cell/Analysis Component 分析组件——指一个具有独立操作界面的应用或项目页的一个选项卡。例如，Fluent 和 Mechanical 即启动独立操作界面的应用，有些情况下，多个分析组件可能共享一个操作界面。另外的一些分析组件则没有独立操作界面，仅作为 Workbench 的一个选项卡。例如，参数管理组件和系统耦合组件。

Analysis Systems 分析系统——包含仿真分析所有必要分析组件的完整系统。例如，静力结构分析系统包含了分析计算所必需的材料、几何、网格、边界和载荷定义，直到结果后处理。

Component Systems 组件系统——仅包含某个仿真分析所需分析组件的一个子集。例如，用户可以使用 Geometry 几何组件定义项目几何文件，然后将其连接到多个下游的系统中，这些下游系统将共享该几何文件。组件系统目录中也包含能够脱离 Workbench 独立启动的应用程序，这些程序在 Workbench 中使用的目的可以是管理项目文件和数据。例如，Mechanical APDL 在分析过程中会生成很多文件，用 Workbench 管理起来更加方便和可追溯。

Custom Systems 用户自定义系统——除包含了软件默认的多物理场耦合分析工具外，还允许用户将常用的分析流程定义为模板。

Design Exploration 设计优化——包含了软件中的优化设计功能。

External Connection Systems 外部连接系统——用于集成自定义外部应用和流程到 Workbench 中。

Mechanical 模块——通用有限元分析模块，能够用于应力分析、热分析、振动分析、热电分析和静磁场分析。

Mechanical APDL 模块——通用有限元分析模块。与 Mechanical 模块使用的是同一个求解器内核。Mechanical 和 Mechanical APDL 相当于 ANSYS 通用有限元求解器的两套前后处理工具。

Engineer Data 模块——材料属性定义模块。用于定义和管理仿真分析系统中的材料属性。

ACP 模块——由 ACP-Pre 模块和 ACP-Post 模块组成,用于铺层复合材料前处理模型建立和后处理失效评价。

ACP-Pre 模块——复合材料前处理模块。

ACP-Post 模块——复合材料后处理模块。

可制造性分析——ACP 模块中铺敷性分析 Draping 功能,用于复合材料结构的可制造性分析,评估铺敷过程可能的纤维方向改变。

命名选择(Named Selection)——同类几何或网格对象的集合。类似于 ANSYS Mechanical APDL 界面的组件 Component。

参考文献

[1] 沈观林. 复合材料力学[M]. 北京：清华大学出版社，1996.

[2] 杨乃宾，章怡宁. 复合材料飞机结构设计[M]. 北京：航空工业出版社，2002.

[3] 牛春匀. 实用飞机复合材料结构设计与制造[M]. 北京：航空工业出版社，2010.

[4] ANSYS 公司. ANSYS 培训手册.

[5] ANSYS 公司. ANSYS Help 18.0，2017.

[6] 王伟达，黄志新，李苗倩. ANSYS SpaceClaim 直接建模指南与 CAE 前处理应用解析[M]. 北京：中国水利水电出版社，2017.

[7] 黄志新. ANSYS Workbench 16.0 超级学习手册[M]. 北京：人民邮电出版社，2016.

[8] 张涛. ANSYS APDL 参数化有限元分析技术及其应用实例[M]. 北京：中国水利水电出版社，2013.

[9] 师访. ANSYS 二次开发及应用实例详解[M]. 北京：中国水利水电出版社，2012.

[10] 庄茁. 基于 ABAQUS 的有限元分析和应用[M]. 北京：清华大学出版社，2009.

[11] 佐同林. 织物悬垂性能分析及评价体系的建立[D]. 上海：东华大学，2004.